西太平洋
副热带高压耦合机理与诊断预测

洪梅 史剑 刘科峰 等著

Western Pacific

南京大学出版社

图书在版编目(CIP)数据

西太平洋副热带高压耦合机理与诊断预测／洪梅等
著. —南京:南京大学出版社,2022.10
ISBN 978-7-305-25841-1

Ⅰ.①西… Ⅱ.①洪… Ⅲ.①太平洋-副热带高压-
研究 Ⅳ.①P424.4

中国版本图书馆 CIP 数据核字(2022)第 092255 号

出版发行 南京大学出版社
社 址 南京市汉口路 22 号 邮 编 210093
出 版 人 金鑫荣
书 名 西太平洋副热带高压耦合机理与诊断预测
著 者 洪 梅 等
责任编辑 王南雁 编辑热线 025-83595840
照 排 南京开卷文化传媒有限公司
印 刷 苏州工业园区美柯乐制版印务有限责任公司
开 本 787 mm×1092 mm 1/16 印张 18.5 字数 410 千
版 次 2022 年 10 月第 1 版 2022 年 10 月第 1 次印刷
ISBN 978-7-305-25841-1
定 价 158.00 元

网 址:http://www.njupco.com
官方微博:http://weibo.com/njupco
微信服务号:njuyuexue
销售咨询热线:(025)83594756

编写组成员

洪　梅　　　史　剑　　　刘科峰　　　张永垂

黎　鑫　　　董兆俊　　　郑　贞　　　余丹丹

刘江围　　　闫恒乾　　　汪杨骏　　　郭海龙

王　宁　　　胡王江　　　张　栋　　　董　杭

目　　录

第一篇　副高及其影响因子的诊断分析

第三篇　基于人工智能的副高中长期预测研究

引　言

近年来,在全球变暖背景下,我国极端天气气候事件,尤其是暴雨、干旱等灾害性天气发生的频次和强度显著增加。2006年,我国南方频遭到台风登陆袭击,"碧利斯""格美""桑美"接踵而至;川渝地区继2006年持续强劲的高温伏旱之后,2007年又遭遇百年来最强的暴雨侵袭;同年全国平均气温也创历史新高,局部地区降雨强度刷新历史纪录,济南出现了"黑色三小时"大暴雨,淮河流域发生了流域性特大洪水。2008年新年伊始,我国南方遭受了50年一遇的大范围持续低温雨雪冰冻极端天气,灾害直接导致经济损失上千亿元,严重影响了人们的日常生活和生产。2017年汛期我国暴雨洪涝灾害突出,全国共出现36次暴雨过程。2020年副热带高压异常直接导致长江中下游一带降雨过多,引起江西洪灾,而闽南则遭遇旱灾,给新冠疫情防控和人民生活造成了重大影响。

究其极端天气发生的根源,大气环流异常是造成上述气象灾害的背景条件和重要原因。西太平洋副热带高压(以下简称副高)是连接热带和中高纬大气环流的重要纽带,其强度变化和位置移动直接影响制约热带和中高纬地区大气环流的演变以及天气系统。我国雨带的季节性移动和副高的季节性跳动关系密切,因而副高强度和进退异常往往导致该地区出现洪涝和干旱灾害。

由于副高系统的非线性、副高变化的非平稳性、副高影响因子的多样性和动力机理的复杂性,使得副高研究的难度极大,副高活动异常和形态变异等问题的物理本质至今尚未彻底弄清,进而在很大程度上影响并制约了副高预测研究和数值预报效率。因此,有必要针对目前副高研究中存在的重难点问题,进一步深入开展副高的资料分析和理论分析研究。

副高作为东亚夏季风系统的重要成员,它的季节变化对东亚夏季风系统的进退起着调节作用,我国雨带的季节性移动和副高的季节性跳动紧密相关,副高强度和进退的异常往往导致该地区出现洪涝和干旱灾害。因此,弄清副高的结构、演变及活动的规律和机理,不仅能进一步认识大气环流及全球气候变化的关键环节,同时又具有重大的科学意义和社会需求。

副高预报,尤其是副高异常活动的预报已成为我国夏季天气预报和气候趋势预测的重要内容和关键环节。由于副高对热带和中高纬大气环流及我国天气气候具有非常重要的影响,因此,副高的预测研究也一直受到气象学家的高度重视。

鉴于副高对热带和中高纬环流以及我国天气气候具有非常重要的影响,副高动力机理、结构特征和活动规律一直是大气科学研究的重点和热点课题,叶笃正、陶诗言、黄士松和吴国雄等进行了开创性的研究,近年来诸多学者围绕着副高问题也开展了卓有成效的工作,为理解和弄清副高活动规律与变异机理提供了重要的工作基础。前人对于副高系统及其异常活动取得了众多有价值的研究成果,但是对于诸如2013年等特殊年份的副高异常活动和动力机理的研究仍存在较大的局限性,因此探索多样性、多元化的副高研究新思想、新方法、新途径显得尤为重要和有意义。目前副高研究的主要困难表现在以下方面:

(1) 传统方法基于传统统计相关,尚不能完全反映出副高及其周边系统的非线性动力特征,存在很大的改进空间。针对副高及其周围天气系统开展的混沌活动特性背景分析、因子检测筛选和预处理、动力相关性分析等较为系统性的研究尚不多,这恰是副高活动和动力机制研究极为关注的科学问题。因此,如何对副高影响因子合理筛选、对数据样本有效简化,特别是合理提取副高异常活动的特征和突变征兆信息;如何更好地针对副高及其周边系统的非线性动力特征,将动力相关性分析方法更有效、更具针对性地引入副高诊断分析研究之中,是我们需要解决的问题。

(2) 通过对近年来大气、海洋等相关学科学术期刊文献的检索查询,目前对于副高动力机制研究不多,即使有简单的副高动力模型,仍然存在模型建立过程中利用的数据信息有限、建模初值单一、模型变量数和阶数较低等不足,制约了传统模型刻画实际副高系统的复杂行为和动力学特性,需要进一步拓展研究思路和方法途径。

(3) 由于副高既受中、高纬环流系统,又受热带天气系统的影响制约,不仅有规则渐变,更有异常突变,强度变化和进退活动表现出明显的非周期性和不确定性,使得副高预报非常复杂,特别是季节内副高异常活动和中、长期趋势预测,已成为制约夏季我国长江流域天气预报和汛期趋势预测的核心内容以及难点问题。

针对以上这三个问题,作者在自然科学基金面上项目(No.41875061;No.41005025)和湖南省自然科学基金面上项目(No.2020JJ4661)以及军队相关科研项目资助下,研究讨论东亚季风区的热力强迫、环流背景及其配置对副高进退活动和异常变化的影响和制约,描绘其非线性特征、物理机理和动力作用过程,深化对副高本质的认识,拓展预报思路,为副高预报提供理论支持;在此基础上,开展副高的预报方法研究。本专著主要包括以下三方面的研究内容和核心问题:

(1) 副高及其影响因子的诊断分析

副高与东亚夏季风系统相互影响的诊断研究(第一章)

副高作为东亚夏季风系统的重要成员,其活动变化对夏季风系统活动具有重要的影响制约作用,基于此,本书开展西太平洋副高与东亚地区环境相互影响关系的诊料分析,具体就是开展西太平洋副高与东亚夏季风系统相互影响的特征事实,基本规律和统计关联方面的诊断研究。

西太副高及其影响因子的年际变率和年代际变率分析研究(第二章)

作连续小波变换后发现其振荡周期和西太副高相似,计算其相关系数并做显著性检验,显示出了显著的相关性。将三个关键海区以及赤道纬向西风区的特征指数分别与西太副高的两种指数作交叉小波变换,得到其相应的时滞位相关系。最后,利用 SVD 场相关分析法分析关键海区海温及赤道纬向西风区大气环流与西太副高年际变率的关系,发现西太副高的年际变率与热带海温及大气环流的异常变化确实存在明显的一致相关性。利用信息流方法,分别计算各因子与西太平洋副热带高压各类相关指数年代际变率的因果关系。结果表明,信息流方法可以在定量的基础上解释西太平洋副热带高压运动与所选因子年代际变率的因果关系。

0801 雨雪冰冻灾害与副高冬季的异常活动(第三章)

针对近年来副高异常的天气事实,开展副高进退活动和形态变异的特征诊断和统计分析,基于 2008 年初副高冬季异常西伸的基本事实和环流特性,采用统计相关分析和小波分析等方法,开展副高在 2008 年初我国南方雨雪冰冻灾害中的成因识别和影响分析,进而说明冬季副高异常可能是 2008 年初我国南方雨雪冰冻灾害的部分原因。

(2) 副高变异与突变的动力机理和层次结构分析研究

副高指数的维数计算与副高动力特征区划(第四章)

通过计算副高活动指数及研究区域内各格点的分形维数(关联维数),对包括季风系统和副高系统的活动区域进行动力学区划,并采用相空间重构方法对副高脊线指数进行短期预测。

非线性动力模型反演与模型参数优化(第五章)

基于历史观测资料的时间序列数据,挖掘提取副高—季风系统的动力结构信息和动力行为特征;引入动力系统反演思想与遗传算法,开展副高—季风系统的动力模型反演与模型参数优化,将遗传算法等全局优化算法引入动力系统反演和模型参数优化的研究之中,通过与传统建模方法的有机结合,对模型反演及模型参数的搜索过程进行优化。

基于反演动力模型的副高变异机理分析(第六章)

构建推导包含东亚季风区热力强迫作用、季风环流背景等因素的副高非线性系统耗散模型;用 EOF 分解与遗传算法等启发式蒙特卡罗算法,从副高位势场、季风环流场和热力场的时间序列中客观提取,并拟合逼近实际天气过程的动力学函数;建立能够合理表现东亚季风区天气事实和环流特征的副高动力学模型。

副高动力学改进模型及其分岔与突变机制(第七章)

基于上述建立的副高动力学模型,开展副高活动与变异的机理研究,进行副高动力系统的平衡态与稳定性分析,并对外强迫导致的分岔、突变等动力特性分析以及动力行为进行讨论,通过相应的数值计算分析,给出副高系统的动力学描述和物理机理解释。

西太平洋副热带高压多层次非线性动力系统耦合和层次结构分析(第八章)

不同时间尺度(季节内、年际、年代际)的西太副高系统并非孤立的,彼此之间存在着内在联系并相互制约,找到它们之间的关系即为本章研究的重点。为明确这种关系,利用 NCEP 资料重构西太副高的面积指数,对其时间序列进行分析,利用滤波与经验模态函数

(EMD)的方法,分离出在三种时间尺度上西太副高面积指数的时间序列。以此为基础,参照非平稳复杂系统层次耦合思想,建立一个随时间变化的微分方程组,运用动力系统重构方法来求解其参数,最终重构出三个时间尺度副高面积指数的动力系统。此动力系统可用于西太副高面积指数的预报来检验模型的正确性。

(3)基于人工智能的副高中长期预测研究

在上述副高诊断研究和机理研究基础之上,开展副高活动与变异的预报研究。

引入遗传算法、模糊 C 均值聚类和模糊减法聚类等方法及其优势互补的思想,通过对季风影响因子的特征空间聚类和映射落区判别,实现副高强度的聚类判别和诊断预测(第九章)。

用混合递阶遗传—径向基网络进行副高预报优化;小波分解与 LS-SVM 结合的副高指数预测;时空分解和时频分解的支持向量机副高预测等人工智能预测(第十、十一和十二章)。

基于动力系统反演思想和遗传优化方法,建立副热带高压动力—统计预报模型,开展副高活动的中长期预报和副高数值预报产品的误差修正以及动力延伸预报,并且利用改进自忆性原理对副高进行中长期预测研究(第十三和十四章)。

书中参考引用了大量国内外相关论著的研究方法和成果,在此表示感谢。

本书第 1 章由洪梅、余丹丹撰写;第 2 章由洪梅、郭海龙、王宁撰写;第 3 章由洪梅、张栋撰写;第 4 章由董兆俊、黎鑫撰写;第 5 章由洪梅、张永垂撰写;第 6 章由洪梅、史剑撰写;第 7 章由洪梅撰写;第 8 章由董杭、郑贞撰写;第 9 章由洪梅、刘江围和闫恒乾撰写;第 10—12 章由刘科峰、史剑、胡王江撰写;第 13—14 章由洪梅、汪杨骏、刘江围撰写。全书由洪梅统一校对和定稿。

由于作者从事本领域的研究时间不长、工作积累不足、知识水平和认识能力有限,书中定有不当和谬误之处,敬请读者批评指正。

洪　梅

2022 年 1 月

第 一 篇

副高及其影响因子的诊断分析

第一章　副高与东亚夏季风系统相互影响的诊断研究

1.1　引　　言

亚洲是世界上最显著的季风区,在夏季风盛行的 4—9 月,我国的天气气候、大范围的降水分布、降水带移动以及旱涝灾害在很大程度上受夏季风活动控制。西太平洋副热带高压(副高)作为东亚夏季风系统的重要成员,其活动变化对夏季风系统的活动具有重要的影响制约,因此副高研究首先需要开展西太平洋副高与东亚大气环流之间相互影响的特征诊断与事实揭示[1]。

围绕西太平洋副高和东亚大气环流的形态特征及其相互关联的核心内容,以东亚地区夏季的副高位势场和环流背景场为研究对象,探索影响制约副高活动的东亚季风系统影响因子及其相互关联。引入非线性典型相关分析法(NLCCA)先对副高位势场和大气风场的相关特征进行诊断,然后再用交叉小波与小波相干分析方法(XWT-WTC)进一步对副高位势场与风场进行非线性时频分析。

1.2　资料与方法

1.2.1　资料说明

利用美国国家环境预报中心(NCEP)和国家大气研究中心(NCAR)提供的 1997—2006 年的旬平均 2.5°×2.5°再分析资料,主要包括 200 hPa 位势场、500 hPa 位势场、200 hPa U 和 V 风场、850 hPa U 和 V 风场等资料。

1.2.2　EOF 方法

经验正交函数分析方法(Empirical Orthogonal Function, EOF)又称为特征向量分析或主成分分析。在气象和海洋资料分析中较为常用,这里不作详细介绍。其功能是把原变量场分解为正交函数的线性组合,构成为数很少的不相关典型模态代替原始变量场,达到降低资料维数的目的[2]。EOF 的应用有很多不同的形式,如本章在分析副高整层变化时用到了多变量场相结合的 EOF 分解技术,以及在分析风场变化时用到了气象向量场的 EOF 分解技术[3]。

1.3 非线性典型相关分析(NLCCA)

非线性典型相关分析(Nonlinear Canonical Correlation Analysis，NLCCA)是近年来提出的非线性统计方法之一,采用人工神经网络实现,功能类似于典型关联分析(Canonical Correlation Analysis，CCA),是表示两个随机场或随机向量互相关系的方法。用 X 表示其中一个量,如 500 hPa 高度场 EOF 分解后的时间序列前三个 PCs;Y 表示另外一个随机量,如 200 hPa 高度场 EOF 分解后的时间序列前三个 PCs,非线性相关关系 $Y = f(X)$ 由 NLCCA 获得。与传统 CCA 相比,NLCCA 具有更简洁的神经网络结构,更容易从复杂的数据中获得结果。

由 NLCCA 的神经网络示意图(图 1.1)可知,神经网络由 3 个前反馈网络组成。左边是 1 个双排套装网络,把 x 映射到典型相关变量 u,把 y 映射到典型相关变量 v。参数选取使得 u 与 v 相关系数达到最大。右边上部的网络从典型相关变量 u 映射到输出 x',参数选取使 x' 和 x 均方误差达最小。同样的,右下部的网络从 v 映射到 y',并使 y' 和 y 的均方误差最小。从左边网络输入 500 hPa 高度场 EOF 分解后的时间序列前三个 PCs x 和 200 hPa 前三个 PCs y,映射到各自隐层 $h^{(x)}$ 和 $h^{(y)}$,计算公式为

$$\boldsymbol{h}_k^{(x)} = \tan h\big[\,(\boldsymbol{w}^{(x)}\boldsymbol{x} + \boldsymbol{b}^{(x)})_k\,\big] \tag{1.1}$$

$$\boldsymbol{h}_k^{(y)} = \tan h\big[\,(\boldsymbol{w}^{(y)}\boldsymbol{x} + \boldsymbol{b}^{(y)})_n\,\big] \tag{1.2}$$

$\boldsymbol{x},\boldsymbol{y},\boldsymbol{h}^{(x)},\boldsymbol{h}^{(y)}$ 分别是 m_1,m_2,l_1,l_2 维向量。$\boldsymbol{w}^{(x)}$ 和 $\boldsymbol{w}^{(y)}$ 分别是 l_1 行 m_1 列和 l_2 行 m_2 列权系数矩阵,偏斜参数 $\boldsymbol{b}^{(x)}$ 和 $\boldsymbol{b}^{(y)}$ 分别是 l_1 和 l_2 维列向量。足够多的隐藏神经元可使非线性方程达到任意精度。从任意初值开始,神经网络使 500 hPa 高度场 EOF 分解的时间序列前三个 PCs x 和 200 hPa 前三个 PCs y 间的均方误差(Mean-Square Error,MSE)最小。

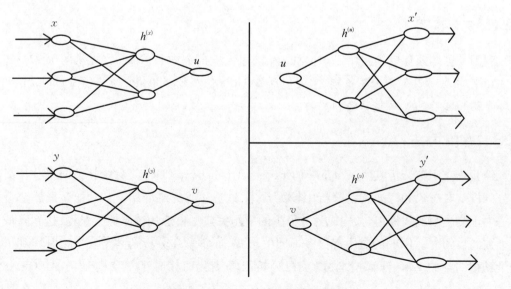

图 1.1 NLCCA 的神经网络示意图

1.4 副高位势场与大气风场的非线性相关特征诊断

1.4.1 要素场序列的 EOF 分析

（1）500 hPa 高度场序列的 EOF 分解

对 500 hPa 高度场进行 EOF 分解,得到其时间序列和空间场如图 1.2 所示。

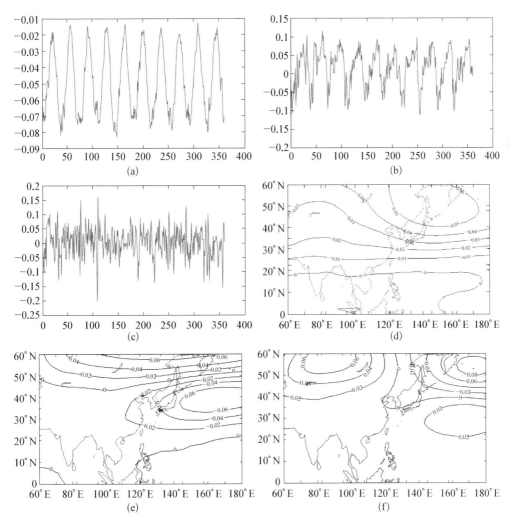

图 1.2 500 hPa 位势高度场 EOF 分解

（a）（b）（c）为分解后的前三个模态的时间序列图
（d）（e）（f）为分解后的前三个模态的空间 EOF 图

从前三个模态的时间序列可以看出第二模态比第一模态在细节上的小扰动更多,第三模态又比第二模态在细节上的小扰动多。而从空间型(EOFs)上看,EOF1(占总方差的

85.47%)中显示在高纬度地区(我国内蒙古和黑龙江地区)存在着负值中心,东亚大槽加深,
槽后西北气流加强,引导极地冷空气向南爆发,是比较典型的纬向分布差异。EOF2(占总方
差的 4.39%)中显示中高纬度的西太副高存在一个比较明显的负值中心,EOF3(占总方差的
2.58%)则显示中高纬度的西太副高存在着一个强负值中心,而在高纬度大陆地区(我国内蒙
古地区)则存在着一个强正值中心,是比较典型的经向分布差异。

(2) 200 hPa 高度场序列的 EOF 分解

对 200 hPa 高度场进行 EOF 分解,得到其时间序列和空间场如图 1.3 所示。

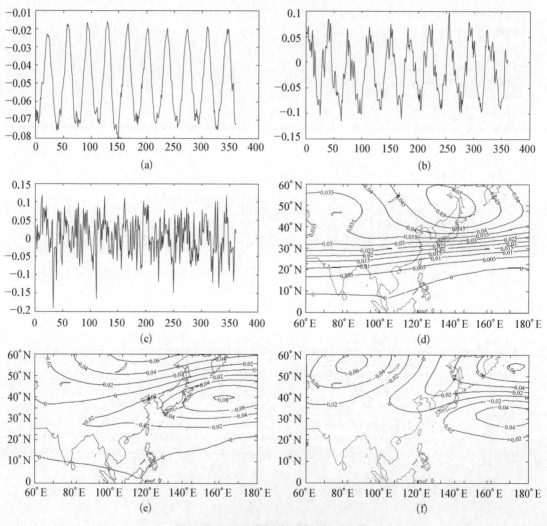

图 1.3　200 hPa 位势高度场 EOF 分解

(a)(b)(c)分别为分解后的前三个模态的时间序列图
(d)(e)(f)分别为分解后的前三个模态的空间 EOF 图

200 hPa EOF 分解后的时间序列和空间型分布特征与前面 500 hPa 分解后的特征比较类
似,这里不再赘述。

（3）200 hPa 的 U 风场序列的 EOF 分解

对 200 hPa 的 U 风场进行 EOF 分解,得到其时间序列和空间场如图 1.4 所示。

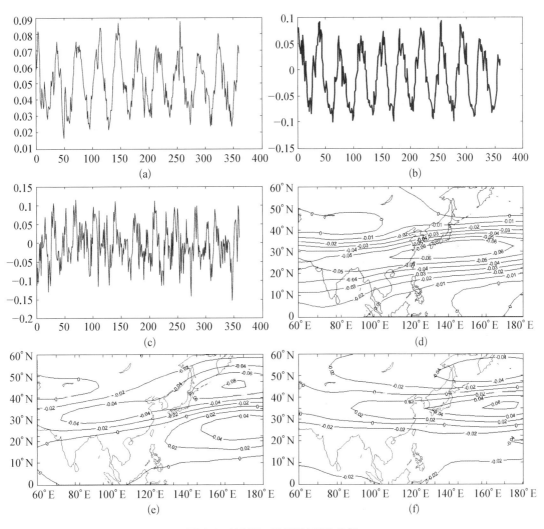

图 1.4　200 hPa U 风场 EOF 分解

（a）（b）（c）分别为分解后的前三个模态的时间序列图
（d）（e）（f）分别为分解后的前三个模态的空间 EOF 图

从前三个模态的时间序列可以看出第三模态比第一模态和第二模态在细节上的小扰动多。而从空间型（EOFs）上看,EOF1（占总方差的 66.28%）中几乎在各格点上都是负值,表示整个区域距平符号相一致的变化,这种变化型的中心地区在 150°E,30°N 的西太平洋。EOF2（占总方差的 6.49%）图上大的正值带在 5°~25°N 区域,而大的负值带则在 25°~50°N 区域,说明在 25°~30°N 区域风速的梯度变化很大,具有较强的风切变。EOF3（占总方差的 5.68%）图上最大正值区在 30°~40°N 的西太平洋区域,其余均为负值区,表明此时西太平洋区域具有正的纬向风距平。

（4）200 hPa 的 V 风场序列的 EOF 分解

对 200 hPa 的 V 风场进行 EOF 分解，得到其时间序列和空间场如图 1.5 所示。

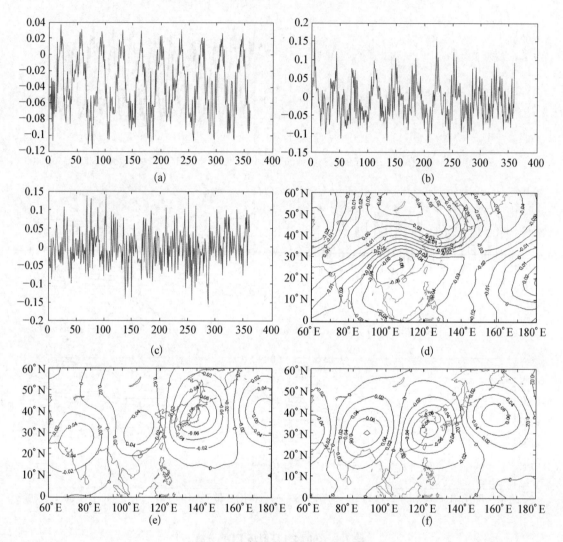

图 1.5　200 hPa V 风场 EOF 分解

(a)(b)(c) 分别为分解后的前三个模态的时间序列图
(d)(e)(f) 分别为分解后的前三个模态的空间 EOF 图

从前三个模态的时间序列可以看出第二模态比第一模态在细节上的小扰动更多，第三模态又比第二模态在细节上的小扰动多。而从空间型（EOFs）上看，EOF1（占总方差的 24.87%）中显示在西太平洋上多为负值，大的正值带在 30°N 偏北区域，大的负值带则在 30°N 偏南区域，说明在 25°~30°N 区域（即我国长江中下游地区）风速的梯度变化很大，具有较强的 V 方向的风切变。EOF2（占总方差的 13.5%）中具有很明显的正负值中心随着经向变化的交叉特性，EOF3（占总方差的 9.55%）与 EOF2 特征类似。

（5）850 hPa 的 U 风场序列的 EOF 分解

对 850 hPa 的 U 风场进行 EOF 分解,得到其时间序列和空间场如图 1.6 所示。

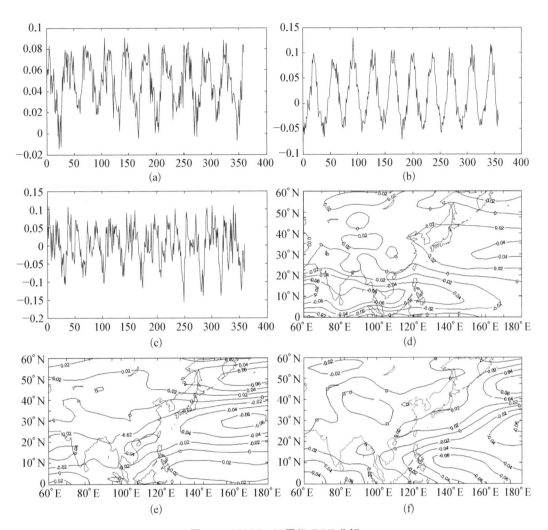

图 1.6　850 hPa U 风场 EOF 分解

（a）（b）（c）分别为分解后的前三个模态的时间序列图
（d）（e）（f）分别为分解后的前三个模态的空间 EOF 图

从前三个模态的时间序列可以看出第二模态比第一模态和第三模态在细节上的小扰动要少。而从空间型(EOFs)上看,EOF1(占总方差的 40.24%)显示大的正值带在 25°N 偏北区域,而大的负值带则在 25°N 偏南区域,说明在 25°～30°N 区域(即我国长江中下游地区)风速的梯度变化很大,具有较强的 U 方向的风切变。EOF2(占总方差的 13.78%)中的正值中心和负值中心都在西太平洋上,正值中心在 20°～40°N,而负值中心则在 40°N 以北。EOF3(占总方差的 6.26%)与 EOF2 特征类似,这里不再赘述。

（6）850 hPa 的 V 风场序列的 EOF 分解

对 850 hPa 的 V 风场进行 EOF 分解，得到其时间序列和空间场如图 1.7 所示。

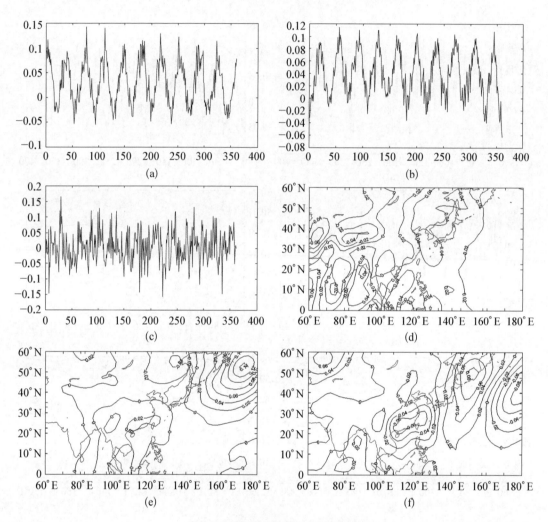

图 1.7 850 hPa V 风场 EOF 分解

（a）（b）（c）分别为分解后的前三个模态的时间序列图
（d）（e）（f）分别为分解后的前三个模态的空间 EOF 图

从前三个模态的时间序列可以看出第三模态比第一模态和第二模态在细节上的小扰动要多。而从空间型（EOFs）上看，EOF1（占总方差的 31.73%）中几乎在各格点上都是正值，表示整个区域距平符号相一致的变化，而等值线的排列比较杂乱。EOF2（占总方差的 7.22%）在中高纬度的西太平洋上具有较强的正值中心，在 40°~60°N 区域。EOF3（占总方差的 6.95%）在中高纬度的西太平洋上具有较强的正值中心和负值中心，160°E 偏东是负值中心，而 160°E 偏西则是正值中心。

1.4.2　500 hPa 位势场与 200 hPa 位势场的非线性相关诊断

（1）500 hPa 高度场的前三个 PCs 和 200 hPa 前三个 PCs 相互关系的线性以及非线性成分

由 NLCCA 得到 500 hPa 高度场的前三个 PCs 与 200 hPa 前三个 PCs 的响应曲线（图 1.8(d)）。图中交叠小正方形显示 500 hPa 高度场对 ENSO 指数的非线性投影，直线为线性投影，w 和 c 分别表示极大和极小状态。从极小到极大，500 hPa 高度场对 200 hPa 高度场的响应包含线性和非线性两个部分：线性响应是一条直线，非线性响应则是一条曲线，曲线对直线的偏离越大说明该响应的非线性越强。由于三维图看的并不是很清楚，所以画出其在三个平面上的投影图，如 PC1－PC2 平面（图 1.8(a)）和 PC1－PC3 平面（图 1.8(b)）所示的抛物线，说明在第一个 PCA 模态中 500 hPa 高度场与 200 hPa 高度场的相关是非线性的。三维空间中该曲线的抛物线特征很明显，说明 500 hPa 高度场与 200 hPa 高度场的非线性相关具有二次特征。

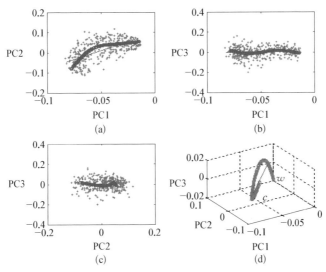

图 1.8　500 hPa 高度场和 200 hPa 高度场 PCs 的响应曲线

200 hPa 高度场 PCs 变化时引起 500 hPa 高度场 PCs 的响应如表 1.1 所示。200 hPa 高度场 PCs 最大负值对应的 PC1,PC2,PC3 值分别是负的最大值，负的较大值，负的最小值。而 200 hPa 高度场 PCs 最大正值则对应的分别是负的中间值，正的最大值和正的最小值。这与图 1.8 中 500 hPa 高度场和 200 hPa 高度场 PCs 的响应曲线所表现的非线性一致。

表 1.1　200 hPa 高度场 PCs 变化时 500 hPa 高度场 PCs 响应

500 hPa 高度场 PCs	NLCCA（min）	NLCCA（max）
PC1	−0.0826	−0.0152
PC2	−0.0465	0.0713
PC3	−0.0049	0.0082

由于资料场中超过99%的变量可以用它的第一个 PCA 模态检验,用产生于 NLCCA 的线性和非线性 500 hPa 高度场前三个 PCs,与响应的 EOF 结合产生 500 hPa 高度场空间型(图1.9),线性 PCs 与 EOF 重构的空间型(图 1.9(a))显示了此时的位势等值线比较均匀,而且没有高低压中心,不太符合实际情况,而非线性 PCs 与 EOF 重构的空间型(图 1.9(b))则有高低压中心,而且在西太平洋上有明显的高压中心,符合实际情况。

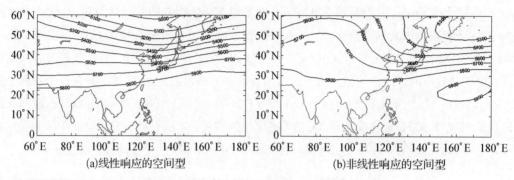

图 1.9　NLCCA 产生的 500 hPa 高度场空间型

由 NLCCA 得到 500 hPa 高度场时间型(为了清楚,取了前 100 个作图,图 1.10(a))和 200 hPa 高度场的时间型(图 1.10(b))。从图中可以明显看出,非线性相关的 PC1(虚线)要比线性相关的 PC1(实线)平滑很多,振幅比线性相关稍小,但其绝对值与线性相关的振幅绝对值同步。

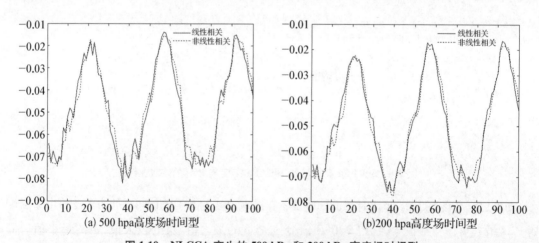

图 1.10　NLCCA 产生的 500 hPa 和 200 hPa 高度场时间型

(2) 500 hPa 和 200 hPa 位势场的非线性相关分析

a. 非线性特殊状态对应关系

200 hPa 位势场前三个模态变化时,其对应的 500 hPa 位势场前三个模态也相应发生变化,将其与 EOF 结合进行重构,来看这种对应变化(如图 1.11 所示)。选取最特殊的状态来进行比较,200 hPa 的最大 PC1 是在 58 旬,即 7—8 月之间,夏季,重构出 200 hPa 位势场和 500 hPa 位势场(图 1.11(a)和(b)),从图中可以看出副高中心位置非常近似,都在西太平洋和印度半岛附近,强度很强,可见相关性很好;同样取 200 hPa 的最小 PC1 是在 146 旬,即 1—2 月之间,冬季,也重构出 200 hPa 位势场和 500 hPa 位势场(如图 1.11(c)和 (d)),从图中可以看出此时都没有副高中心,等值线都比较水平,强度也较弱,相关性还是 很好。

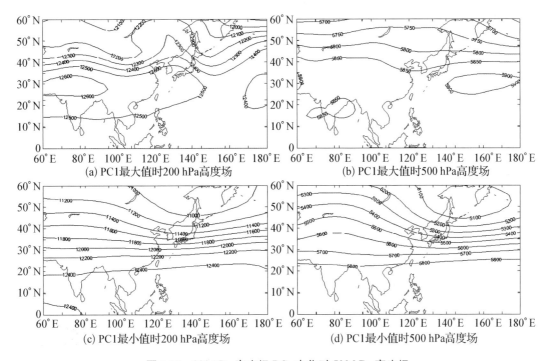

(a) PC1最大值时200 hPa高度场　　　　(b) PC1最大值时500 hPa高度场

(c) PC1最小值时200 hPa高度场　　　　(d) PC1最小值时500 hPa高度场

图 1.11　200 hPa 高度场 PCs 变化时 500 hPa 高度场

b. 模态相互异质相关关系

前面介绍了在特殊状态下两者的对应关系,可知两者的相关性很好,现在利用奇异值 分解方法(Singular Value Decomposition, SVD)对 NLCCA 的结果进行分析,对 200 hPa 位势 场和 500 hPa 位势场的关系进行研究。即对两个要素场的协方差阵对角化,并找到两个要 素场相关高的空间耦合分布型(奇异向量)。一对奇异向量代表了一个耦合场的对应分 布,对应时间系数(这里用 NLCCA 得到的非线性时间系数)的相关即体现这一耦合场的相 关;对某一左(右)奇异向量通过 NLCCA 得到的非线性时间系数与右(左)场求相关,即得 到右(左)场异性相关分布,可揭示该耦合场左、右时间系数所反映的右(左)场的变化特 征,其显著相关区代表两个场相互影响的关键区。通常相关较高的奇异向量与异性相关 分布比较一致,所以异性相关能体现奇异向量的分布特征,且能更好地揭示两个场相互影 响的关键区域,这里为了揭示 200 hPa 位势场和 500 hPa 位势场耦合变化的关键区,所以主 要分析异性相关的分布特征。

通过计算,可以得到 500 hPa 和 200 hPa 位势场经 SVD 和 NLCCA 结合分析后前三个耦 合模态的异性相关图,如图 1.12 所示。

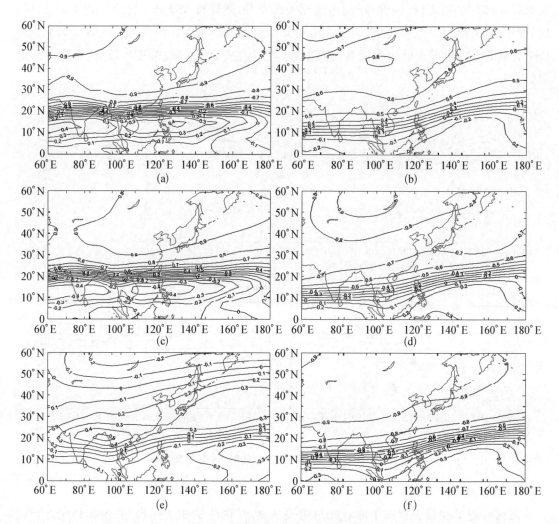

图 1.12　500 hPa 和 200 hPa 位势场经 SVD 和 NLCCA 结合分析后的前三个耦合模态异性相关图

(a)(c)(e)分别是 500 hPa 位势场第一、二、三耦合模态异性相关图
(b)(d)(f)分别是 200 hPa 位势场第一、二、三耦合模态异性相关图

　　分析结果,它们的第一对奇异向量解释方差为 46%,时间系数之间的相关系数高达 92% (表略),说明能够很好地反映 500 hPa 位势场和 200 hPa 位势场的最佳耦合特征。从第一模态的异性相关图可以看出,500 hPa 位势场的分布特征是 30°N 以北的东亚大陆和西太平洋为较强的负相关区,相对应的 200 hPa 位势场则为较强的正相关区,说明在这个区域两个场的相关性非常好。第二模态与第三模态比较类似,其中 500 hPa 位势场的第三模态其较强的正相关区则是在印度半岛附近,与其他的稍有区别。

1.4.3　500 hPa 位势场与 200 hPa U 风场的非线性相关特征诊断

　　前面详细分析了 500 hPa 高度场的前三个 PCs 和 200 hPa 位势场前三个 PCs 的相互关

系,在这里继续分析 500 hPa 高度场的前三个 PCs 与剩下的 200 hPa U 风场、200 hPa V 风场、850 hPa U 风场和 850 hPa V 风场的前三个 PCs 之间的相互关系,由于篇幅的关系这里不再详述,只画出最能反映非线性相互关系的 PCs 的响应曲线图以及经 SVD 和 NLCCA 结合分析后的前三个耦合模态的异性相关图,用来描述它们之间的相互关系。

由 NLCCA 得到 500 hPa 高度场的前三个 PCs 与 200 hPa U 风场的前三个 PCs 的响应曲线(图 1.13(d))。与前面一样,从图中可以看出 PC1－PC2 平面(图 1.13(a))中的非线性特征不是非常明显,但是 PC1－PC3 平面(图 1.13(b))和 PC2－PC3 平面(图 1.13(c))的非线性特征非常明显,说明 500 hPa 高度场与 200 hPa U 风场的非线性相关具有二次特征。

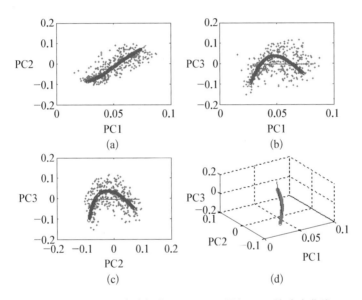

图 1.13　500 hPa 高度场和 200 hPa U 风场 PCs 的响应曲线

分析结果,它们的第一对奇异向量解释方差为 56%,时间系数之间的相关系数为 71%(表略),说明可以比较好地反映 500 hPa 位势场和 200 hPa U 风场的最佳耦合特征。从第一模态的异性相关图可以看出,500 hPa 位势场的分布特征是 30°N 以北的东亚大陆和西太平洋为较强的正相关区,相关系数高达 0.9。但是相对应的 200 hPa U 风场则为负相关区,相关系数稍显弱了一点,只有 0.5 左右,说明在这个区域两个场的相关性较好,但比之前面的500 hPa 位势场和 200 hPa 位势场的相关性来说,则略逊一筹。第二模态与第三模态也比较类似,其中 500 hPa 位势场的第三模态其较强的正相关区在印度半岛附近,与其他的稍有区别,且相关性为最弱,只有 0.4 左右(图 1.14)。

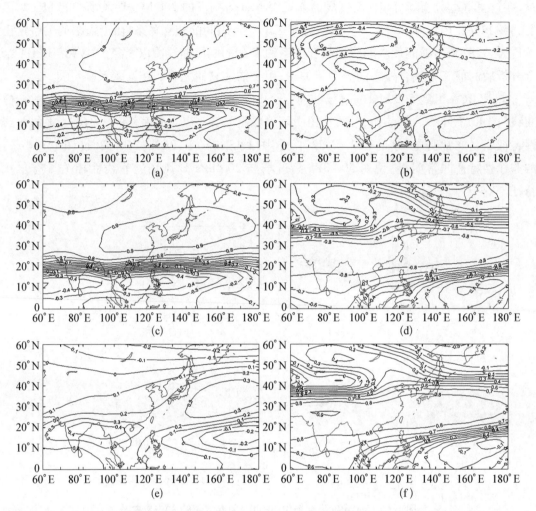

图 1.14　500 hPa 和 200 hPa U 风场经 SVD 和 NLCCA 结合分析后的前三个耦合模态异性相关图

(a)(c)(e)分别是 500 hPa 位势场第一、二、三耦合模态异性相关图
(b)(d)(f)分别是 200 hPa U 风场第一、二、三耦合模态异性相关图

1.4.4　500 hPa 位势场与 200 hPa V 风场的非线性相关特征诊断

画出最能反映非线性相互关系的 PCs 响应曲线图,以及 SVD 和 NLCCA 结合分析后的前三个耦合模态的异性相关图,用来描述副高 500 hPa 位势场与 200 hPa V 风场之间的相互关系。

由 NLCCA 得到 500 hPa 高度场的前三个 PCs 与 200 hPa V 风场的前三个 PCs 的响应曲线(图 1.15(d))。与前面一样,从图中可以看出 PC1 - PC2 平面(图 1.15(a)),PC1 - PC3 平面(图 1.15(b))和 PC2 - PC3 平面(图 1.15(c))的非线性特征都非常明显,说明 500 hPa 高度场与 200 hPa V 风场的非线性相关具有非常好的二次特征。

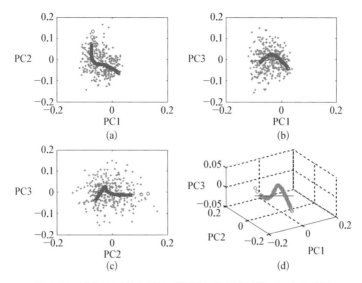

图 1.15 500 hPa 高度场和 200 hPa V 风场 PCs 的响应曲线

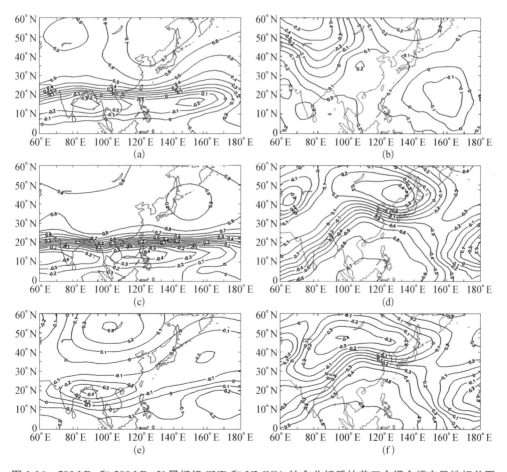

图 1.16 500 hPa 和 200 hPa V 风场经 SVD 和 NLCCA 结合分析后的前三个耦合模态异性相关图

(a)(c)(e)分别是 500 hPa 位势场第一、二、三耦合模态异性相关图
(b)(d)(f)分别是 200 hPa V 风场第一、二、三耦合模态异性相关图

分析结果,它们的第一对奇异向量解释方差为 52%,时间系数之间的相关系数为 59%(表略),说明比较中性地反映 500 hPa 位势场和 200 hPa V 风场的最佳耦合特征。从第一模态的异性相关图可以看出,500 hPa 位势场的分布特征是 40°N 以北的我国黑龙江地区,为较强的正相关区,相关系数为 0.5。但是相对应的 200 hPa V 风场则是 40°N 以北的蒙古地区,为较强的正相关区,也只有 0.5 左右,说明在这个区域两个场的相关性比较中性,相比之前面的 500 hPa 位势场和 200 hPa U 风场的相关性略逊一筹。第二模态与第三模态比较类似,相关性都为一般,只有 500 hPa 位势场的第二模态其较强的正相关区是在西太平洋上,与其他的稍有区别,且相关性较强,达到 0.9 左右(图 1.16)。

1.4.5　500 hPa 位势场与 850 hPa U 风场的非线性相关特征诊断

画出最能反映非线性相互关系的 PCs 的响应曲线图,以及 SVD 和 NLCCA 结合分析后的前三个耦合模态的异性相关图,用来描述副高 500 hPa 位势场与 850 hPa U 风场之间的相互关系。

由 NLCCA 得到 500 hPa 高度场前三个 PCs 和 850 hPa U 风场前三个 PCs 的响应曲线(图 1.17(d))。与前面一样,从图中可以看出 PC1 - PC2 平面(图 1.17(a))中的非线性特征不是非常明显,但是 PC1 - PC3 平面(图 1.17(b))和 PC2 - PC3 平面(图 1.17(c))的非线性特征非常明显,说明 500 hPa 高度场与 850 hPa U 风场的非线性相关具有二次特征。

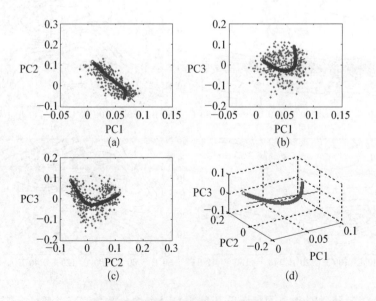

图 1.17　500 hPa 高度场和 850 hPa U 风场 PCs 的响应曲线

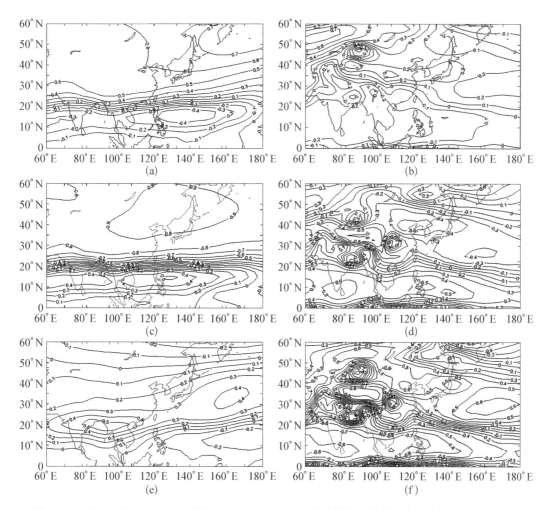

图 1.18　500 hPa 和 850 hPa U 风场经 SVD 和 NLCCA 结合分析后的前三个耦合模态异性相关图

（a）（c）（e）分别是 500 hPa 位势场第一、二、三耦合模态异性相关图
（b）（d）（f）分别是 850 hPa U 风场第一、二、三耦合模态异性相关图

　　分析结果,它们的第一对奇异向量解释方差为 60%,时间系数之间的相关系数为 84%
(表略),说明可以比较好地反映 500 hPa 位势场和 850 hPa U 风场的最佳耦合特征。与前面
几个不同,可以看出 850 hPa U 风场的三个模态异性相关图中的等值线要密很多,从第一模
态的异性相关图可以看出,500 hPa 位势场的分布特征在 50°N 以北的西太平洋上有较强的
正相关区,相关系数达 0.7。但是相对应的 850 hPa U 风场则在 50°N 以北的蒙古陆地地区有
较强的正相关区,相关系数达 0.7 左右,说明两个场的相关性比较好,虽然较之前面的
500 hPa 位势场和 200 hPa 位势场的相关性略逊一筹,但是却比之前的 500 hPa 位势场、
200 hPa U 风场和 200 hPa V 风场要好不少。第二模态与第三模态也比较类似,其中 500 hPa
位势场的第三模态其较强的正相关区在印度半岛附近,与其他的稍有区别,且相关性为最
弱,只有 0.5 左右(图 1.18)。

1.4.6 500 hPa 位势场与 850 hPa V 风场的非线性相关特征诊断

画出最能反映非线性相互关系的 PCs 的响应曲线图,以及 SVD 和 NLCCA 结合分析后的前三个耦合模态的异性相关图,用来描述副高 500 hPa 位势场与 850 hPa V 风场之间的相互关系。

由 NLCCA 得到 500 hPa 高度场前三个 PCs 与 850 hPa V 风场前三个 PCs 的响应曲线(图 1.19(d))。与前面一样,从图中可以看出 PC1 – PC2 平面(图 1.19(a))中的非线性特征不是非常明显,但是 PC1 – PC3 平面(图 1.19(b))和 PC2 – PC3 平面(图 1.19(c))的非线性特征非常明显,说明 500 hPa 高度场与 850 hPa V 风场的非线性相关具有二次特征。

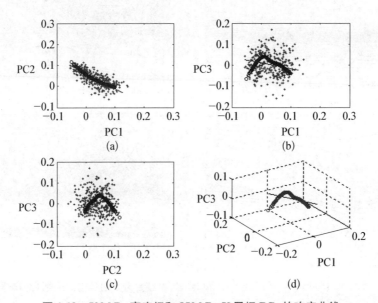

图 1.19 500 hPa 高度场和 850 hPa V 风场 PCs 的响应曲线

分析结果,它们的第一对奇异向量解释方差为 57%,时间系数之间的相关系数为 55%(表略),说明中性地反映 500 hPa 位势场和 850 hPa V 风场的最佳耦合特征。和 850 hPa U 风场一样,可以看出 850 hPa V 风场的三个模态异性相关图中的等值线也很密集,从第一模态的异性相关图可以看出,500 hPa 位势场的分布特征在 25°~45°N 一带有较强的正相关区,但是相关系数仅有 0.4。而相对应的 850 hPa V 风场则在 40°~50°N 一带,即我国黑龙江地区有较强的正相关区,相关系数只有 0.6 左右,说明两个场的相关性很一般,较之前面那些来说相关性为最弱。第二模态与第三模态也比较类似,相关性都很一般,只有 500 hPa 位势场的第二模态,其较强的正相关区在西太平洋上和蒙古地区,与其他的稍有区别,且相关性较强,达到 0.9 和 0.8 左右(图(1.20))。

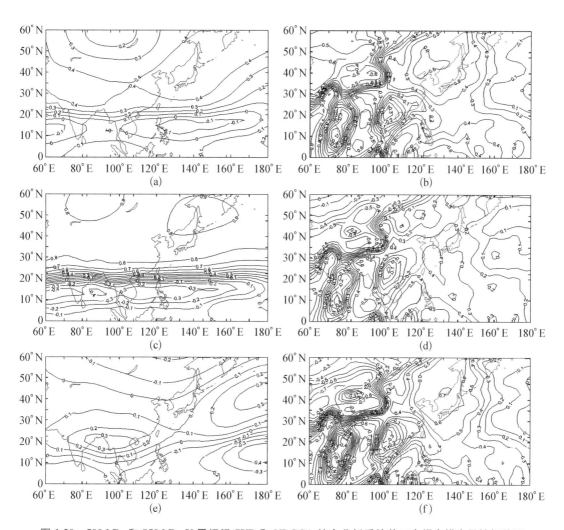

图 1.20　500 hPa 和 850 hPa V 风场经 SVD 和 NLCCA 结合分析后的前三个耦合模态异性相关图

(a)(c)(e)分别是 500 hPa 位势场第一、二、三耦合模态异性相关图
(b)(d)(f)分别是 850 hPa V 风场第一、二、三耦合模态异性相关图

1.5　非线性时频分析方法——交叉 小波与小波相干(XWT-WTC)

1.5.1　连续小波变换(CWT)

Torrence and Compo[4]对小波分析的原理和步骤做过详细说明,下面简要概括本文所要用到的一些概念。

本文选用的 Morlet 小波是一个复数形式小波,在应用上比实数形式的小波有更多的优点。它可以将小波变换系数的模和位相分离出来,模代表某一尺度成分的多少,位相可以用来研究信号的奇异性和即时频率。其母函数为

$$\psi_\circ(\eta) = \pi^{-1/4} e^{\omega_0 \eta} e^{-\eta^2/2} \tag{1.3}$$

这里 ω_0 是无量纲频率,对于 Morlet 小波,取 $\omega_0 = 6.0$ 时,它的 Fourier 周期 λ 近似等于伸缩尺度 $s(\lambda = 1.03s)$,可以保证时域和频域分辨能力达到最佳平衡。

CWT 是利用小波对时间序列进行带通滤波,即将时间序列分解成一系列小波函数的叠加,而这些小波函数都是由一个母小波函数经过平移与尺度伸缩得来。下式是时间序列 $(X_n, n = 1, \cdots, N)$ 的连续小波变换,即时间序列与选定的小波函数族的卷积,其中 " $*$ " 表示复共轭,s 为伸缩尺度,δt 为时间步长。

$$W_n^X(s) = \sqrt{\frac{\delta t}{s}} \sum_{n'=1}^{N} x_n \psi_0^* \left[(n'-n)\frac{\delta t}{s} \right] \tag{1.4}$$

类似于 Fourier 功率谱,可定义单个时间序列的小波功率谱(能量谱)密度为 $| W_n^X(s) |^2$,$W_n^X(s)$ 的复角代表局部位相。由于时间序列的数据有限,以及小波在时域上并非完全局部化,所以小波变换会受到边界效应的影响,而且尺度越大,边界效应越明显,于是引入影响锥曲线(COI),在该曲线以外的功率谱由于受到边界效应的影响而不予考虑。

小波功率谱图可以显示任意时刻最显著尺度和各尺度变化贡献的大小,因而可以从谱曲线中的谱值最大来确定局部时间范围内的主要振荡及其对应的周期,但是否有统计意义还需做显著性检验。如果设时间序列 X_n 的谱估计为 M,假设总体谱是某一随机过程的谱,记为 $E(M)$,则

$$\frac{M}{E(M)}_v = \chi_v^2 \tag{1.5}$$

遵从自由度为 v 的 χ^2 分布。本文连续小波功率谱检验是与红色噪音过程做比较来进行,红色噪音过程即一阶自回归模型,它的 Fourier 功率谱为

$$P_k = \frac{1 - \alpha^2}{| 1 - \alpha e^{-2i\pi k} |^2} \tag{1.6}$$

这里的 k 是 Fourier 频率,$k_{-1} = \lambda$,α 是落后自相关系数。当选取实小波时,自由度 $v = 1$;选取复小波时,自由度 $v = 2$,因此对于 Morlet 小波,(1.5)式可转化为

$$\frac{| W_n^X(s) |^2}{\sigma^2} = \frac{1}{2} P_k \chi_2^2 \tag{1.7}$$

其中 σ^2 为时间序列 X_n 的方差,则等式(1.7)左端为时间序列的标准功率谱。求红色噪音功率谱95%的置信限上界,当等式(1.7)左端超过置信限,则认为通过了显著水平 $\alpha = 0.05$

下的红色噪音标准谱的检验,该周期振荡显著存在。

1.5.2　交叉小波变换(XWT)

交叉小波变换[5]是将小波变换与交叉谱分析相结合的一种新的信号分析技术,可以从多时间尺度的角度来研究两个时间序列在时频域中的相互关系。设 $W_X(s)$、$W_Y(s)$ 分别是给定的两个时间序列 X 和 Y 的连续小波变换,则定义它们的交叉小波谱为 $W_n^{XY}(s) = W_n^X(s)W_n^{Y*}(s)$,其中" $*$ "表示复共轭,s 为伸缩尺度,对应交叉小波功率谱密度为$\mid W_n^{XY}(s)\mid$,其值越大,表明两者具有共同的高能量区,彼此相关显著。

对连续交叉小波功率谱的检验也是与红色噪音标准谱做比较,假设两个时间序列 X 和 Y 的期望谱均为红色噪音谱 P_k^X 和 P_k^Y,则交叉小波功率谱分布有如下关系式:

$$\frac{\mid W_n^X(s)W_n^{Y*}(s)\mid}{\sigma_X\sigma_Y} = \frac{Z_v(P)}{v}\sqrt{P_k^X P_k^Y} \qquad (1.8)$$

其中 σ_X、σ_Y 为时间序列 X 和 Y 各自的标准差,自由度 v 取 2,$Z_v(P)$ 是与概率 P 有关的置信度,在显著水平 $\alpha = 0.05$ 下,$Z_2(95\%) = 3.999$。先求出红色噪音功率谱95%的置信限上界,当等式(1.8)左端超过置信限时,则认为通过了显著水平 $\alpha = 0.05$ 下的红色噪音标准谱的检验,两者相关显著。

1.5.3　交叉小波位相角

$W_n^{XY}(s)$ 的复角可以描述时间序列 X 和 Y 在时频域中的局部相对位相关系。计算两个时间序列各尺度成分间的位相差,需要估计位相差的均值和置信区间。在超过95%置信度,影响锥曲线以内区域,采用圆形平均位相角来定量的描述两者的位相关系。设有 n 个角度 α_i ($i = 1,\cdots,n$),令 $\bar{\alpha}$ 表示角的样本均数,简称平均角,其计算公式为

$$\bar{\alpha} = \arg(\bar{x},\bar{y}); \bar{x} = \sum_{i=1}^n \cos(\alpha_i); \bar{y} = \sum_{i=1}^n \sin(\alpha_i) \qquad (1.9)$$

$q = \sqrt{-2\ln(r/n)}$ 称为圆标准差或角离差,q 表示其离散趋势量度,其值的范围在0—∞之间。$r = \sqrt{\bar{x}^2 + \bar{y}^2}$ 表示角度资料的集中趋势量度,r 值的范围在0—1之间。q 和 r 本质上是一回事,当一组数据中所有 α_i 都等于同一数值,则这组数据无变异,$q = 0$,而 $r = 1$;当一组数据中的 α_i 均匀地分布在圆周上,则 $r = 0$,而 q 则因平均角不存在而无法计算;但当 r 趋向于0时,q 趋向于无穷大。采用 Von Mises 分布假设检验方法,计算平均角及其95%置信区间,文中给出位相差的形式为平均角±角离差。

下面通过一个具体例子来说明交叉小波变换方法,构造两个分段正弦周期信号 y_1 与 y_2,波形如图1.21(a)所示,在任意一个的时域空间(Ⅰ、Ⅱ、Ⅲ、Ⅳ)里,信号 y_1 与 y_2 周期相同,只

是存在位相差异。图 1.21(b)给出了两者的小波交叉谱(填充色)和相对位相差(箭头),粗黑线包围的范围通过了显著性 $\alpha = 0.05$ 水平下红噪声标准谱的检验,细黑线为影响锥曲线(COI)。图中可以明显看出三个周期成分并存,另外通过位相差的箭头方向可以判断两个时间序列各尺度成分间的时滞相关性。在第 I 时域内,设定信号 y_2 先于 y_1 四分之一个周期,即两者位相差为 90°,对应频域中箭头方向垂直指向下;在第 II 时域内,设定信号 y_2 先于 y_1 二分之一个周期,即两者反位相,位相差为 180°,对应频域中箭头方向水平指向左;在第 III 时域内,设定信号 y_2 先于 y_1 一个周期,即两者位相差为 360°,对应频域中箭头方向水平指向右;在第 IV 时域内,设定信号 y_2 先于 y_1 四分之三个周期,即两者位相差为 270°,对应频域中箭头方向垂直指向上。

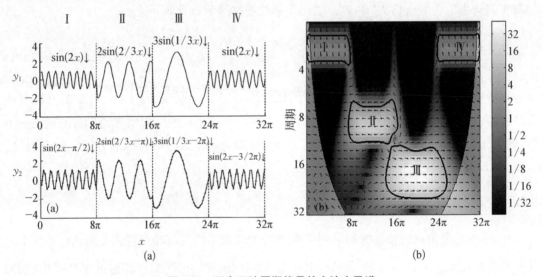

图 1.21　两个正弦周期信号的小波交叉谱

1.5.4　小波相干谱(WTC)

基于两个时间序列的连续小波变换(CWT)的交叉小波变换(XWT),可以揭示它们共同的高能量区以及位相关系。另一个有用的工具是小波相干谱,它是用来度量时-频空间中两个时间序列的局部相关密切程度,即在对应交叉小波功率谱中低能量值区,两者在小波相干谱中的相关性也有可能很显著。定义两个时间序列 X 和 Y 的小波相干谱为

$$R_n^2(s) = \frac{\left| S\left(s^{-1} W_n^{XY}(s)\right) \right|^2}{S\left(s^{-1} \left| W_n^{X}(s) \right|^2\right) \cdot S\left(s^{-1} \left| W_n^{Y}(s) \right|^2\right)} \tag{1.10}$$

类似于传统意义上的相关系数表达式,它是两个时间序列在某一频率上波振幅的交叉积与各个振动波的振幅乘积之比,这里 S 是平滑器。

$$S(W) = S_{\text{scale}}\left(S_{\text{time}}\left(W_n(S)\right)\right) \tag{1.11}$$

其中 S_{scale} 表示沿着小波伸缩尺度轴平滑，S_{time} 则表示沿着小波时间平移轴平滑。对于 Morlet 小波的平滑器表达式如下：

$$S_{time}(W)\big|_s = (W_n(s) * c_1^{-t^2/2s^2})\big|_s \tag{1.12}$$

$$S_{scale}(W)\big|_n = \left(W_n(s) * c_2 \prod(0.6s)\right)\big|_n \tag{1.13}$$

这里的 c_1 和 c_2 是标准化常数，$\prod$ 是矩形函数，参数 0.6 是根据经验确定的尺度，与 Morlet 小波波长的解相关。小波相干谱的显著性检验采用蒙特卡罗（Monte Carlo）方法。交叉小波功率谱和小波相干谱两种方法都可以确定位相角，主要的区别在于后者使用了平滑函数。需要说明的是，文中给出的平均角及其 95% 置信区间是针对小波相干谱而言的，且小波相干谱中只标示出 $R_n^2(s) \geq 0.5$ 的位相差箭头。

1.6　副高位势场与风场的 XWT-WTC 非线性时频分析

1.6.1　确定小波交叉因子和范围

（1）据前面的分析，我们选取的是 500 hPa 高度场和 200 hPa 高度场还有 850 hPa U 风场，选取它们的原因是因为这三个场之间的相互关系比较好，达到 80% 之上。

（2）通过对 EOF 分解后的前三个模态的时间序列进行交叉小波相关分析，来解释其间的相互关系。

（3）最终根据前面的结论，分析结果。

1.6.2　小波分析

为描述和刻画大气的上述活动特征，按照交叉小波的理论，首先分别求出三个场的前三个模态的小波功率谱，如下：

（1）200 hPa 高度场，500 hPa 高度场和 850 hPa U 风场第一模态时间序列的小波功率谱

图 1.22(a)，(b) 分别是 200 hPa 和 500 hPa 的第一模态时间序列的小波功率谱，从图中可以看出两者的功率谱非常接近，存在长期变化，主要表现为半年到一年左右（18—40 旬）的长期活动。具体来说，这十年期间，在 18—40 旬周期范围内出现一个显著的能量高值区，而且周期以 32 旬为中心振荡叠加为主（图 1.22(a)，(b)）。850 hPa U 风场也比较类似，其长期活动周期相较 200 hPa 和 500 hPa 位势场而言比较短，大概在 1 年左右（32—40 旬）。具体来说，这十年期间，在 32—40 旬周期范围内出现一个显著的能量高值区，而且周期以 36 旬为中心振荡叠加为主（图 1.22(c)）。

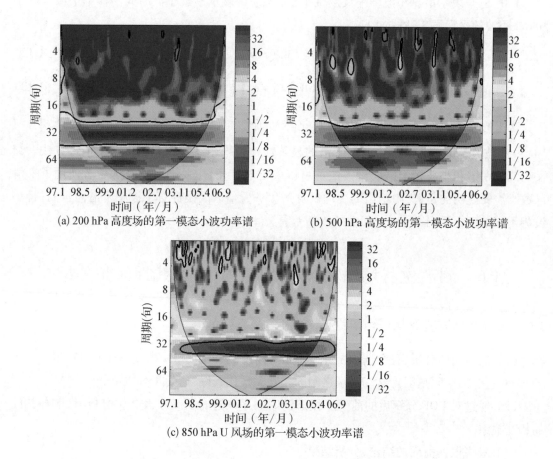

(a) 200 hPa 高度场的第一模态小波功率谱　(b) 500 hPa 高度场的第一模态小波功率谱

(c) 850 hPa U 风场的第一模态小波功率谱

图 1.22　200 hPa 高度场,500 hPa 高度场和 850 hPa U 风场第一模态时间序列的小波功率谱

　　(2) 200 hPa 高度场,500 hPa 高度场和 850 hPa U 风场第二模态时间序列的小波功率谱

　　图 1.23(a),(b) 分别是 200 hPa 和 500 hPa 的第二模态时间序列的小波功率谱,从图中可以看出两者的功率谱比较接近,既存在长期变化,也存在中期变化,只是 200 hPa 位势场主要表现为 3 个月到半年左右(10—20 旬)的中期活动,而 500 hPa 位势场则主要表现为半年到一年左右(30—35 旬)的长期活动。具体来说,200 hPa 位势场在十年期间,于 1998 年 1 月—1999 年 11 月和 2002 年 1 月—2006 年 8 月的时候出现两个显著的能量高值区,范围在 10—20 旬,周期以 16 旬为中心振荡叠加为主(图 1.23(a)),然而这个中期变化不是连续的,有间断性,在这十年间没有发生过这种中期变化。而 500 hPa 位势场则有一个连续的范围在 30—35 旬,且周期是以 32 旬为中心振荡叠加为主的长期变化(图 1.23(b))。850 hPa U 风场也比较类似,但是无论其中期活动还是长期活动都比较平均,但不连续,中、长期活动周期比较 200 hPa 和 500 hPa 位势场而言比较短。具体来说,这十年期间,在 1998 年 1 月至 8 月和

2002 年 7 月—2006 年 8 月出现了中期变化,范围为 14—18 旬,周期以 16 旬为中心振荡叠加为主(图1.23(c)),而在 1998 年 5 月—2002 年 6 月和 2002 年 8 月—2006 年 1 月出现了长期变化,范围为 30—34 旬,周期以 32 旬为中心振荡叠加为主。

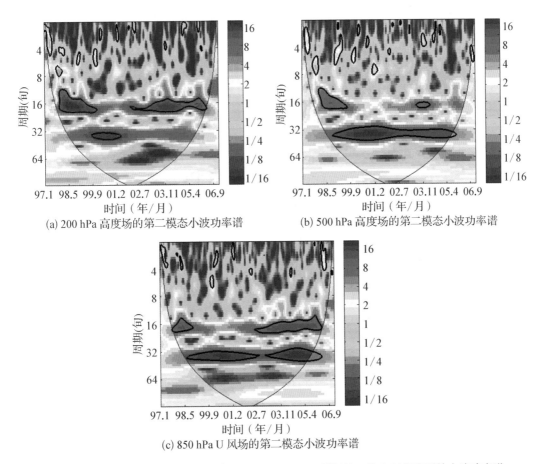

(a) 200 hPa 高度场的第二模态小波功率谱

(b) 500 hPa 高度场的第二模态小波功率谱

(c) 850 hPa U 风场的第二模态小波功率谱

图 1.23　200 hPa 高度场,500 hPa 高度场和 850 hPa U 风场第二模态时间序列的小波功率谱

（3）200 hPa 高度场,500 hPa 高度场和 850 hPa U 风场第三模态时间序列的小波功率谱

图 1.24(a),(b)分别是 200 hPa 和 500 hPa 的第三模态时间序列的小波功率谱,从图中可以看出两者的功率谱比较接近,既存在 3 个月到半年左右(10—20 旬)的中期活动,也存在 1 到 2 个月左右(1—5 旬)的短期变化。只是这些活动都不是连续的,而且持续时间都很短,一般 10—20 旬左右,共有十几个这样的散乱的高值能量区。而 850 hPa U 风场也比较类似,但是它除了有许多散乱的短期变化的高值能量区,还有一个持续时间较长的超长期变化,出现在 1997 年 1 月到 1999 年 12 月,范围为 66—78 旬,周期以 70 旬为中心振荡叠加为主(图 1.24(c))。

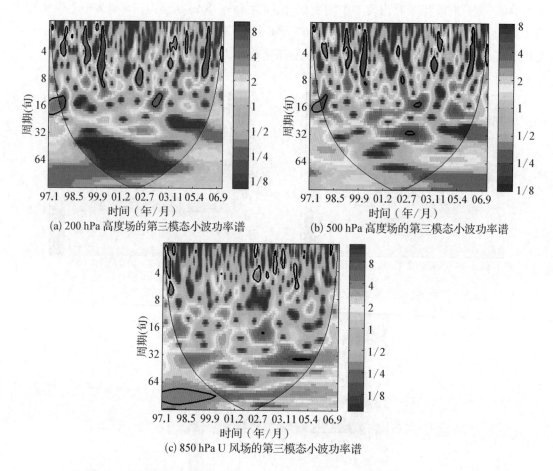

(a) 200 hPa 高度场的第三模态小波功率谱　　　　(b) 500 hPa 高度场的第三模态小波功率谱

(c) 850 hPa U 风场的第三模态小波功率谱

图 1.24　200 hPa 高度场, 500 hPa 高度场和 850 hPa U 风场第三模态时间序列的小波功率谱

上面分析三个场各自的小波功率谱,下面研究交叉小波功率谱和小波相干谱这三个场之间的相互关系。

(4) 500 hPa 高度场与 200 hPa 高度场前三个模态时间序列的交叉小波功率谱和小波相干谱

图 1.25(a),(b)给出了选取范围为 500 hPa 和 200 hPa 的位势场第一模态时间序列的交叉小波功率谱、相干谱和位相差。在 18—40 旬时间尺度范围内,功率谱和相干谱的极值分布表明,在整个过程 200 hPa 与 500 hPa 位势场都存在密切的联系。图 1.25(a),(b)中的箭头几乎都是水平指向右,这意味着 200 hPa 与 500 hPa 位势场的活动几乎同时变化,与实际情况相符。图 1.25(c),(d)给出了选取范围为 500 hPa 和 200 hPa 的位势场第二模态时间序列的交叉小波功率谱、相干谱和位相差。较之前面的第一模态,其具有周期较短的极值区,说明相关周期较短。在 10—20 旬时间尺度范围内,功率谱和相干谱的极值分布表明,在 1998 年 1 月—1999 年 12 月和 2002 年 1 月—2006 年 8 月期间 200 hPa 与 500 hPa 位势场存在密切的

联系。而在 30—35 旬时间尺度范围内,功率谱和相干谱的极值分布也表明在 1998 年 1 月—2006 年 1 月过程中 200 hPa 与 500 hPa 位势场存在密切的联系。与前面一样,极值区内的箭头几乎都是水平指向右,这意味着 200 hPa 与 500 hPa 位势场的活动几乎同时变化,这与实际情况也是相符的。图 1.25(e),(f)给出了选取范围为 500 hPa 和 200 hPa 的位势场第三模态

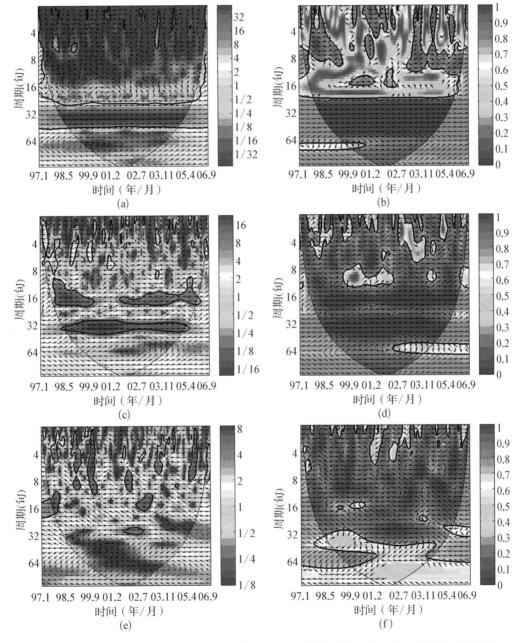

图 1.25　500 hPa 高度场与 200 hPa 高度场前三个模态时间序列的交叉小波功率谱和小波相干谱

(a)(c)(e)分别是 500 hPa 高度场与 200 hPa 高度场第一、第二、第三模态时间序列的交叉小波功率谱
(b)(d)(f)分别是 500 hPa 高度场与 200 hPa 高度场第一、第二、第三模态时间序列的小波相干谱

时间序列的交叉小波功率谱、相干谱和位相差。较之前面的第一和第二模态,其具有周期最短的极值区,说明其相关周期最短。极值区分布比较散乱,在2—20旬时间尺度范围内,极值区都比较小。而极值区内的箭头几乎都是水平指向左,这意味着两者的位相差为180°,即200 hPa位势场在第三模态的对流活动要超前500 hPa位势场活动,超前的时间在二分之一周期左右,即1—2个月左右。

(5) 500 hPa高度场与850 hPa U风场前三个模态时间序列的交叉小波功率谱和小波相干谱

500 hPa位势场与850 hPa U风场在位相分布上与前面的500 hPa位势场与200 hPa位势场有所差异,就第一模态而言,图1.26(a),(b)中虽然极值区的分布范围和周期与前面一样,但是两者的位相差为150°±10°,意味着850 hPa U风场的对流活动要超前500 hPa位势场活动,超前的时间在十二分之五周期左右,即12旬,3个月左右。图1.26(c),(d)给出了选取范围为500 hPa高度场和850 hPa U风场第二模态时间序列的交叉小波功率谱、相干谱和位相差。较之前面的第一模态,其具有周期较短的极值区,说明其相关周期较短。在10—20旬时间尺度范围内,功率谱和相干谱的极值分布表明在1997年10月—1999年12月和2001年3月—2006年7月过程中,200 hPa与500 hPa位势场存在密切的联系。而在30—35旬时间尺度范围内,功率谱和相干谱的极值分布也表明在1998年1月到2006年1月过程中,200 hPa与500 hPa位势场存在密切的联系。极值区内的箭头几乎都是水平指向左,这意味着两者的位相差为180°,即850 hPa U风场在第二模态的对流活动要超前500 hPa位势场活动,超前的时间在二分之一周期左右,在10—20旬时间尺度范围,即超前5—10旬,2—3个月左右,而在30—35旬时间尺度范围,即超前15—17旬,5—6个月左右。图1.26(e),(f)给出了选取范围为500 hPa高度场和850 hPa U风场第三模态时间序列的交叉小波功率谱、相干谱和位相差。较之前面的第一和第二模态,它具有周期最短的极值区,说明其相关周期最短。且极值区分布比较散乱,主要有三个极值区,其中两个在14—20旬时间尺度范围内,一个在4—8旬,极值区都比较小。有两个极值区的箭头是水平向右的,这意味着此区间内850 hPa U风场与500 hPa位势场的活动此时几乎同时变化,还有一个极值区的箭头是几乎垂直向下的,说明两者的位相差为270°±10°,意味着此区间的850 hPa U风场在第三模态的对流活动要超前500 hPa位势场活动,超前的时间在四分之三周期左右,即10—15旬,3—5个月左右。

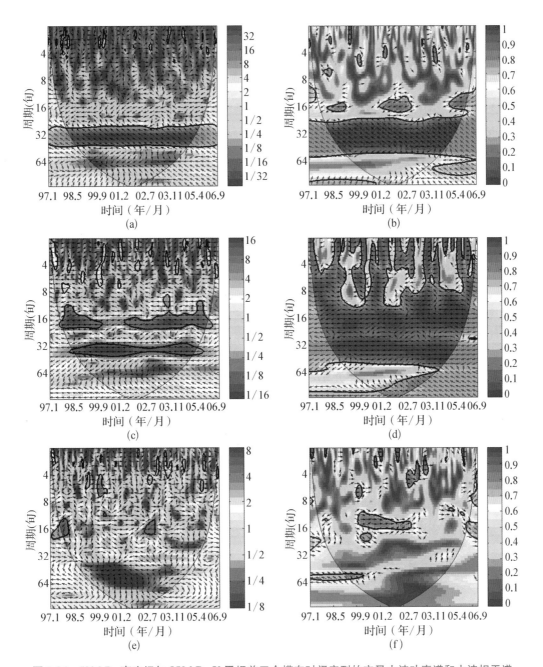

图 1.26　500 hPa 高度场与 850 hPa U 风场前三个模态时间序列的交叉小波功率谱和小波相干谱

（a）（c）（e）分别是 500 hPa 高度场与 850 hPa U 风场第一、第二、第三模态时间序列的交叉小波功率谱
（b）（d）（f）分别是 500 hPa 高度场与 850 hPa U 风场第一、第二、第三模态时间序列的小波相干谱

1.7　本章总结

　　本章围绕西太平洋副高和东亚地区环流及其相互作用的主线,以东亚地区夏季副高位势场和环流背景场为研究对象,研究探索影响制约副高活动的影响因子。首先引入非线性典型相关分析法(NLCCA)对副高位势场和大气风场的相关特征进行诊断,其后采用交叉小波与小波相干分析方法(XWT-WTC)对副高位势场与风场进行进一步的非线性时频分析。

　　主要研究结果包括:根据所选取的资料,500 hPa 高度场和 200 hPa 高度场还有850 hPa U风场之间的相互关系比较好,而通过交叉小波与小波相干分析方法对其进行非线性时频分析发现,500 hPa 与 200 hPa 位势场的活动几乎同时变化,与实际情况相符,同时850 hPa U 风场的活动一般要超前 500 hPa 位势场活动3—6 个月。

参考文献

[1] 洪梅,张韧,张海洋,等.西太平洋副热带高压季节内异常活动与亚洲夏季风系统的时延相关特征[J].大气科学学报,2014,37(6):705 - 714.

[2] 黄嘉佑.气候统计分析与预报方法[M].北京:气象出版社,2000.

[3] 王盘兴.气象向量场的自然正交展开方法及其应用[J].南京气象学院学报,1981,4(1):37 - 48.

[4] TORRENCE T, COMPO G P. A practical guide to wavelet analysis [J]. Bulletin of the American Meteorological Society, 1998, 79(1): 61 - 78.

[5] GRINSTED A, MOORE J C, JEVREJEVA S. Application of the cross wavelet transform and wavelet coherence to geophysical time series[J]. Nonlinear Processes in Geophysics 2004, 11: 561 - 566.

第二章　西太副高及其影响因子的年际变率和年代际变率分析研究

2.1　引　　言

太平洋副热带高压年际变率最大的地区不在副高中心附近,而在副高西边缘的西北太平洋地区,同时副高西边缘也是北半球夏季副热带低层大气环流年际变率最大的区域,称为西太平洋副高。由于副高中心只能够较为客观地反映副高的位置,而副高西边缘能够更清楚地反映副高的年际变率,因此,在研究副高的年际变率时,主要着眼于西太平洋副高。对于西太副高的年际变率特征已有许多的分析研究,其中准两年和准三到五年振荡是主流周期。在 500 hPa 上,西太副高常年都有闭合中心,且中心基本在 110°~180°E,10°~45°N 区域内。所以其位置基本不动,因此可以重建表征西太副高强度和位置的特征指数,即副高强度指数和脊线指数。通过对副高特征指数进行功率谱分析并研究其年际变率。

研究表明,西太副高的年际变率受热带多个海区海-气相互作用过程的调控。并且归纳出了影响西太副高年际变率的三个关键海区,即赤道东太平洋、赤道中太平洋、暖池区,同时选定大气环流异常的地区:赤道纬向西风区。定义影响因子的特征指数,通过连续小波变换对影响因子的特征指数进行时频特征分析,能更清楚地揭示其年际变化周期,计算其与西太副高的年际变率之间的相关性,做显著性检验,探讨西太副高与其因子之间的相关性大小,对可能存在的机理做简单的阐述。

2.1.1　资料与方法

（1）资料说明

利用美国国家环境预报中心（NCEP）提供的 1948—2019 年 1 月的月平均资料,包括 500 hPa 位势高度场,500 hPa 和 850 hPa 纬向风场以及海表温度场。其中位势高度场和纬向风场的分辨率为 2.5°×2.5°,海表温度场的分辨率为 2°×2°,资料长度都为 854 个月。

（2）连续小波变换（CWT）

本文选用的 Morlet 小波是一个复数形式小波,相比于实数形式的小波,Morlet 小波能够轻易地将小波变换的系数和模分离开来,其中模代表某一振荡周期所占成分的多少,位相可以用来研究时间序列的位相关系,取 Morlet 小波的无量纲频率等于 6.0,此时该小波的 Fourier 周期近似等于伸缩尺度,这样便可以保证在使用 Morlet 小波进行连续小波变换时,时域和频域分辨能力达到最佳平衡。

（3）研究对象和具体方法

为了揭示西太副高的年际变率与热带海温及大气环流异常的相关性,通过对 1948—2019 年 1 月的 NCEP 月平均资料的分析,利用 500 hPa 的纬向风场和位势高度重建西太副高指数,即强度指数和脊线指数,并通过海表温度场和 850 hPa 的纬向风场定义热带关键海区和赤道纬向西风的特征指数。

首先利用 Matlab 中的 dmey 小波对所定义的各指数以及各要素场进行小波滤波,保留 2—8 年尺度的振荡频率。再用 Morlet 小波对已滤波的西太副高及其影响因子的特征指数进行功率谱分析,给出 95% 的置信度曲线,得到西太副高及其影响因子的年际变率。其次对滤波后的因子的特征指数进行连续小波变换,得到影响因子的小波能量谱图并看出其年际变率。

$$r_{xy} = \frac{\sum_{t=1}^{n} (x_t - \bar{x})(y_t - \bar{y})}{\sqrt{\sum_{t=1}^{n} (x_t - \bar{x})^2} \sqrt{\sum_{t=1}^{n} (y_t - \bar{y})^2}} \tag{2.1}$$

最后利用 matlab 中的 corrcoef 函数(其中 x、y 是两个 n 维向量)对滤波后同时间尺度、同样本数的不同特征指数进行相关性分析,对所定义的各特征指数进行小波变换后,所得时间序列的样本数为 $n = 854$。这个量的大小是否显著还需要做统计检验。采用 t 检验法来检验,在样本容量固定的情况下,可以实现计算统一的判别标准相关系数,即相关系数的临界值 r_c:

$$r_c = \sqrt{\frac{t_\alpha^2}{n - 2 + t_\alpha^2}} \tag{2.2}$$

若 $r > r_c$,则通过显著性的 t 检验,表明这两个时间序列存在显著的相关关系。

2.1.2　西太副高年际变率的研究

（1）副高特征指数的定义

在 500 hPa 上西太副高常年都有闭合中心且中心基本在 110°~180°E,10°~45°N 区域内。在此范围内,分别对 NCEP 资料 500 hPa 的高度场和纬向风场的月平均值以及气候值进行分析,得到描述西太副高的强度指数（Ⅱ）、脊线指数（RI）。

在 500 hPa 高度场上 110°~180°E,10°~45°N 范围内,对位势高度 $H > 5840$ gpm 点的位势高度进行求和再取平均,并求其距平,定义这组距平值为副高强度指数（Ⅱ）(1974 年 1 月在上述区域内副高中心最大值为 5838.2 gpm,小于 5840 gpm,将这个月的副高强度定为 5838.2 gpm)。

在 500 hPa 纬向风场上 110°~180°E,10°~45°N 范围内,对纬向风 $U = 0$ 的点所在纬度进行求和再取平均,并求其距平,定义这组距平值为副高脊线指数（RI）。

（2）副高特征指数的频谱分析

为了描述和刻画西太副高的年际变率,首先画出重建的西太副高的强度指数和脊线指数的时间序列图,如图2.1和2.2所示,由于此图中不但包含了西太副高的年际变率,同时还有短期季节内的异常变化,导致图中西太副高特征指数的变化杂乱无章,不能很好地看出西太副高的年际变化特征。因此,再次对这两个时间序列进行低通滤波,滤去季节内的变化,只保留西太副高2—8年内的年际变化,如图2.3和2.4所示。在1948—2019这71年中间,

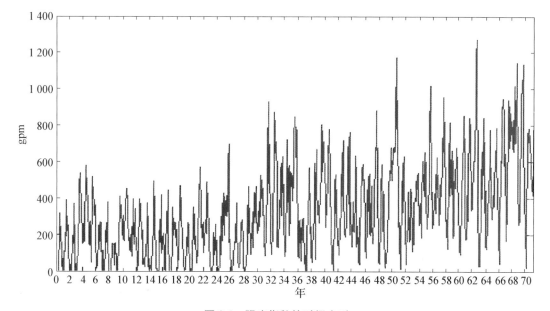

图 2.1　强度指数的时间序列

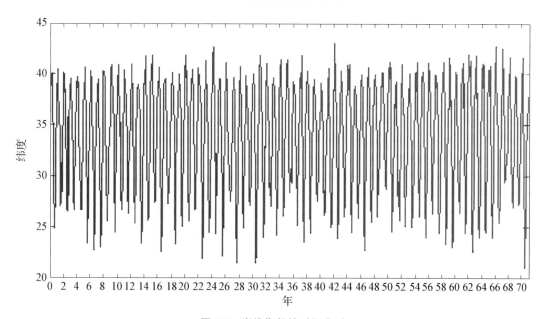

图 2.2　脊线指数的时间序列

西太副高的强度指数和脊线指数在年际尺度上有 35 个峰值,对应了西太副高的 35 次异常活动。由此可看出西太副高大致存在两年左右的异常变化周期。最后,对滤波后特征指数的时间序列进行功率谱分析,得到如图 2.5 和 2.6 所示的强度指数以及脊线指数的功率谱值,结合图 2.3 和 2.5 的特征可得出,西太副高的强度指数存在明显的准 2—3 年和准 5 年两个年际振荡周期;同理,结合图 2.4 和 2.6 的特征得到西太副高的脊线指数也存在明显的准 2—3 年和准 5 年两个年际振荡周期,并且都通过了显著性水平的红色噪声检验。通过对西太副高强度指数和脊线指数的小波功率谱分析,综合其变化特征,可以得出西太副高存在着准 2—3 年和准 5 年的年际变率。

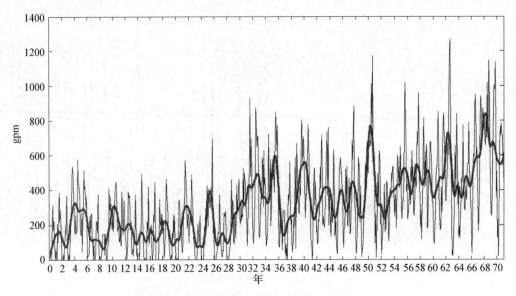

图 2.3　红线表示滤波后强度指数的时间序列

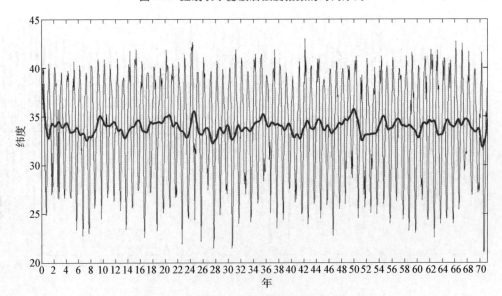

图 2.4　红线表示滤波后脊线指数的时间序列

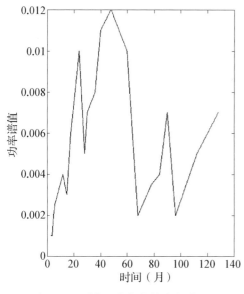

图 2.5 副高强度指数的功率谱图

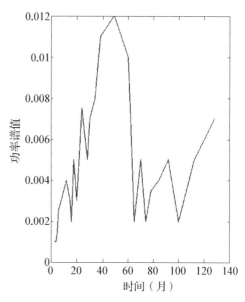

图 2.6 脊线指数的功率谱图

2.1.3 西太副高影响因子的年际变率研究

（1）相关影响因子特征参数的定义

近年来,随着对西太副高年际变率与海洋大气相互作用关系研究的加深,发现其年际变率与某些关键海区海温以及大气环流的异常变化相关。本文在此选定三个关键海区,分别为赤道东太平洋、赤道中太平洋、暖池区。同时选定大气环流异常变化的区域赤道纬向西风区。在此范围内,分别运用 NCEP 月平均资料中的海表温度场和 850 hPa 的纬向风场,定义了相关影响因子的特征指数,包括:

在赤道东太平洋 Nino 3 区($5°S\sim5°N$,$150°\sim90°W$)范围内,定义海表温度距平的区域平均值为 Nino 3 指数。

把 $170°E\sim150°W$,$7.5°S\sim5°N$ 区域的海表温度距平值的平均值定义为赤道中太平洋海温指数(MPSST)。

把 $140°E\sim160°E$,$0°\sim5°N$ 区域的海表温度距平值的平均值定义为暖池区海温指数(WP)。

取赤道中、西太平洋($120°E\sim160°W$,$5°S\sim5°N$)上空 850 hPa 纬向风距平的区域平均值,定义为赤道纬向西风指数(WWI)。

（2）西太副高影响因子的年际变率分析

为了研究西太副高影响因子的年际变化特征,对各影响因子的特征指数做小波滤波处理,同时画出各个影响因子滤波后特征指数的时间序列变化图,如图 2.7 至 2.10 所示,发现 Nino 3 指数、赤道中太平洋海温指数在年际尺度上存在 35 个峰值,代表了在这 71 年中出现的 35 次 ENSO(El Nino/La Nina-Southern Oscillation,后文简称 ENSO)现象,同时暖池区海温指数以及赤道纬向西风指数也有类似的周期变化,说明各影响因子之间存在一定的相关性且与西太副高的年际变率有关。但是仅从时间序列变化图看,所得到结论的准确度和精确度都不够有说服力,因此需要对滤波后的各个特征指数进行连续小波变换,得到相应的小波功率谱图,通过任意时刻的最显著以及各尺度变化贡献的大小,能更精确地得到西太副高各影响因子在时间序列范围内各个时间段的周期变化特征。如图 2.11 至 2.14 所示,分别表示 Nino 3 指数、赤道中太平洋海温指数、暖池区海温指数以及赤道纬向西风指数的小波能量谱图,从图中可以看出,这些影响因子也存在着明显的年际变化特征,主要表现为 16—32 个月左右的准 2—3 年振荡周期、32—64 个月左右的准 5 年振荡周期以及比较少见的 100 个月左右的准 8 年振荡周期,并且三种振荡周期相互交杂,彼此叠加共存。

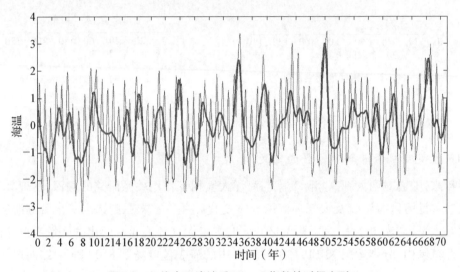

图 2.7　红线表示滤波后 Nino 3 指数的时间序列

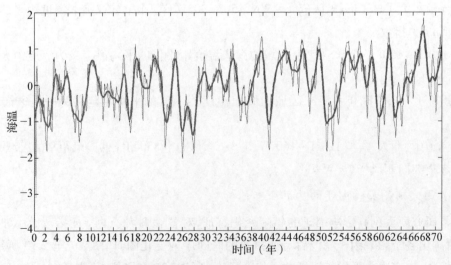

图 2.8　红线表示滤波后赤道西太平洋海温指数的时间序列

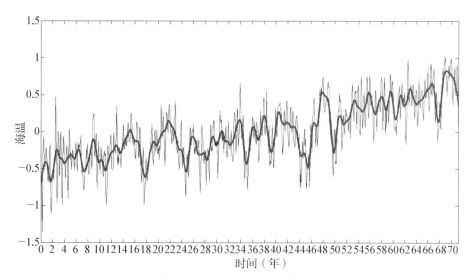

图 2.9　红线表示滤波后暖池区海温指数的时间序列

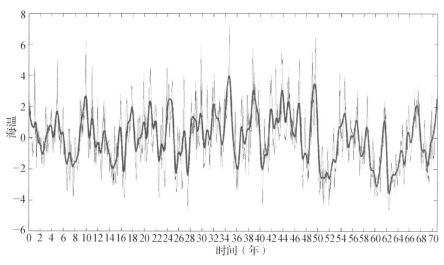

图 2.10　红线表示滤波后赤道纬向西风指数的时间序列

具体来看,Nino 3 指数在 16—64 个月的周期范围内出现连续的高值能量区,其中 16—32 个月的周期在这 71 年中有间隔,而 32—64 个月左右周期中的高值能量区连续存在且分布基本均匀,说明赤道东太平洋海温具有比较明显的振荡周期,间隔存在的 16—32 个月左右的准两年振荡以及连续存在的 32—64 个月左右的准 4—5 年振荡,两种周期的高值能量区都比较强,表明两种周期的贡献率基本相同,都显著存在,并且振荡周期基本固定,没有出现太大偏差。赤道中太平洋海温指数在 16—100 个月不等的周期范围内出现不规则的高值能量区,和 Nino 3 指数相同的是,16—32 个月左右的准两年振荡周期间隔出现,32—64 个月左右的振荡周期连续存在。不同的是在第 200—600 个月的时间内出现了 100 个月左右的振荡周期,且与前两种周期共存,说明赤道中太平洋海温存在准 2—3 年和准 4—5 年以及准 8 年左右的振荡周期,并且在这三种周期中,由于后两种周期高值能量区的值更高,因此准 4—5 年以及准

8 年的贡献率较高,则其存在性更为显著。暖池区海温指数在 16—100 个月左右的范围内出现不规则的高值能量区,和前两种指数存在较大差异的是准两年振荡周期更弱且不规则变化更明显,同时在 32—64 个月的周期范围内出现了更多相对低值的能量区。三种周期的存在性更为复杂,其中 16—32 个月左右的振荡周期能量较小,32—64 个月左右的振荡周期能量较高,100 个月左右的振荡周期能量最高,即暖池区海温准 8 年的振荡周期更为显著。赤道纬向西风指数连续小波变换后的能量谱图与 Nino 3 指数能量谱图类似,都存在 16—32 个月的准 2—3 年变化周期和 32—64 个月的准 4—5 年变化周期,并且两种周期高值能量区的能量占比很高,因此两种周期的存在性都很显著。同时在第 450—650 个月时,出现了能量较高且显著存在的准 8 年变化周期,说明赤道纬向西风指数和 Nino 3 指数的相关性比较高,且都与西太副高的年际变化存在相关性。

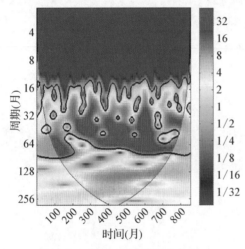

图 2.11　Nino 3 指数的小波能量谱

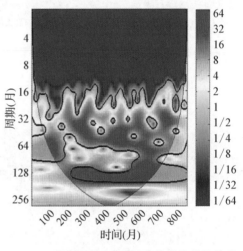

图 2.12　赤道中太平洋海温指数的小波能量谱

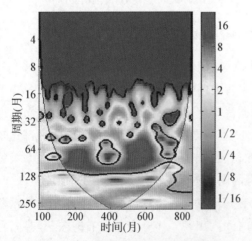

图 2.13　暖池区海温指数的小波能量谱

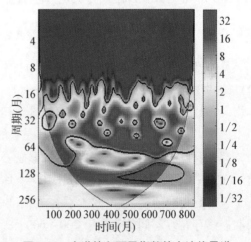

图 2.14　赤道纬向西风指数的小波能量谱

2.1.4　西太副高及其影响因子年际变率的相关性分析

通过对西太副高及其影响因子特征指数时间序列的分析,大致可以看出其中存在一定的相关性,然后对所有特征指数进行连续小波变换,通过对每一个指数小波能量谱图的分析,得出各个指数任意时刻的显著周期并与西太副高的年际变率作对比,分析其中的相关性。本节将使用 matlab 中的 corrcoef 函数,分别将西太副高的强度指数、脊线指数与各个影响因子的特征指数带入,求其相关系数,并做显著性检验,此处使用 t 检验法来检验显著性。由于样本容量都是 854 个月,所以只需算出相关系数的临界值 r_c,当 $r > r_c$ 时,则说明两个时间序列存在相关性,且 r 越大,相关性越强。采用相关系数临界值公式:

$$r_c = \sqrt{\frac{t_\alpha^2}{n - 2 + t_\alpha^2}} \tag{2.3}$$

当 $\alpha = 0.01$ 时,$t_\alpha = 2.576$,$r_c = 0.0881$。

即置信度为 0.01 时的显著相关系数临界值为 0.0881,当 $r > 0.0881$ 时,为显著相关。

表 2.1 为西太副高强度指数、脊线指数和各个影响因子之间的相关系数表。

表 2.1　西太副高强度指数、脊线指数和各个影响因子之间的相关系数表

	Nino 3 指数	赤道中太平洋指数	暖池区指数	赤道纬向西风指数
强度指数	0.5327	0.5603	0.6974	0.4060
脊线指数	0.5420	0.4433	0.4279	0.4553

从表中可以看出,四个影响因子和西太副高强度以及脊线指数的相关系数均大于相关系数临界值,说明这四个影响因子和西太副高强度、脊线位置显著相关,则可以用这三个关键海区海温以及赤道纬向西风的年际异常变化来研究西太副高的年际变率。

2.2　基于信息流方法副高与因子的相关性分析

2.2.1　信息流

首先来看信息流理论[1],信息流理论由梁湘三教授在 2014 年首先提出,并在 2015 年提出了标准化条件下的信息流理论作为补充修正。在讨论两个时间序列资料时,缺少一种严谨而定量的方法去分析它们之间的因果关系,以往的讨论只注重相关性,但相关性并不能说明因果关系,因果关系却包含了相关性。而信息流方法恰好能解决这个难题。

在信息流理论中[1],认为因果关系是通过信息从一个序列流向另一个序列的时间速率来衡量的,基于这一观点产生的公式形式紧凑,仅涉及常用统计量,换句话说,也就是样本协方差。该理论已经过线性级数和非线性级数的验证,并成功应用于现实问题的研究。在只

给出一对时间序列的情况下,可以通过计算信息流来分析因子间的因果关系和相关性。特别在假定具有加性噪声的线性模型的情况下,信息流的最大似然估计在形式上非常紧密。举一个简单的例子,我们设定两个时间序列的变量和,显示从流向信息速率的最大似然估计是

$$T_{1 \to 2} = \frac{C_{11} C_{12} C_{2,d1} - C_{12}^2 C_{1,d1}}{C_{11}^2 C_{22} - C_{11} C_{12}^2} \tag{2.4}$$

其中 C_{ij} 是 X_i 和 X_j 之间的样本协方差,$C_{i,dj}$ 是 X_i 和 X_j 之间的协方差。相反方向的流动 $T_{1 \to 2}$,可以通过切换指标 1 和 2 直接写出。在理想情况下,当 $T_{2 \to 1} = 0$ 时,X_2 对 X_1 无任何作用,反之亦然。容易看出如果 $C_{12} = 0$,则 $T_{2 \to 1} = 0$,但是当 $T_{2 \to 1} = 0$ 时,C_{12} 未必为 0。综合来说,两个时间序列之间存在着因果关系表示二者存在着相关性,但是两个时间序列之间存在着相关性,并不能说明他们之间存在着因果联系,正如上面所述。梁湘三教授的信息流公式以明确的量化方式,解决了长期以来关于因果关系和相关关系的争论。

为了说明公式(2.4)的作用,我们可以通过一个简单的例子来理解。

考虑一个二维随机微分方程组

$$dX_1 = (-X_1 + 0.5X_2)dt + 0.1dW_1 \tag{2.5}$$
$$dX_2 = -X_2 dt + 0.1dW_2 \tag{2.6}$$

显然,X_2 对 X_1 有决定作用,反之不成立。这类问题在因果分析中非常典型:一个因素导致另一个因素,但后者对前者没有任何反馈。现在生成一个示例路径 $(X_{1,n}, X_{2,n})$,并期望使用公式(2.6)从唯一的映射中实现这个单向因果关系。使用时间步长 $\Delta t = 0.001$,生成 100000 步,对应于一个时间跨度 $t = 0—100$。为了便于以后使用,我们在远离平衡的情况下初始化级数,以允许一段自旋向下的时间。结果表明,级数在大约 $t = 4$ 之后达到平稳状态。

正如这里给出的动力学系统,X_1 和 X_2 之间真正的信息流可以通过公式(2.4)来评估。计算结果是 $T_{1 \to 2} \equiv 0$,因为 X_2 的增长并不取决于 X_1。也就是说,对于 X_2, X_1 没有因果关系。另一方面,X_2 促进 X_1,因此对 X_1 有因果关系,相应地 $T_{2 \to 1} \neq 0$。在这个例子中,无论如何初始化协方差,$T_{2 \to 1}$ 趋于一个常数 0.1103,说明在自旋向上期间 ($t < 4$) 结果可能不同。

如果数据量足够大,估计可以做得相当准确。

2.2.2　副高指数及影响因子的选择

本节主要运用信息流计算的程序,导入一定时间序列的副高指数数据和海温数据,进行相关性分析,并研究二者的时滞性,然后根据图像进行分析,得出相应的结论。

首先进行数据的选取,先采用位势高度数据,选用的是 NCER 从 1948 年 1 月到 2018 年 12 月共 41 年 852 个月的月平均位势高度数据指数。

对于海温场的数据,根据张韧,洪梅等人的研究[2],选取了 3 块具有代表性的海区区域:

分别是赤道北印度洋海区(50°N~90°N,0°~15°N),赤道东太平洋海区(180°~90°W,10°S~0°)和赤道西太平洋海区(105°E~150°E,0°~15°N)。

根据严蜜等人的研究[3],地热通量数据选择青藏高原东部地区地热通量(25°N~50°N,100°E~120°E),青藏高原主体地区地热通量(30°N~40°N,80°E~100°E),青藏高原南部地区地热通量(25°N~30°N,80°E~100°E),青藏高原西部地区地热通量(30°N~45°N,80°E~100°E)。

给出因子列表2.2如下。

表2.2 因子表

赤道东太平洋海温距平	180°~90°W,10°S~0°
赤道北印度洋海温距平	50°N~90°N,0°~15°N
赤道西太平洋海温距平	105°E~150°E,0°~15°N
青藏高原东部地区地热通量距平	25°N~50°N,100°E~120°E
青藏高原西部地区地热通量距平	30°N~45°N,80°E~100°E
青藏高原南部地区地热通量距平	25°N~50°N,100°E~120°E
青藏高原主体地区地热通量距平	30°N~40°N,80°E~100°E

在此参照余丹丹(2008)的研究[4]给出副高相关指数的定义。

副高脊线指数:500 hPa位势高度图上,取110°E~150°E范围内17条经线,对每条经线上的位势高度最大值点所在的纬度求平均,所得的值定义为副高脊线指数。

副高强度指数:500 hPa位势高度图上,10°N和110°E~180°E范围内,平均位势高度大于588 dagpm的网格点数。

西脊点位置:500 hPa位势高度图上,取90°E~180°E范围内588 dagpm等值线最西位置所在的经度定义为副高的西脊点。

2.2.3 副高脊线指数与所选因子之间的关系

本节将探讨所选的七个因子与副高脊线指数的因果关系。副高脊线指数就是用来定量衡量副热带高压位置变化的一个量,表示副高范围的一个指数。显然副热带高压北进,副高脊线指数会增大,反之,副高南移,副高脊线指数会减小。本节通过将副高脊线指数与各个因子时间序列资料进行比较研究,分析其隐藏的因果关系,并将其分别代入到信息流计算公式中来得出二者之间的因果关系。

(1) 副高脊线指数与赤道东太平洋海温距平的关系

首先选取赤道东太平洋的海温场数据,与同时段的副高脊线指数进行比较,如图2.15所示。

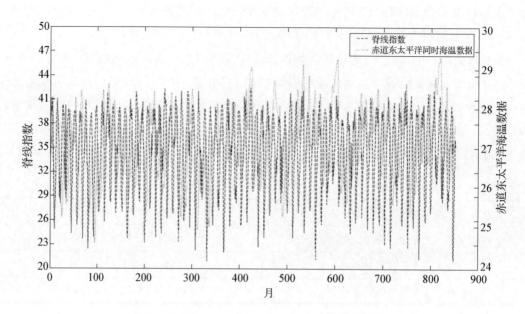

图 2.15　赤道东太平洋海温距平与副高脊线指数(同时)

从图 2.15 中可以发现,两者周期交错,并不同步,为了进行更好的时滞相关分析,对数据进行了再处理,通过画出超前 1 个月,2 个月,3 个月的海温场与副高脊线指数的图像,分别给出它们与副高脊线指数的相关系数(图 2.16 至图 2.18)。

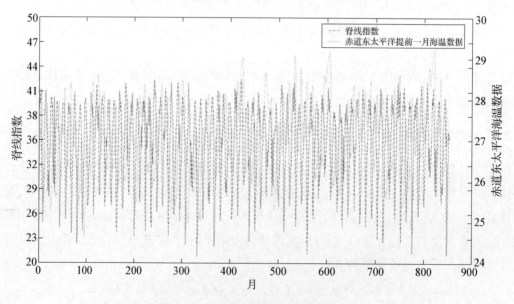

图 2.16　赤道东太平洋海温距平与副高脊线指数(提前 1 个月)

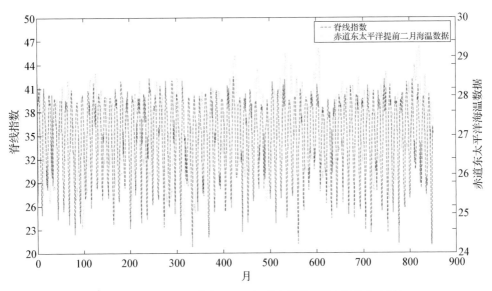

图 2.17　赤道东太平洋海温距平与副高脊线指数(提前 2 个月)

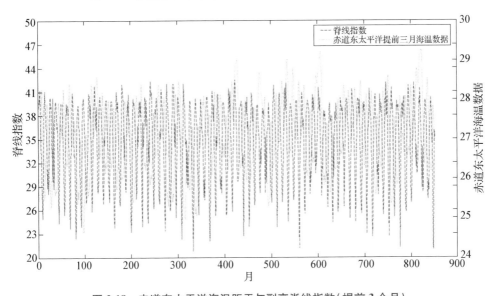

图 2.18　赤道东太平洋海温距平与副高脊线指数(提前 3 个月)

　　对比超前1—3个月的赤道东太平洋海温距平场与副高脊线指数的图,可以看出,通过同时段的提前1个月,提前2个月和提前3个月的海温距平场与副高脊线指数的比较,两条曲线在同一时刻拟合的程度很低,周期上相互交错,导致相位差异大。

　　下面为它们与副高脊线指数的相关系数表。

表 2.3　赤道东太平洋海温距平与副高脊线指数相关系数

月	−3	−2	−1	0	+1	+2	+3
相关系数	−0.4301	−0.2293	0.0447	0.3034	0.4705	−0.2274	−0.4277

可以看出，即使在不同月份，赤道东太平洋海温距平与副高脊线指数的相关系数绝对值都小于 0.5，即赤道东太平洋海温距平与副高脊线指数的相关性并不好。

由此可以得出初步结论，赤道东太平洋海温距平场对副高脊线指数的影响很小，即赤道东太平洋海温对副高的位置变化作用可以忽略。

接下来，我们利用标准化的信息流方法来计算它们之间的因果关系。由于 1980 年前后副高强度有一次强的突变，为了捕捉这一变化的原因，计算因子间因果关系时将分为1980 前 20 年和后 20 年计算。即一部分为 1960 年 1 月至 1979 年 12 月时间段的因果关系和一部分为 1980 年 1 月至 1999 年 12 月时间段的因果关系，此后的因子因果关系计算亦是如此。

表 2.4　1980 年前赤道东太平洋海温距平与副高脊线指数标准化信息流系数

月	−4	−3	−2	−1	0	+1	+2	+3
T21	0.0012	0.1062	0.0761	−0.0047	−0.0651	−0.0406	0.0685	0.1248
T12	0.0017	−0.0913	−0.0747	0.0048	0.0724	0.0697	−0.0077	−0.0666

表 2.5　1980 年后赤道东太平洋海温距平与副高脊线指数标准化信息流系数

月	−4	−3	−2	−1	0	+1	+2	+3
T21	0.0135	0.0739	0.0454	−0.0249	−0.0632	−0.0159	0.0667	0.0975
T12	−0.0166	−0.0816	−0.0462	0.0255	0.0663	0.0419	−0.0211	−0.0655

T21，意味着赤道东太平洋海温距平场对副高脊线指数因果关系的大小；T12，意味着副高脊线指数对赤道东太平洋海温距平场因果关系的大小，此后的信息流系数与此类似。

梁湘三教授指出，标准化信息流系数为正，说明因变量对自变量有驱动力，迫使它改变原来的状态；标准化信息流系数为负，则因变量对自变量有稳定作用，使自变量趋向于维持原有的状态。当标准化信息流系数的绝对值大于 0.1 时，该因子的作用不可忽略。

由表 2.4 和 2.5 可以看出，赤道东太平洋海温距平在同时提前一个月和提前两个月的情况下，对副高脊线指数的影响很小，属于可以忽略的范围，即赤道东太平洋海温的变化对西太平洋副热带高压的运动位置变化的影响可以忽略不计，这基本符合前面从直观的图像中分析得出的结论。而且，通过 1980 年前后标准化信息流系数的对比，可以看出在1980 年前后，赤道东太平洋海温的变化对于副高位置的移动一直属于不活跃的因子，影响很小。

（2）副高脊线指数与赤道北印度洋海温距平的关系

和分析上一个海区一样，首先也选取超前 3 个月，超前 2 个月，超前 1 个月和同时的赤道北印度洋的海温场数据，与同时段的副高脊线指数进行比较。关系如图 2.19 至图 2.22所示。

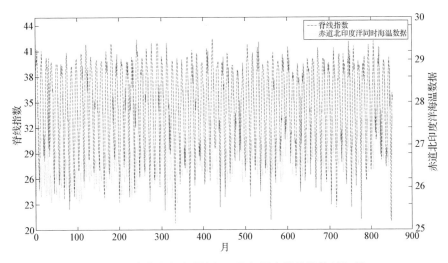

图 2.19 赤道北印度洋海温距平与副高脊线指数(同时)

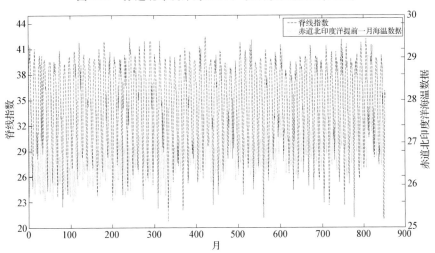

图 2.20 赤道北印度洋海温距平与副高脊线指数(提前 1 个月)

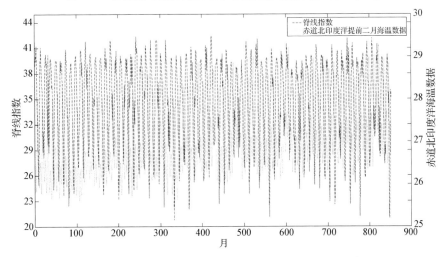

图 2.21 赤道北印度洋海温距平与副高脊线指数(提前 2 个月)

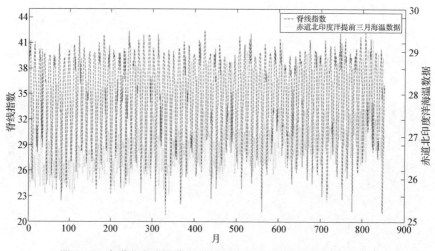

图 2.22　赤道北印度洋海温距平与副高脊线指数(提前 3 个月)

　　从以上四幅图中可以看出,赤道北印度洋海温场的变化曲线与副高脊线指数的变化曲线有着较为明显的贴合,且周期也是相近的,这意味着如果把握好一定的时滞时间,它们的曲线能够有一个较高的正相关性。从直观上分辨,提前 2 个月的赤道北印度洋海温场与副高脊线指数的相似度最高。

　　下面是不同月份下赤道北印度洋海温距平与副高脊线指数的相关系数表。

表 2.6　赤道北印度洋海温距平与副高脊线指数相关系数表

月	−3	−2	−1	0	+1	+2	+3
相关系数	−0.6217	−0.3657	−0.0139	0.26	−0.0127	−0.3641	−0.6204

　　由表 2.6 可以看出,提前三月的赤道北印度洋海温距平与副高脊线指数的相关系数是大于 0.5 的,说明提前三月的赤道北印度洋海温距平与副高脊线指数的相关性较好。

　　接着,来看它们具体的标准化信息流系数。

表 2.7　1980 年前赤道北印度洋海温距平与副高脊线指数标准化信息流系数

月	−4	−3	−2	−1	0	+1	+2	+3
T21	−0.00029302	0.2193	0.1926	0.0187	−0.0689	−0.0237	0.0503	0.0753
T12	−0.00050931	−0.0593	−0.123	−0.0144	0.0708	0.0969	0.0939	0.0661

表 2.8　1980 年后赤道北印度洋海温距平与副高脊线指数标准化信息流系数

月	−6	−5	−4	−3	−2	−1	0	+1	+2	+3
T21	−0.0155	−0.1148	−0.1076	0.1872	0.1701	0.0066	−0.0708	−0.0199	0.0549	0.0698
T12	0.0198	0.1791	0.2419	−0.061	−0.1184	−0.0052	0.0761	0.094	0.0946	0.0618

　　由表 2.7 和 2.8 可以看出,相对于赤道东太平洋,赤道北印度洋对于副高脊线指数的信息流系数是较大的,即赤道北印度洋的海温变化对副高的位置变化有着不可忽视的作用,而且

是驱动作用,使副高的位置发生改变,其中提前三月的赤道北印度洋海温变化对副高位置的影响最大。同时观察上表可知,在1980年前和1980年后,赤道北印度洋海温对于副高位置的影响时间跨度上发生了改变,1980年前仅是提前两月和提前三月的海温影响着副高的位置变化,1980年后提前五月,提前四月和提前三月的海温也都对副高的位置变化起作用,说明1980年后赤道北印度洋海温变化对于副高位置的影响更加微妙,1980年后赤道北印度洋海温变化先使得副高保持在其原来位置,而后再使副高位置发生改变。

（3）副高脊线指数与赤道西太平洋海温距平的关系

西太平洋相较于东太平洋和北印度洋,由于其临近我国大部分海岸线,在气候上对我国的影响更为直接和重要,对西太平洋副热带高压的影响也尤为重要。首先看它们的变化曲线(图2.23至图2.26)。

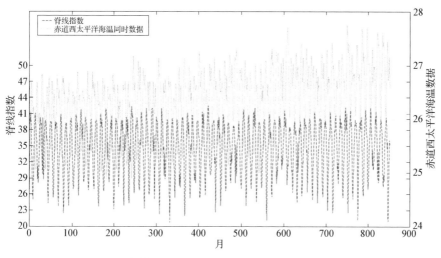

图 2.23　赤道西太平洋海温距平与副高脊线指数(同时)

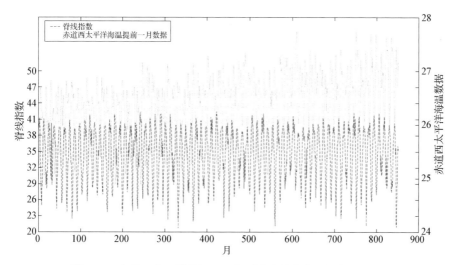

图 2.24　赤道西太平洋海温距平与副高脊线指数(提前 1 个月)

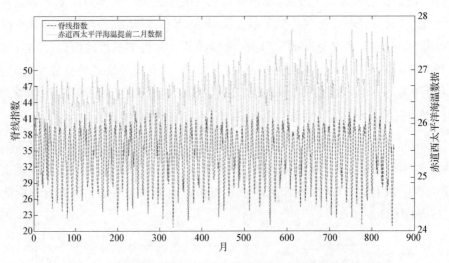

图 2.25　赤道西太平洋海温距平与副高脊线指数(提前 2 个月)

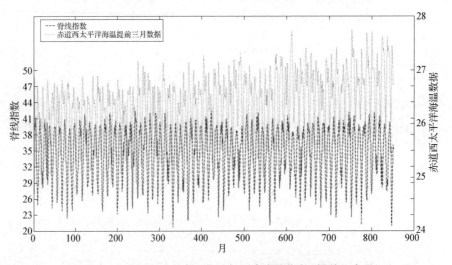

图 2.26　赤道西太平洋海温距平与副高脊线指数(提前 3 个月)

从这四幅图可以看出赤道西太平洋海温的周期和副高脊线指数周期是相近的,同时赤道西太平洋海温距平变化与副高脊线指数变化最为同步。

表 2.9　赤道西太平洋海温距平与副高脊线指数相关系数表

月	−3	−2	−1	0	+1	+2	+3
相关系数	−0.3283	−0.5409	−0.5794	−0.5153	−0.5790	−0.5402	−0.3276

从表 2.9 可以看出赤道西太平洋海温距平与副高脊线指数的相关性比较强,同时,提前一月和提前两月情况下的相关性都较好。

接下来用信息流方法计算它们的因果关系。

表 2.10　1980 年前赤道西太平洋海温距平与副高脊线指数标准化信息流系数

月	-4	-3	-2	-1	0	+1	+2	+3
T21	0.0029	-0.1204	-0.0963	0.1149	0.2045	0.1590	0.0703	-0.0354
T12	0.0016	0.1225	0.1969	0.1336	0.0055	-0.0745	-0.0666	0.0446

表 2.11　1980 年后赤道西太平洋海温距平与副高脊线指数标准化信息流系数

月	-4	-3	-2	-1	0	+1	+2	+3
T21	0.0132	-0.1264	-0.0807	0.1285	0.188	0.1312	0.0439	-0.0548
T12	-0.0121	0.1349	0.177	0.0834	-0.0344	-0.079	-0.0454	0.0779

由表 2.10 和 2.11 可以看出,赤道西太平洋海温距平对于副高脊线指数变化影响相对于北印度洋更连续,延后一月、同时和提前一月的情况下对副高脊线指数都存在较为明显的因果关系。

（4）副高脊线指数与青藏高原东部地区地热通量距平的关系

相似地,先观察青藏高原东部地区地热通量与副高脊线指数在同时和时滞情况下的曲线变化情况(图 2.27 至图 2.30)。

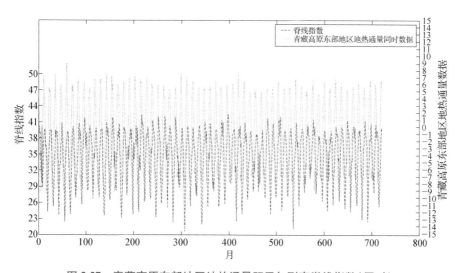

图 2.27　青藏高原东部地区地热通量距平与副高脊线指数(同时)

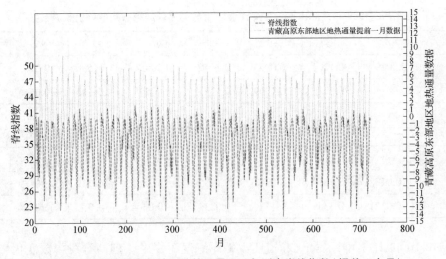

图 2.28　青藏高原东部地区地热通量距平与副高脊线指数（提前 1 个月）

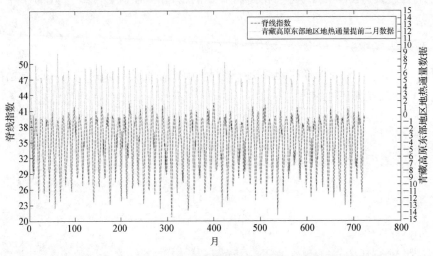

图 2.29　青藏高原东部地区地热通量距平与副高脊线指数（提前 2 个月）

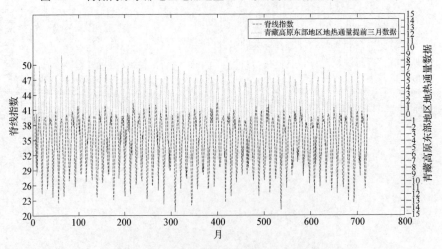

图 2.30　青藏高原东部地区地热通量距平与副高脊线指数（提前 3 个月）

由上图可以发现青藏高原东部地区地热通量距平的变化周期与副高脊线指数的变化周期是极为接近的,且提前 2 个月的青藏高原东部地区地热通量距平变化曲线与副高脊线指数的变化曲线最为吻合,位相接近。

再计算它们的相关系数。

表 2.12　青藏高原东部地区地热通量距平与副高脊线指数相关系数表

月	−4	−3	−2	−1	0	+1	+2	+3
相关系数	0.5442	0.8023	0.8532	0.6972	0.3603	−0.0858	−0.5170	−0.8147

由表 2.12 可以看出,青藏高原东部地区地热通量距平与副高脊线指数的相关系数相比,三个海区海温距平与副高脊线指数的相关系数要大很多,说明青藏高原东部地区在影响副高脊线指数的变化中占有相当大的比重。由表 2.12 可以看出,提前两个月的青藏高原东部地区地热通量对副高脊线指数有最大的正相关,延后三个月的青藏高原东部地区地热通量对副高脊线指数有最大的负相关,但具体的因果关系讨论还需要计算它们的信息流系数。

给出二者信息流计算如下。

表 2.13　1980 年前青藏高原东部地区地热通量距平与副高脊线指数标准化信息流系数

月	−4	−3	−2	−1	0	+1	+2	+3
T21	−0.2008	−0.1348	0.4927	0.4883	0.2005	−0.02	−0.1859	−0.2363
T12	0.2471	0.4128	0.0045	−0.2992	−0.1785	0.0204	0.2424	0.4794

表 2.14　1980 年后青藏高原东部地区地热通量距平与副高脊线指数标准化信息流系数

月	−4	−3	−2	−1	0	+1	+2	+3
T21	−0.2394	−0.105	0.5937	0.4592	0.1708	−0.0457	−0.2361	−0.202
T12	0.2926	0.4482	−0.075	−0.3089	−0.1558	0.0499	0.2961	0.5648

从表 2.13 和表 2.14 可以看出,青藏高原东部地区地热通量距平对副高脊线指数的影响非常重要而且连续,并在 1980 后相互影响加强,这也表示青藏高原东部地区地热通量距平与副高脊线指数之间的关系更加密切复杂。由表可知,青藏高原东部地区地热通量距平对于副高脊线指数先是稳定作用,后是驱动作用,即青藏高原东部地区的地热变化对未来的 3 至 4 月的副高位置是一种稳定作用的影响,而对未来的 1 至 2 月以及同时段的副高位置影响则是一种驱动作用的影响,且对于未来 2 月的副高位置驱动影响更为强烈。另外,副高的位置变化也会反过来对青藏高原地热变化造成影响,其变化对于未来 2 至 3 月的青藏高原东部地区地热变化有驱动作用,即让未来 2 至 3 月青藏高原东部地区地表面总热量改变。

（5）副高脊线指数与青藏高原西部地区地热通量距平的关系

接着,我们来看副高脊线指数和青藏高原西部地区地热通量的变化曲线图（图 2.31 至图 2.34）。

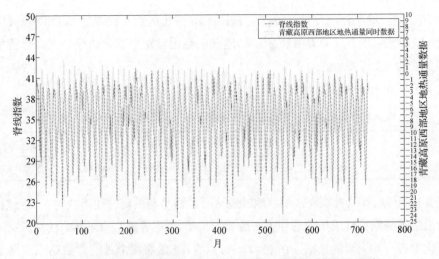

图 2.31 青藏高原西部地区地热通量距平与副高脊线指数(同时)

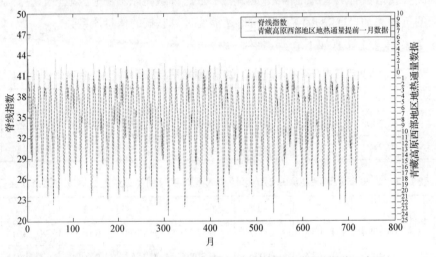

图 2.32 青藏高原西部地区地热通量距平与副高脊线指数(提前 1 个月)

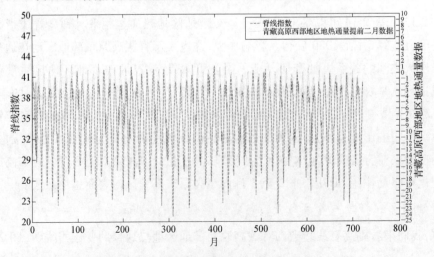

图 2.33 青藏高原西部地区地热通量距平与副高脊线指数(提前 2 个月)

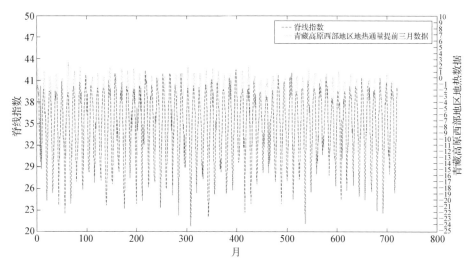

图 2.34　青藏高原西部地区地热通量距平与副高脊线指数(提前 3 个月)

　　由上面的四幅图可以看出,青藏高原西部地区地热通量距平的变化周期与副高脊线指数的变化周期相近,其中以提前 1 个月的青藏高原西部地区地热通量距平的位相与副高脊线指数变化的位相最为相近。

　　再来看它们的相关系数。

表 2.15　青藏高原西部地区地热通量距平与副高脊线指数相关系数表

月	−4	−3	−2	−1	0	+1	+2	+3
相关系数	0.5376	0.7866	0.8474	0.7073	0.3686	−0.0835	−0.5259	−0.8227

　　由表 2.15 可以看出,青藏高原西部地区地热通量距平与副高脊线指数的相关性也比较强,提前两个月的青藏高原西部地区地热通量距平与副高脊线指数有最大的正相关,延后三月的青藏高原西部地区地热通量距平有最大的负相关。

　　接下来利用信息流系数分析它们的因果关系。

表 2.16　1980 年前青藏高原西部地区地热通量距平与副高脊线指数标准化信息流系数

月	−4	−3	−2	−1	0	+1	+2	+3
T21	−0.1979	−0.1023	0.4413	0.4543	0.1951	−0.0234	−0.1965	−0.2424
T12	0.2417	0.376	0.0267	−0.2826	−0.1777	0.0241	0.2542	0.4885

表 2.17　1980 年后青藏高原西部地区地热通量距平与副高脊线指数标准化信息流系数

月	−4	−3	−2	−1	0	+1	+2	+3
T21	−0.2508	−0.089	0.6333	0.4527	0.1613	−0.0532	−0.2545	−0.1986
T12	0.3051	0.4499	−0.134	−0.3075	−0.1493	0.0586	0.3083	0.5407

由表2.16和2.17可以看出青藏高原西部地区地热通量距平变化与副高脊线指数变化之间有较强的因果关系,而且这种关系在1980年后得到了加强。1980年前,青藏高原西部地区地热通量距平变化对副高脊线指数变化的影响是连续的,一直起着驱动其发生变化的作用,但1980年后这种影响在对未来第3个月的副高脊线指数变化时就突然变得极小,而对于未来的第4个月,第2个月,却有了更强的影响,使其在这期间更容易发生变化,但对于同时段副高脊线指数变化的影响还是较为稳定。同时还可以看出,副高脊线指数变化对于未来2至3月的青藏高原西部地区地热通量距平的影响在1980年前后也发生了大的变化,在1980年后这种影响增强了,即副高脊线指数对青藏高原西部地区地热通量距平变化的驱动作用增强。

(6)副高脊线指数与青藏高原南部地区地热通量距平的关系

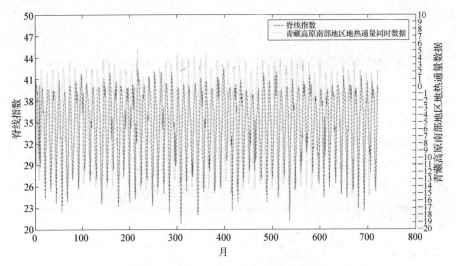

图2.35 青藏高原南部地区地热通量距平与副高脊线指数(同时)

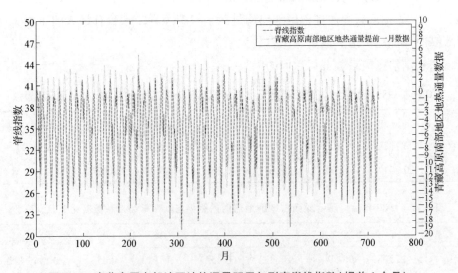

图2.36 青藏高原南部地区地热通量距平与副高脊线指数(提前1个月)

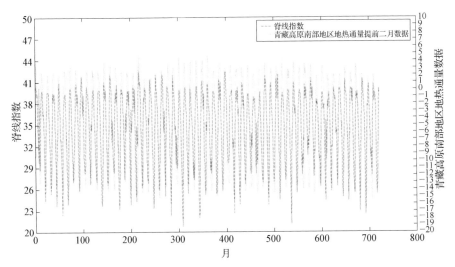

图 2.37　青藏高原南部地区地热通量距平与副高脊线指数(提前 2 个月)

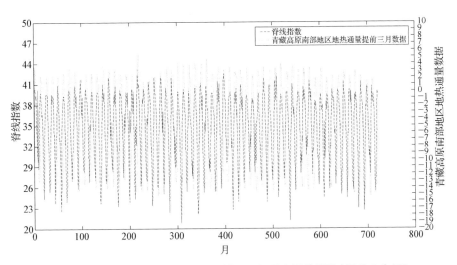

图 2.38　青藏高原南部地区地热通量距平与副高脊线指数(提前 3 个月)

由图 2.35 至图 2.38 可以看出,青藏高原南部地区地热通量距平的变化周期与副高脊线指数变化的周期也相近,并且在提前 2 个月时其位相与副高脊线指数变化的位相最为接近。

先来看它们的相关系数。

表 2.18　青藏高原南部地区地热通量距平与副高脊线指数相关系数表

月	−4	−3	−2	−1	0	+1	+2	+3
相关系数	0.2832	0.6397	0.8430	0.8327	0.5919	0.1571	−0.3326	−0.7055

由表 2.18 可以看出,青藏高原南部地区地热通量距平与副高脊线指数的相关性很大。在提前两月的情况下,青藏高原南部地区地热通量距平与副高脊线指数有最大的正相关,在

延后三月的情况下有最大的负相关。

接着来看它们的标准化信息流系数。

表 2.19　1980 年前青藏高原南部地区地热通量距平与副高脊线指数标准化信息流系数

月	−4	−3	−2	−1	0	+1	+2	+3
T21	−0.1114	−0.2018	0.0666	0.6087	0.3521	0.0758	−0.148	−0.2732
T12	0.1295	0.3401	0.3713	−0.2442	−0.2957	−0.0745	0.1612	0.3909

表 2.20　1980 年后青藏高原南部地区地热通量距平与副高脊线指数标准化信息流系数

月	−4	−3	−2	−1	0	+1	+2	+3
T21	−0.153	−0.2503	0.2212	0.6817	0.3227	0.05	−0.1767	−0.2955
T12	0.1749	0.4188	0.3447	−0.3334	−0.2798	−0.0505	0.1941	0.4424

由表 2.19 和 2.20 可以看出青藏高原南部地区地热通量距平对副高脊线指数的影响是连续而且重要的,青藏高原南部地区地热通量距平变化对于现时段以及未来第 1 至 2 月,甚至未来第 3 至 4 月的副高脊线指数变化起着稳定作用,使其保持原位置。同时副高脊线指数又反过来影响青藏高原南部地区地热通量,可以看出,副高位置的变化使得青藏高原南部地区未来第 2 至 3 月的地热通量发生改变。1980 年后,可以看出青藏高原南部地区的地热通量变化对于未来第 3 至 4 月的影响是加强的,而对现时段以及未来第 1 至 2 月的影响稍有减弱;副高位置变化对于未来第 2 至 3 月的青藏高原南部地区地热通量变化影响也有增强。

（7）副高脊线指数与青藏高原主体地区地热通量距平的关系

最后来看青藏高原地区整体的地热通量变化与副高脊线指数变化之间的区别。

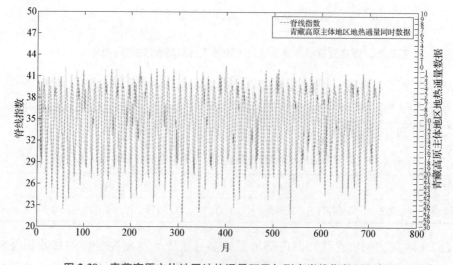

图 2.39　青藏高原主体地区地热通量距平与副高脊线指数(同时)

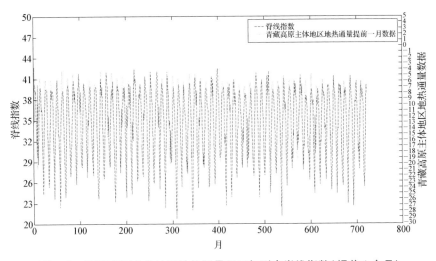

图 2.40　青藏高原主体地区地热通量距平与副高脊线指数（提前 1 个月）

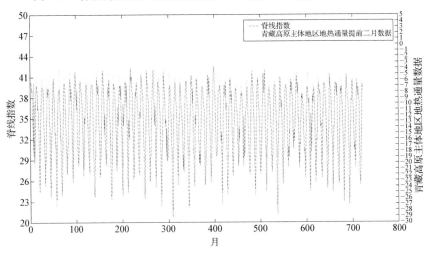

图 2.41　青藏高原主体地区地热通量距平与副高脊线指数（提前 2 个月）

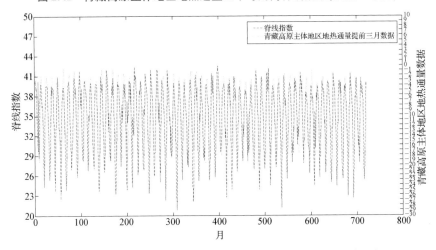

图 2.42　青藏高原主体地区地热通量距平与副高脊线指数（提前 3 个月）

由图 2.39 至图 2.42 中可以看出青藏高原主体地区地热通量变化周期与副高脊线指数的变化周期相近,以提前 2 个月的位相最接近。

再来看它们的相关系数。

表 2.21 青藏高原主体地区地热通量距平与副高脊线指数相关系数表

月	−4	−3	−2	−1	0	+1	+2	+3
相关系数	0.4571	0.7457	0.8566	0.7585	0.4461	−0.0133	−0.4784	−0.7976

由表 2.23 可以看出,青藏高原主体地区地热通量距平与副高脊线指数也有着很强的相关性,在提前二月的情况下青藏高原主体地区地热通量距平与副高脊线指数有着最大的正相关,在延后三月有着最大的负相关。

再来看它们的标准化信息流系数。

表 2.22 1980 年前青藏高原主体地区地热通量距平与副高脊线指数标准化信息流系数

月	−4	−3	−2	−1	0	+1	+2	+3
T21	−0.1662	−0.158	0.3263	0.514	0.2463	0.0057	−0.1859	−0.2676
T12	0.1999	0.3696	0.1532	−0.3007	−0.2227	−0.0057	0.2276	0.4582

表 2.23 1980 年后青藏高原主体地区地热通量距平与副高脊线指数标准化信息流系数

月	−4	−3	−2	−1	0	+1	+2	+3
T21	−0.2213	−0.1775	0.5694	0.5303	0.2088	−0.0256	−0.2368	−0.2493
T12	0.264	0.4653	−0.0060456	−0.3405	−0.1914	0.0275	0.2794	0.5199

从表 2.22 和表 2.23 中可以看出,青藏高原主体地区地热通量在对副高脊线指数变化的影响上很重要,而且 1980 年后这种影响对于未来第 1 至 4 月的副高脊线指数变化是增强的,尤其以对未来第 2 个月的影响增强最大,另外,1980 后的副高脊线指数变化对青藏高原主体地区地热通量变化的影响也有了较大的增强。青藏高原主体地区对于同时段和未来第 1 至 2 月的副高脊线指数变化起推动作用,促使副高位置发生改变;对未来第 3 至 4 月的副高脊线指数变化起稳定作用,使副高维持其原来位置;另外副高脊线指数对未来第 2 至 3 月的青藏高原主体地区地热通量变化也起推动作用,使其地热通量发生改变。

2.2.4 小结

本节分析了副高脊线指数与所选的七个因子之间的因果关系,探讨了它们在 1980 年前后因果关系的变化,为了更直观地描述这种变化,给出下面的图表。

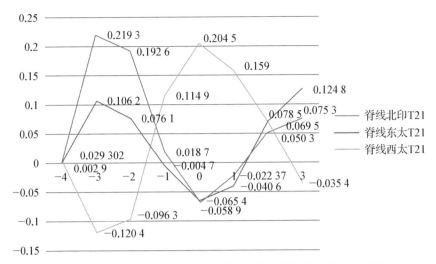

图 2.43　1980 年前不同海区海温与副高脊线指数的标准化信息流系数变化

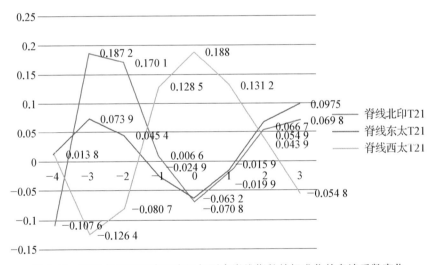

图 2.44　1980 年后不同海区海温与副高脊线指数的标准化信息流系数变化

从图 2.43 和图 2.44 中可以看出,赤道东太平洋海温距平在对副高脊线指数的影响上一直是一个很小的因子,其影响力在 1980 年后可以忽略不计。在对副高脊线指数的影响上主要以赤道北印度洋海温距平和赤道西太平洋海温距平为主,而且两者影响的时间不同,赤道北印度洋海温距平对未来第 3 至 4 月的副高脊线指数影响较大,而赤道西太平洋海温距平对现时段和未来 1 个月的副高脊线指数影响较大;赤道北印度洋海温距平和赤道西太平洋海温距平在 1980 年后对副高脊线指数的影响减弱,但赤道北印度洋海区对于副高脊线指数的影响时间跨度在 1980 年后增长。

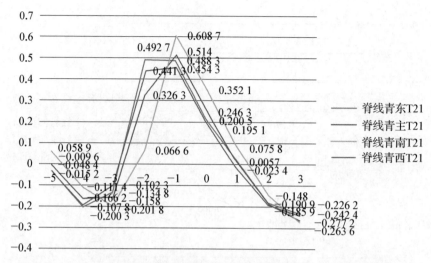

图 2.45　1980 年前不同地区地热通量与副高脊线指数的标准化信息流系数变化

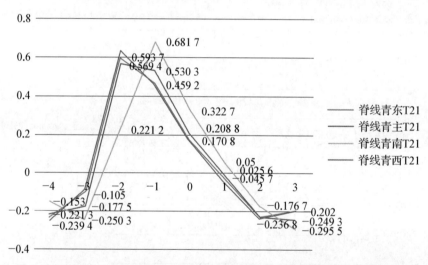

图 2.46　1980 年后不同地区地热通量与副高脊线指数的标准化信息流系数变化

从图 2.45 和图 2.46 中可以看出,这几个地区的地热通量对于副高脊线指数的影响都起着很重要的推动作用,其中又以青藏高原南部地区地热通量距平对副高脊线指数的影响最大,其最强的影响时间在未来的第 1 个月;另外三个因子对副高脊线指数的变化也有很强的影响力,其最强的影响时间在未来的第 2 个月,并且,在 1980 年后,这三个因子对副高脊线指数的影响力有了很大的增强。

综上,青藏高原东部地区,西部地区,南部地区和主体地区的地热通量距平与副高脊线指数的信息流系数结果较大,是研究副高脊线指数变化的理想因子。

参考文献

[1] LIANG X S. Normalizing the causality between time series[J]. Physical Review E, 2015, 92(2):022126.

[2] 张韧,彭鹏,洪梅,等.近赤道海温对西太平洋副高强度的影响机理——模糊映射诊断[J].大气科学学报,2013,36(3):267-276.

[3] 严蜜,钱永甫,刘健.西太平洋副热带高压强度和东亚地表热通量的年代际变化特征及关系[J].气象学报,2011,69(4):610-619.

[4] 余丹丹,西太平洋副高与东亚夏季风系统相互影响的特征诊断和机理分析[D],南京:中国人民解放军理工大学,2008.

第三章　0801雨雪冰冻灾害与副高冬季的异常活动

3.1　引　言

2008年1月我国南方发生了严重的雨雪冰冻灾害,造成了巨大的经济损失与一定的人员伤亡。这次罕见冰雪灾害天气是多种因素造成的,很多专家和学者把这次灾害和2007年第二季度开始出现的拉尼娜现象联系起来。

"拉尼娜"(La Nina),在西班牙语中是"圣女"之意,与意为"圣婴"的"厄尔尼诺"(EI Nino)相反。因而,"拉尼娜"也称为"反厄尔尼诺"或"冷事件"。拉尼娜现象是指赤道太平洋中东部水温持续异常下降,其引起的气候变化特征与厄尔尼诺现象相反。拉尼娜现象和厄尔尼诺现象会导致气候出现反常。很多研究都已经证实[1-3],厄尔尼诺/拉尼娜事件是一个复杂的非线性系统,也是引起全球气候异常及年际气候变化的最强信号,它的发生严重影响全球各地区气候、生态、经济发展、人类生活等方面,并带来许多灾害[4-7],2006年和2007年分别发生了厄尔尼诺与拉尼娜现象。

对于2008年1月我国南方地区出现的严重雨雪冰冻灾害,很多科学家注意到西太平洋副热带高压(副高)呈现出明显的偏西、偏北态势。这次百年不遇雨雪冰冻灾害的影响因子是多方面的,但是与2008年拉尼娜现象密切相关的副高在冬季的形态变异和异常西伸,是这次雨雪冰冻灾害环流背景和水汽通道稳定维持的重要原因。为此,本章用交叉小波和小波相干分析方法,对2008年初的副高形态与拉尼娜现象之间的关系进行分析诊断,以期找出它们之间的相互影响关系以及对大气环流的影响,进而揭示副高对2008年初雨雪冰冻灾害的影响作用。

3.2　研究资料与副高指数定义

采用美国国家环境预报中心(NCEP)和国家大气研究中心(NCAR)的2.5°×2.5°网格逐日再分析资料,资料时段:1958—2008年1月,共50年零1个月。

副高指数定义和计算:

(1)面积指数:5°×10°网格的500 hPa位势高度图上,10°N以北,110°E~180°E范围内,平均位势高度大于588 dagpm的网格点数称为副高的面积指数。

(2)西脊点:取90°E~180°E范围内588 dagpm等值线最西位置所在的经度定义为副高的西脊点。

（3）脊线指数：取 110°E～150°E 范围内副高脊线与 9 条经线（可以看出每两条经线之间相差 5°）交点的纬度的平均值为副高的脊线指数。

3.3　2008 年初西太平洋副高活动的事实特征

3.3.1　副高活动特征分析

图 3.1（a）、（b）分别是 2008 年 1 月逐日沿 120°E 与 15°N 的剖面图，从图 3.1（a）中可以看出，1 月中，副高在 1 月上旬与下旬经历了北抬—南撤—北抬的过程；从图 3.1（b）中可以看出，在 1 月的上旬、中旬和下旬，副高的西伸脊点分别达到了 98°E、120°E 与 113°E。综合图 3.1（a）、（b）的结果，在 1 月份，副高经历了增强—减弱—增强的过程。

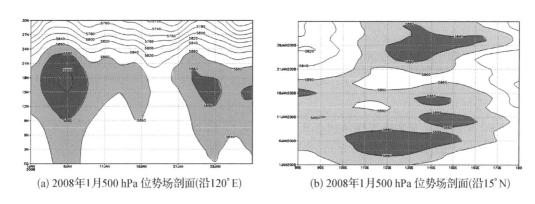

(a) 2008年1月500 hPa 位势场剖面(沿120°E)　　　(b) 2008年1月500 hPa 位势场剖面(沿15°N)

图 3.1　2008 年 1 月 500 hPa 位势场沿经向、纬向剖面图

3.3.2　不同年份副高特征指数的对比分析

图 3.2 是 1958 年—2007 年 50 年平均的 1 月平均脊线指数、2008 年 1 月平均脊线指数、厄尔尼诺十年平均的 1 月平均脊线指数以及拉尼娜十年平均的 1 月平均脊线指数对比图。从图中可以看出，50 年平均的脊线指数表明，在 1 月份，副高通常位于 15°N 以南。图中的 2008 年 1 月份数值明显大于 50 年平均，表明 2008 年 1 月份副高较平均位置显著偏北，其中 2008 年 1 月 11 号，脊线指数更是达到了 19°N，表明在南方雨雪冰冻灾害期间，副高维持在较偏北的位置，不利于北方冷空气的进一步南下。

由于 2007 年发生了拉尼娜事件，下面对 2008 年 1 月份的副高状况和 10 年平均拉尼娜年的状况进行比较。从图中可以看出 10 年平均拉尼娜年也是数值明显大于 50 年平均，与 2008 年 1 月比较类似，表明在拉尼娜年副高也维持在较偏北的位置。而图中的 10 年平均厄尔尼诺年则明显有大于 50 年平均，也有小于 50 年平均的现象，与 2008 年 1 月和 10 年平均拉尼娜明显不同。

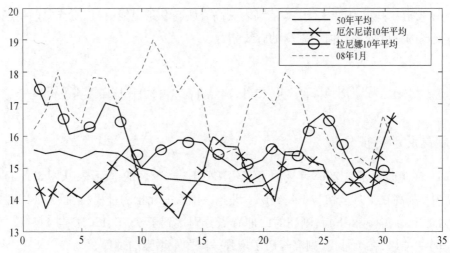

图 3.2   2008 年 1 月的副高脊线指数和 50 年平均，厄尔尼诺10 年平均，
拉尼娜10 年平均副高脊线指数的比较图

进一步选取 1973 年、1984 年与 1999 年的强拉尼娜事件，1967 年、1970 年、1975 年、1988 年与 1995 年为中等强度的事件，下面分别对强与中等强度的拉尼娜事件发生年份 1 月份的副高状况进行比较分析。

图 3.3 是强拉尼娜事件发生年份(1973 年、1984 年和 1999 年)、中等强度的拉尼娜事件发生年份(1967 年、1970 年、1975 年、1988 年与 1995 年)以及 50 年 1 月份平均的脊线指数。从图中可以看出，强拉尼娜发生年份 1 月份的副高脊线指数有时大于平均状况，有时小于平均状况。另一个显著特征是中等强度的拉尼娜事件发生年份整体大于平均状况，且整体大于强拉尼娜年份，前面我们已经分析过 2008 年 1 月份的脊线指数大于平均状况，这里我们发现，中等强度的拉尼娜事件发生年份的副高要比强拉尼娜事件发生年份更为偏北，这是值得进一步讨论的问题，也更加说明了 2008 年 1 月份副高偏北。

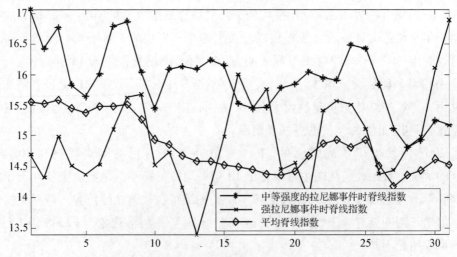

图 3.3   强与中等强度的拉尼娜事件发生年份 1 月份副高脊线指数

与上面类似,下面画出 2008 年 1 月的副高面积指数和 50 年平均,厄尔尼诺5 年平均中等强度,拉尼娜5 年平均中等强度副高面积指数的比较图如下。

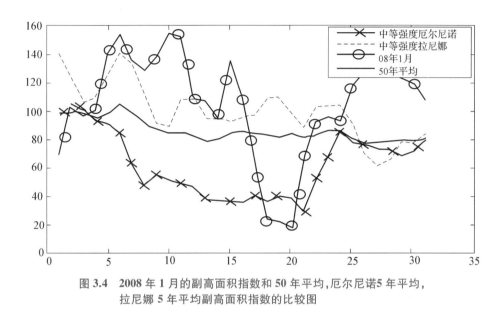

图 3.4　2008 年 1 月的副高面积指数和 50 年平均,厄尔尼诺5 年平均,
拉尼娜 5 年平均副高面积指数的比较图

图 3.4 是 1958 年—2007 年 50 年平均的 1 月平均强度指数与 2008 年 1 月强度指数,以及厄尔尼诺5 年平均中等强度、拉尼娜 5 年平均中等强度副高面积指数。从图中可以看出,除了 2008 年 1 月中旬有数天的副高强度指数小于 50 年平均的副高强度指数外,在大部分时间段,2008 年 1 月份的副高强度指数要大于 50 年平均的副高强度指数,这与中等强度拉尼娜类似,但与中等强度厄尔尼诺则很不相同。表明 2008 年 1 月份副高是偏强的,不利于冷空气的南下。

3.3.3　副高活动的时频特征分析

为描述和刻画副高的上述活动特征,对副高指数进行小波分析。上一章对小波功率谱和能量谱等都进行了详细介绍,这里不再赘述。本节分别讨论副高脊线和西脊点指数的小波功率谱,以及 2007 年 11 月份到 2008 年 2 月份、50 年平均、10 年厄尔尼诺平均和 10 年拉尼娜平均,进行比较得出它们的相同与不同。

（1）面积指数的小波能量谱

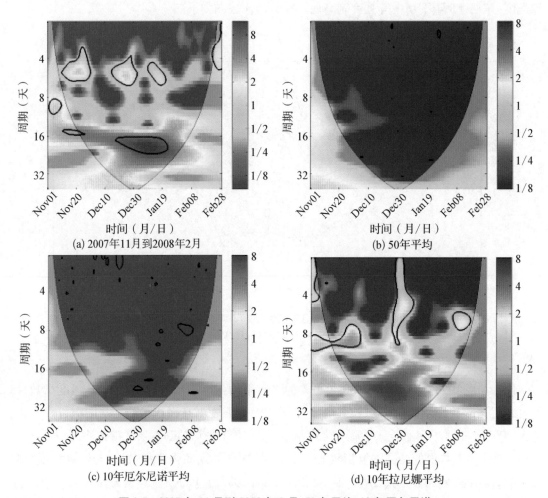

(a) 2007年11月到2008年2月

(b) 50年平均

(c) 10年厄尔尼诺平均

(d) 10年拉尼娜平均

图 3.5　2007 年 11 月到 2008 年 2 月,50 年平均,10 年厄尔尼诺
平均以及 10 年拉尼娜平均面积指数小波能量谱

从图 3.5 中可以看出副高活动存在季节内中、短期变化,1958—2007 年 50 年平均冬半年面积指数的小波能量谱和十年平均厄尔尼诺面积指数的小波能量谱基本没有周期,十年平均拉尼娜面积指数的小波能量谱则很好地表现出了副高一周左右(3—10 d)的短期活动,特别是 1 月份在 2—10 d 周期范围内出现一个显著的能量高值区。而 2007 年 11 月到 2008 年 2 月冬半年面积指数的小波能量谱则更好地反映了副高半月左右(10—20 d)的中期活动和一周左右(3—10 d)的短期活动,特别是 1 月份,除了与拉尼娜有一样的 3—10 d 周期范围能量高值区之外,还有一个独立的高频的 16—24 d 周期范围能量高值区。可以看出 2007 年 11 月到 2008 年 2 月的面积指数小波能量谱与十年平均拉尼娜既有相似,又有不同。

（2）西脊点指数的小波能量谱

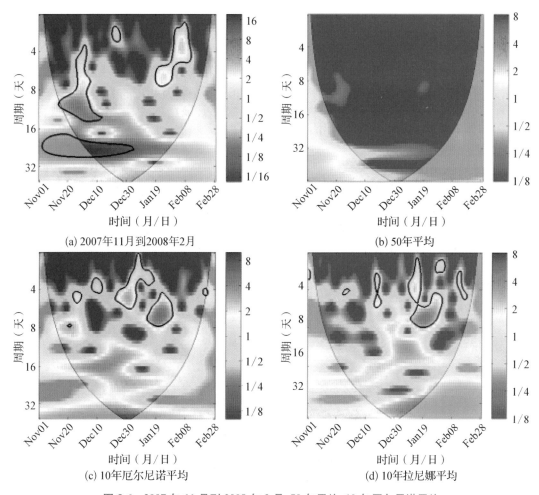

(a) 2007年11月到2008年2月　　　　(b) 50年平均

(c) 10年厄尔尼诺平均　　　　(d) 10年拉尼娜平均

图 3.6　2007 年 11 月到 2008 年 2 月,50 年平均,10 年厄尔尼诺平均
以及 10 年拉尼娜平均西脊点指数小波能量谱

西脊点的情况比面积指数的情况要复杂,从图 3.6 中可以看出,1958—2007 年 50 年平均冬半年西脊点指数的小波能量谱基本没有周期,十年平均厄尔尼诺西脊点指数的小波能量谱则很好地表现出了副高一周左右(3—10 d)的短期活动,主要在 2—8 d,时间主要在 12 月末到 2 月初,而十年平均拉尼娜西脊点指数的小波能量谱周期与厄尔尼诺一样主要在 2—8 天,时间略短,主要集中在 1 月中旬到 2 月初,然而 2007 年 11 月到 2008 年 2 月冬半年西脊点指数的小波能量谱则比它们复杂,周期主要有三段,分别是 2—8 天,4—15 天和 18—28 天,其中 1 月中旬到 2 月中旬除了有一个 2—8 天的周期与拉尼娜的情况比较相近外,其他两个大周期则集中在 1 月之前,这点拉尼娜和厄尔尼诺都没有。

3.4　2008 年冬与 El Nino/La Nina 年的副高活动对比分析

小波能量谱分析发现,2007—2008 年冬半年副高与 50 年平均和 10 年厄尔尼诺平均的副高活动形态相似性不大,但与 10 年拉尼娜平均的副高活动相似性较大,且又存在差异,为此本节对副高面积指数和西脊点指数进行交叉小波相干谱分析及相应的关联分析。

3.4.1　面积指数的交叉小波相干谱

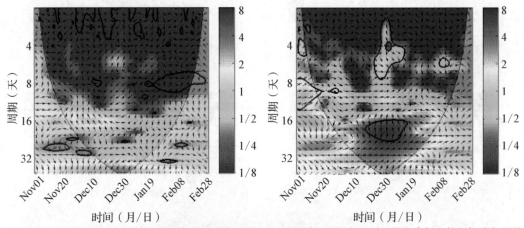

(a) 2007年10月到2008年2月冬半年和厄尔尼诺十年平均　(b) 2007年10月到2008年2月冬半年和拉尼娜十年平均

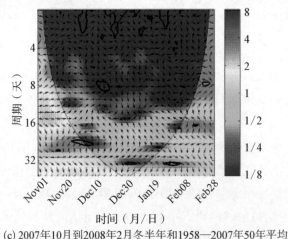

(c) 2007年10月到2008年2月冬半年和1958—2007年50年平均

图 3.7　2007 年 10 月到 2008 年 2 月和厄尔尼诺十年平均、拉尼娜十年平均以及 1958—2007 年 50 年平均面积指数交叉小波相干谱

从图 3.7 中可以明显看出,2007 年 10 月到 2008 年 2 月冬半年面积指数和厄尔尼诺十年平均面积指数的交叉小波相干谱相关关系不好且杂乱,特别是 1 月份没有明显的相关能量区

间,而 2007 年 10 月到 2008 年 2 月冬半年面积指数和拉尼娜十年平均面积指数的交叉小波相干谱中相关关系较好,有两个显著的相关能量区,且都在 1 月份,周期分别为 3—8 天,位相差为 92°±18°,即拉尼娜十年平均的面积指数提前冬半年 1/4±1/20 个周期(1—2 天)。还有一个周期为 16—24 天,位相差为 270°,即拉尼娜十年平均的面积指数提前冬半年 3/4±1/20 个周期(12—18 天)。而 2007 年 10 月到 2008 年 2 月冬半年面积指数和 1958—2007 年 50 年平均面积指数的交叉小波相干谱与 10 年厄尔尼诺一样,相关关系不好且杂乱,基本没有明显的相关能量区间。

3.4.2 西脊点指数的交叉小波相干谱

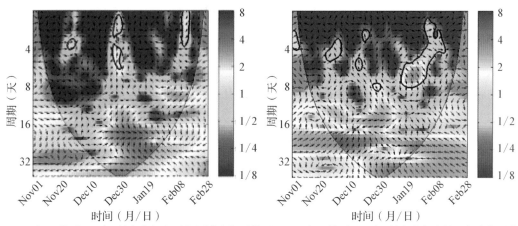

(a) 2007年10月到2008年2月冬半年和厄尔尼诺十年平均　(b) 2007年10月到2008年2月冬半年和拉尼娜十年平均

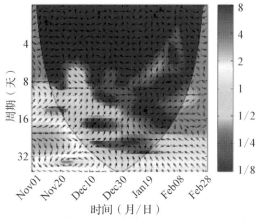

(c) 2007年10月到2008年2月冬半年和1958—2007年50年平均

图 3.8　2007 年 10 月到 2008 年 2 月和厄尔尼诺十年平均、拉尼娜十年平均以及 50 年平均西脊点指数交叉小波相干谱

西脊点的情况要比面积指数的情况复杂很多,从图 3.8 中可以看出 2007 年 10 月到 2008 年 2 月冬半年西脊点指数和厄尔尼诺十年平均西脊点指数的交叉小波相干谱有三个较小的

相关区,分别在12月底和2月中旬,位相差分别为90°、270°和120°,但在1月份并没有明显的相关能量区间,说明在1月份它们没有什么相关性。

而2007年10月到2008年2月冬半年西脊点指数和拉尼娜十年平均西脊点指数的交叉小波相干谱则有一个较大的相关区,正好在1月中旬到2月中旬,位相差为60°±20°,在1月份有明显的相关能量区间,说明拉尼娜十年平均西脊点指数先于冬半年指数1/6±1/18个周期,其显著周期为5—8天,即提前1—2天。

最后,2007年10月到2008年2月冬半年西脊点指数和1958—2007年50年平均的西脊点指数的交叉小波相干谱基本没有明显的相关能量区间。

3.5　本章总结

针对2008年初我国南方雨雪冰冻灾害事件中副高的形态和活动特征及其影响作用,进行了该年副高特征指数(面积指数、脊线指数和西脊点指数)与拉尼娜年、厄尔尼诺年以及50年平均状况的时频分析和相关特征分析,得到以下几点结论:

(1)与历史年份平均状况相比,2008年1月西太平洋副高异常西伸,位置偏北、强度偏强,这是我国0801雨雪冰冻灾害的重要原因之一。

(2)中等强度拉尼娜发生年份的冬季(1月份),副高位置不仅较平均年份偏北,且比强拉尼娜发生年份冬季(1月份)的副高位置偏北,值得进一步深入研究。

(3)交叉小波能量谱和相干谱分析发现,2008年初副高的形态和活动表现出较为独立的特性,与多年平均状况和厄尔尼诺年的状况存在较大差异,与拉尼娜年在短期活动上有所类同,但中、长期活动上又有明显不同。

参考文献

[1] 李崇银.频繁强东亚大槽活动与厄尔尼诺的发生[J].中国科学(B辑).1988,667‒674.

[2] 李崇银,穆明权.异常东亚冬季风激发ENSO的数值模拟研究[J].大气科学,1998,22(4),481‒490.

[3] 李崇银.关于ENSO本质的进一步研究[J].气候与环境研究,2002,7(2):160‒174.

[4] 黄荣辉,张人禾,严帮良.热带西太平洋纬向异常对ENSO循环的动力作用[J].中国科学(D辑:地球科学),2001:697‒704.

[5] 李崇银,陈于湘,袁重光.厄尔尼诺事件发生的一个重要原因—东亚寒潮的频繁活动[J].大气科学(特刊),1988:125‒132.

[6] 陶诗言,张庆云.亚洲冬夏季风对ENSO事件的响应[J].大气科学,1998,22(4):399‒407.

[7] 金祖辉,陶诗言.ENSO循环与中国东部地区夏季和冬季降水关系的研究[J].大气科学,1999,23(6):663‒672.

第 二 篇

副高变异与突变的动力机理和层次结构分析研究

第四章　副高指数的维数计算与副高动力特征区划

4.1　引　　言

在混沌和奇怪吸引子的遍历理论中,分形维数是一个重要的概念(下文中部分情况简称分维)。Schertzer 等[1]从大气动力学的角度讨论维数问题,指出理论和经验上得到的大气运动的维数 FD = 23/9 ≈ 2.56。因此,大气结构既不是"平面",也不是各向同性,但经常表现出这两方面的特性。我国气象研究人员也从多方面讨论了大气和气候系统的混沌运动状态。彭永清等[2]利用上海和广州近百年的月平均气温时间序列资料,进行了一维气候时间序列的拓展,并确定了相空间的混沌吸引子的维数,说明对于我国季风区气候短期变化而言,最好选取四个变量或建立最低为四阶的动力学模式进行描述。郑祖光等[3]利用大气湍流资料计算了 Lyapunov 指数和分数维,根据计算结果讨论了大气运动的混沌状态。杨培才等[4]应用低层大气的实测资料和相空间重构方法,研究了低层大气运动的混沌特征。杨培才等[5]应用近百年达尔文站月平均气压距平值的时间序列,以及近五十年达尔文与塔希提两站月平均气压距平差值的时间序列,分析了厄尔尼诺/南方涛动(ENSO)演变过程的混沌特性。严绍谨等[6]利用上海 16 年的逐日平均气压资料,用相空间延拓的方法,计算了它的关联维 D 和 Kalmogorov 熵的近似值二阶 Renyi 熵 K_2。

吸引子维数的研究是混沌理论的重要内容,吸引子维数可由关联维数 D 近似[7],为了方便,本文以 D 表示。关联维数反映了要素序列所在系统的层次,是系统结构复杂性的重要标度,也是系统建模所需独立变量的控制参数。西太平洋副热带高压(简称副高)是影响我国天气和气候的重要天气系统,对它的研究一直是气象界的热点和难点。通常采用三种指数,即脊线指数、面积指数和西伸指数来描述副高的活动状态。前人对影响副高活动的因子和副高动力学活动特征进行了大量的研究,但是对副高活动的混沌性和建立非线性模型所需的独立因子个数的上限和下限还没有统一的结论。为了进一步揭示副高活动的混沌特征,以及客观确定建立副高活动模型所需要的独立变量个数的上、下限,本章拟通过计算副高活动的三种特征指数的关联维数(D),来对副高活动变化的混沌特征进行讨论,并根据关联维数确定副高活动的动力模式所需的独立因子上、下限,为进一步反演副高动力模型的独立变量确定提供理论依据。随后,在确定副高活动指数关联维数的基础上,利用相空间重构预测方法,对副高活动指数的短期活动进行预测。

常规的气候区划方法通常是通过对温度、湿度、降水等气象要素进行区域划分,而通过计算副高指数的分形维数对副高活动的复杂性和可预报性来进行区划是既有科学意义也有实用价值的工作。林振山等[8]从动力学角度出发,以非线性动力系统的两个最为重要的特征物理量—分形维数和 Lyapunov 指数为指标对中国的气候进行了区划。本章拟通过计算季风系统的部分要素和副高指数在季风主要活动区域的分形维数,对副高指数和季风系统要素场的复杂性和动力学特性进行区域划分。

4.2　研究资料与计算方法介绍

4.2.1　研究资料

基于美国国家环境预报中心(NCEP)和国家大气研究中心(NCAR)提供的 2.5°×2.5° 网格1958—2004 共 47 年的逐日再分析资料。要素场包括 500 hPa 位势场、200 hPa 位势场、850 hPa 纬向风场和 850 hPa 经向风场。

研究区域为 [30°E~160°E,45°S~45°N],资料格点为 2.5°×2.5°。计算该区域上各要素场时间序列的分形维数,并对计算出的区域格点的分维值作等值线分析,以便使区划结果更为直观,并基于分形维数计算结果对各要素场的复杂性和动力学特征进行讨论。

4.2.2　副高指数的计算方法

采用彭加毅等[9]定义的方法计算 1988—1997 共 10 年逐日的副高活动指数,脊线指数是指在 500 hPa 位势高度场 110°E~150°E 范围内十七条经线(间隔 2.5°)上,位势高度最大值Hmax(Hmax≥5865 gpm)所在纬度的平均值;面积指数是指在 500 hPa 高度场上(110°E~180°E,10°N~60°N)范围内位势高度大于等于的 5865 gpm 网格点数(2.5°×2.5°);副高西伸指数是指 500 hPa 高度场上副高脊线西部前缘主要活动区(100°E~130°E,20°N~30°N)的位势高度距平之和。

4.2.3　分形维数计算方法

副高指数与其他要素的关联维数可由 Grasberge 和 Procaccia 提出的相空间重构方法(GP 法)进行计算[7]。基本思路:系统中某一状态变量随时间的演化(序列)都是由与之相互作用、相互联系的其他状态变量的共同作用产生,这些相关变量的信息就隐含在某一分量的时间演化进程中。为重构一个"等价"的状态空间,只需考虑任意一个状态变量的时间演化序列,并将它在某些固定的时间延滞点上做新维处理。这样,可从一个状态变量的时间序列重建吸引子,具体计算方法参见文献[4]。

4.2.4　相空间重构预测的原理和方法

相空间通常可表示为

$$X(t) = [x(t), x(t+\tau), \cdots, x(t+(M-1)\tau] \tag{4.1}$$

其中，$X(t)$ 是相空间中的点，τ 为时延宽度，在副高指数的预测中表示预报时效。

进一步假设：$X(t+\tau) = f(X(t))$，且 $X(t+\tau)$ 可看作是 $f(X(t))$ 的映射，该映射用时间序列可表示为

$$[x(t+\tau), x(t+2\tau), \cdots, x(t+M)\tau] = f[x(t), x(t+\tau), \cdots, x(t+(M-1)\tau)] \tag{4.2}$$

本文采用相空间重构预测方法的局域法来进行预测。具体的做法是将相空间轨迹的最后一点作为中心点，把离中心点最近的 p 个轨迹点作为相关点，然后对相关点做出拟合，再估计下一点的走向，最后从预测出的轨迹点的坐标中分离出所需要的预测值。在实际的天气预报中，经常寻找与预测对象最相似的历史上的天气实况作为我们预报时的参考。文献[10]采用的预测方法为

$$y(n+1) = \frac{\sum\limits_{i=1}^{p} y_{ni} \exp[-A(d_i - d_m)]}{\sum\limits_{i=1}^{p} \exp[-A(d_i - d_m)]} \tag{4.3}$$

本文中采用文献[11]的方法，取

$$p = 2F + 1 \tag{4.4}$$

其中参数 p 是空间中能选取到的最优的点数，F 为分形维数。

首先对逐日脊线指数进行分解：

$$S = d_1 + d_2 + d_3 + d_4 + d_5 + a_5 \tag{4.5}$$

设 S 为副高指数，选择 $db5$ 小波基（该小波基具有良好正交性和紧支撑性，能够进行连续和离散的小波变换，可较好地表现频域信号的连续性和突变性）对研究年份逐日的脊线指数进行 5 层分解。分别对 a_5、d_1、d_2、d_3、d_4 和 d_5 进行相空间重构预测，剔除预报效果差的高频分量，最后再对余下的各小波分量进行小波重构，将小波重构的结果作为脊线指数的预测结果。

4.2.5 动力学区划方法

选择[30°E~160°E，45°S~45°N]为研究的关键区域，计算该区域上各要素场时间序列的分形维数，对计算出的区域格点的分维值作等值线分析，以便使区划结果更直观，并基于分形维数计算结果对各要素场的复杂性和动力学特征进行讨论。

4.3 副高指数的分形维数计算

4.3.1 分形维数计算的物理意义——以脊线指数为例

对副高脊线的一维时间序列 $\{X_0(t)\}$，本章选定一个滞后时间 τ，将一维脊线时间序列做漂移，从而获得一组新序列，用这些数据序列支起一个 n 维的空间 R^n，它们是

$$X_0(t), X_0(t+\tau), \cdots, X_0(t+(n-1)\tau) \tag{4.6}$$

具体形式如下：

$$
\begin{array}{llll}
X_0(t_1), & X_0(t_2), & \cdots, & X_0(t_N) \\
X_0(t_1+\tau), & X_0(t_2+\tau), & \cdots, & X_0(t_N+\tau) \\
X_0(t_1+2\tau), & X_0(t_2+2\tau), & \cdots, & X_0(t_N+2\tau) \\
\vdots & \vdots & & \vdots \\
X_0(t_1+(n-1)\tau), & X_0(t_2+(n-1)\tau), & \cdots, & X_0(t_N+(n-1)\tau)
\end{array} \tag{4.7}
$$

这样，就得到了 n 维相空间中由 N 个点组成的序列，n 维空间中的一个点（即(4.7)式中的一列）表示了该系统在某个瞬间的状态，N 个点的连线则构成了在相空间的轨道，这条轨线表示了系统状态随时间的演化，即得到了 n 维空间中的一个相型。

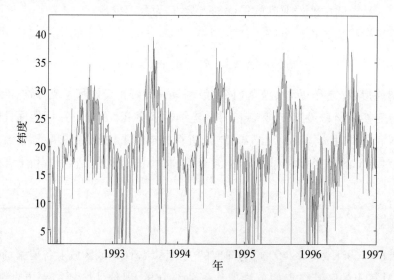

图 4.1 副高脊线指数 1993—1997 年的时间序列图

以 1993—1997 年副高脊线的时间序列为例（图 4.1），用 $db5$ 小波进行 5 层小波分解，具体步骤参见文献[11-12]，其中 a_5 表示 32 天以上的振荡周期，d_5 表示 16—32 天的振荡周期，分别作出 a_5 和 d_5 的二、三维空间相图，d_5 的二、三维空间相图（如图 4.2）（a_5 的相图略）。

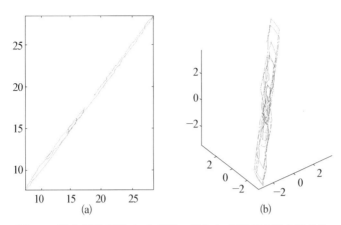

图 4.2 副高脊线指数 d_5 分量的二维(a)、三维(b)相空间结构

从图 4.2 中可以看出,副高脊线对应的 16—32 天周期运动的相点在相空间中呈现不规则环线运动,在相空间中只占据有限部分,表明该周期的脊线活动在相空间中是紧缩的。小波分解的其他周期分量的相图与图 4.2 类似,因此可以认为副高脊线的活动存在吸引子。对副高面积指数和西伸指数的相空间分析也表明,这些指数序列亦存在吸引子。为了判断上述副高指数时间序列的吸引子是否为混沌吸引子以及该吸引子的复杂性和对应的副高活动形态,必须引入客观定量的判别指标。

基于此,本章拟通过计算副高活动指数的吸引子分形维数来对副高形态和强度变化特征以及复杂性进行描述。

4.3.2 分形维数计算结果

计算 1988—1997 年十年逐日副高脊线指数、面积指数和西伸指数时间序列,分别计算其分形维数,序列长度为 3650,取前 3600 个数值,所用的时间序列长度满足 m 的最低限制条件[13]:$2\log_{10}m \gg D$,即 $m \gg 10^{D/2}$。前面分析指出,副高活动指数存在吸引子,这里按 $\tau = 1$ 对副高活动指数进行漂移,分别组成 $n = 2,3,4,5,6,7,8\cdots\cdots$ 维空间,对漂移后的序列族进行关联维数的计算。关联维数估计值随嵌入维 m 的变化趋势对判断系统性质有重要意义,若它收敛到一个稳定(饱)值,则表明系统存在吸引子;若它随 m 的增长而发散,则表明该系统是一个随机时间序列[9]。后面的计算结果表明,副高脊线指数和面积指数的分维值介于 2—3 之间,为便于观察,下面只给出 2—8 维空间的关联函数结果。

4.3.3 副高脊线指数的关联维数

副高脊线指数的关联维数计算结果如图 4.3 所示,图中曲线从左到右依次对应 $n = 2,3,4,5,6,7,8$(后同),图中靠近坐标原点区域,关联函数存在一个近似线性区域,当 $n = 6$ 以后,各曲线在线性区域中的斜率近似相等,即副高脊线指数的饱和嵌入维数为 6。当斜率达到饱和后,进一步计算得到该吸引子的饱和分形维数 $d \approx 2.52$。

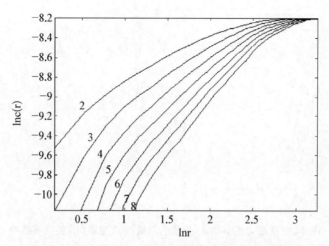

图 4.3   1988—1997 年逐日的副高脊线指数的关联函数

副高脊线指数关联函数和延拓时间 N 的关系如图 4.4 所示,图 4.4 中横轴表示延拓的 N 值,纵轴表示分形维数(下同)。从图中可以看出,随着 N 值的增长,副高脊线指数的关联维数始终在 2.5—2.6 之间(这里只给出 N 从 1 至 20 的结果,当 N 取更大的值时,关联维数也始终在 2.5—2.6 之间)。

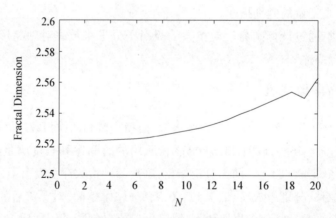

图 4.4   延拓时间(N)与副高脊线指数的分形维数

综合图 4.3 和图 4.4 的结果,即副高脊线指数支撑该吸引子的自由度为 3,其独立坐标数的下限为[13] $INT(D)+1=3$,上限为 $INT(2D)+1=6$,即刻画脊线变化的动力系统至少需要 3 阶、最多需要 6 阶的动力学模型来描述其变化特征。

4.3.4   副高面积指数的关联维数

1988—1997 年副高面积指数的关联函数分布如图 4.5 所示,从图中可以看出当 $n=3$ 以后,曲线在线性区的斜率近于相等,可以认为需用 3 阶的动力学模式来描述副高面积指数的动力学变化特征。进一步计算得到,该吸引子的饱和分形维数 $d \approx 2.82$,即该吸引子的自由度为 3。

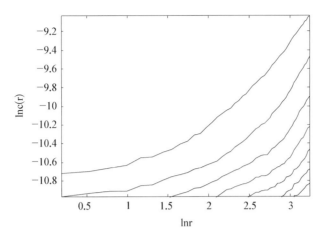

图 4.5　1988—1997 年逐日的副高面积指数的关联函数

副高面积指数的延拓时间(N)和分形维数的关系与副高脊线指数的延拓时间(N)与分形维数的关系类似,随着 N 值的增大,副高面积指数的分形维数始终在 2.8—2.9 之间(图略),即副高面积指数与副高脊线指数的自由度数值一样,副高面积指数动力系统所需的独立变量数目的上、下限与描述副高脊线指数动力系统的独立变量数目的上、下限相同。

4.3.5　副高西伸指数的关联维数

1988—1997 年副高西伸指数的关联函数分布如图 4.6 所示,可以看出,当 $n=3$ 以后,分形维数的曲线在靠近原点的区域变得没有规则,在重构的有限维空间中,不存在饱和的分形维数。

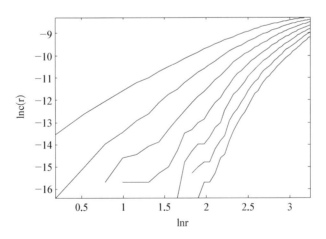

图 4.6　1988—1997 年逐日的副高西伸指数的关联函数

图 4.7 是副高西伸指数分形维数和延拓时间 N 的关系图,随着 N 的增长,分形维数也增长,表明副高西伸指数的吸引子具有很强的随机性和非平稳性,难以得到确定的分形维数。参考文献[9],说明副高西伸指数对应的可能是一个随机系统。李江南等[14]的研究也发现,副高脊线位置和副高面积指数与副高西脊点位置的年际变化很不相同,这与本文中计算的

副高脊线指数、面积指数的分数维数与西伸指数的计算结果不相同。分形维数计算结果说明很难构建一个动力系统来对副高西伸活动状态进行描述。

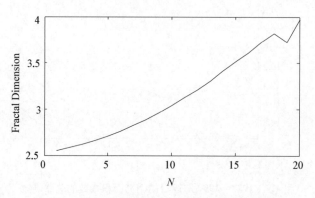

图 4.7　延拓时间(N)与副高西伸指数的分形维数

4.4　基于相空间重构的副高脊线指数预测

4.4.1　预测时效为 1 天的逐日副高脊线指数预测

根据前面的原理和方法,对 1958 年至 2004 年 6 月的副高脊线指数共 16972 个脊线指数值进行 6 维重构,并以 2004 年 7 月 31 天的脊线指数值作为预测对象,利用相空间重构方法进行预报时效为 1 天的脊线指数预测。

图 4.8 是 2004 年 7 月逐日脊线指数实况和预测比较图,其中实线为实际值,点线为预测值(下同)。从图中可以看出,预测值的走势和实况值相一致,在几个关键转折点,预测的脊线指数值预测结果都较为接近,两者的相关系数达到了 0.80,但对转折点的预测表现不是很好,尽管如此,预测结果仍可为实际预测提供一定借鉴参考。

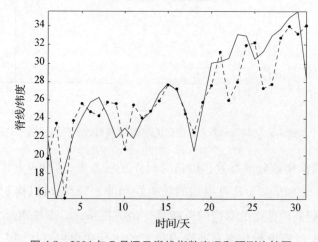

图 4.8　2004 年 7 月逐日脊线指数实况和预测比较图

表 4.1　小波分解各分量相空间重构预测效果(预报时效为 1 天)

建模对象	a_5	d_1	d_2	d_3	d_4	d_5
相关系数	0.9977	0.8002	0.9217	0.9169	0.9807	0.9957

　　为提高预报效果,本文对副高脊线指数进行小波分解,表 4.1 是预报时效为 1 天的小波分解后各分量相空间重构的预测相关系数,从表中可以看出,除 d_1 分量的预报相关系数低于 0.9 外,其他各分量的预测相关系数都大于 0.9,为提高预报准确率,剔除其中的 d_1 分量后对预测结果作小波重构,集成预测结果如图 4.9 所示。

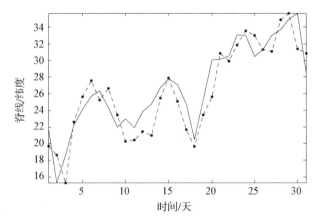

图 4.9　副高脊线指数小波分解与相空间重构集成预测比较图(预报时效为 1 天)

　　图 4.9 是副高脊线指数小波分解与相空间重构集成预测比较图,从图 4.9 中可以看出,预测值结果和实际的脊线走势一致,在儿个关键的转折点,预测值和实际的脊线指数变化比较一致,两者的相关系数达到了 0.9184。

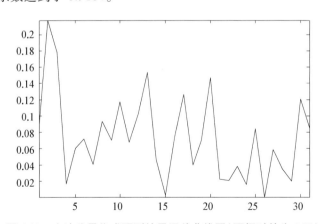

图 4.10　小波分量集成预测结果误差曲线图(预报时效为 1 天)

　　将集成预测的结果和直接进行相空间重构的预测结果相比较,可以发现经过小波分解,剔除了第 1 阶高频分量后,有效地降低了预报难度,预报的准确率有较大提高。实际值和预测值的相关系数也由 0.80 提高到 0.9184。

4.4.2　预测时效为 2 天的逐日副高脊线指数预测

对 1958 年至 2004 年 6 月的副高脊线指数共 16972 个脊线指数值进行 6 维重构,将 2004 年 6 月 30 日至 7 月 30 日共 31 天的脊线指数值作为预测对象。

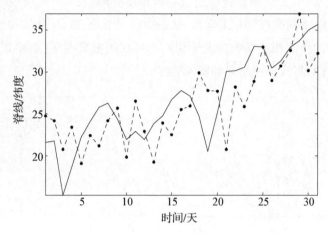

图 4.11　2004 年 6 月 30 日至 7 月 30 日逐日脊线指数实况和预测比较图

首先直接利用相空间重构方法进行预报时效为 2 天的脊线指数预测。图 4.11 是 2004 年 6 月 30 日至 7 月 30 日逐日脊线指数实况和预测比较图,从图 4.11 中看出,预测值和实况值相比,误差比较大,两者的相关系数只达到了 0.6996,预测效果不理想。

表 4.2　小波分解各分量相空间重构预测效果(预报时效为 2 天)

建模对象	a_5	d_1	d_2	d_3	d_4	d_5
相关系数	0.9959	0.3400	0.3248	0.5327	0.9292	0.9854

表 4.2 是预报时效为 2 天的小波分解后各分量相空间重构的预测相关系数,剔除预报相关系数最小的 d_2 分量,用 a_5、d_1、d_3、d_4 和 d_5 进行集成预测,预测结果如图 4.12 所示。

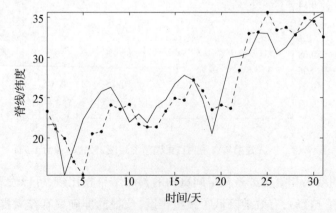

图 4.12　副高脊线指数小波分解与相空间重构集成预测比较图(预报时效为 2 天)

从图 4.12 中看出,预测值和实况值走势很一致,在转折点的表现也比较好。对小波分解后的各分量进行建模,预测的精度有较大的提高,两者的相关系数达到了 0.9011。

图 4.13 是预报时效为 2 天的集成预测误差曲线图,在整个 31 天中,预报误差都在 25% 以内。

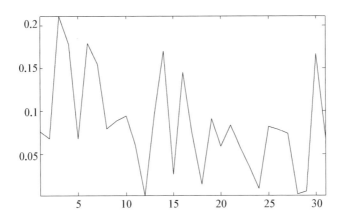

图 4.13　小波分量集成预测结果误差曲线图(预报时效为 2 天)

4.4.3　预测时效为 3 天的逐日副高脊线指数预测

对 1958 年至 2004 年 6 月 29 日的副高脊线指数共 16970 个脊线指数值进行 6 维重构,将 2004 年 6 月 29 日至 7 月 29 日共 31 天的脊线指数值作为预测对象,首先直接利用相空间重构方法进行预报时效为 3 天的脊线指数预测。图 4.14 是 2004 年 6 月 29 日至 7 月 29 日逐日脊线指数实况和预测比较图,从图 4.14 中看出,预测值和实况值相比,两者的趋势比较一致,但预测值两者的相关系数只有 0.4339,预测效果不理想。这样的预测结果在实际中的应用价值比较低。

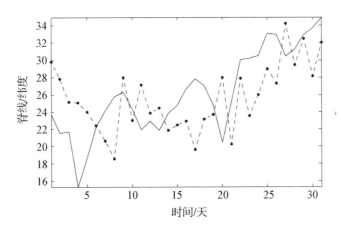

图 4.14　2004 年 6 月 29 日至 7 月 29 日逐日脊线指数实况和预测比较图

　　为了提高预报精度,本文对脊线指数进行小波分解后,再分别对各分量进行相空间重构预测,最后再进行集成。

表 4.3　小波分解各分量相空间重构预测效果(预报时效为 3 天)

建模对象	a_5	d_1	d_2	d_3	d_4	d_5
相关系数	0.9961	−0.4057	−0.1657	−0.0089	0.7890	0.9573

　　表 4.3 是预报时效为 3 天的小波分解各分量相空间重构预测的各分量的预测相关系数,还是 d_1 的预测相关系数最小,故剔除 d_1,将其余几个分量进行集成预测。集成预测的结果如图 4.15 所示。

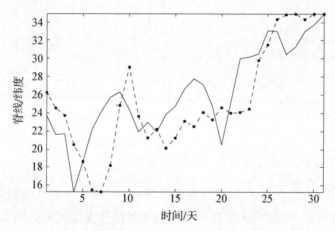

图 4.15　小波分量集成预测结果图(预报时效为 3 天)

　　从图 4.15 中可以看出,预测结果比较好地表现了实际副高脊线指数的走势,预报值和预测值有一定的误差,在个别点误差达到了 35%(误差图略),在转折点,预测结果有一定的滞后。预测值和实际的脊线指数值的相关系数达到了 0.7578,可以为我们的日常预报提供一定的参考。虽然集成预测的结果和实际的脊线指数值还有一定的误差,但可以看出,经过小波分解后各分量的相空间重构预测,剔除了高频变化分量,有效地降低了预报难度,预报值和实际值的相关系数也由 0.4339 显著提高到了 0.7585。

4.5　气象要素场的动力特征区划

4.5.1　500 hPa 位势场的动力学区划

　　经计算,取延迟时间 τ 为 6 时,各坐标之间的相关系数最小,故选择延迟时间 $\tau = 6$。图 4.16 是 500 hPa 位势场分形维数等值线分布图(纵坐标为纬度,横坐标为经度),图中标示的值为分形维数(D)值(下同)。

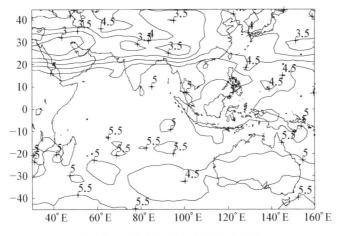

图 4.16　500 hPa 位势场动力学区划

从图 4.16 中可以看出,南半球 500 hPa 位势场的分形维数在 4.5—5.5 之间,北半球500 hPa 位势场的分形维数在 3—4.5 之间,南半球的分形维数值高于北半球,表明南半球位势场的动力系统复杂性高于北半球的动力系统。在研究的区域内,可以进行 3 类动力学划分:

（Ⅰ）$20°N \sim 45°N, 3.5 < D < 4.5$;

（Ⅱ）$20°N \sim 0°, 4.5 < D < 5$;

（Ⅲ）$0° \sim 45°S, 5 < D < 5.5$。

可以看到,对于 500 hPa 位势场,在 20°N 以北,描述该区域位势场变化最少需要 4—5 个独立变量,而在 20°N 以南,至少需要 5—6 个独立变量才能描述位势场的变化。副热带高压系统经历着从低纬度到中高纬度的跳跃、变异过程,而位势场本身的动力学性质在不同的地区也有相应的不同,描述副高活动的动力系统的性质也会随着区域的不同而发生变化,这也说明了副高的活动和变化必然是异常复杂的。

4.5.2　200 hPa 位势场的动力学区划

图 4.17 是 200 hPa 位势场分形维数等值线分布图(纵坐标为纬度,横坐标为经度),从图中可以看出,在研究区域,分形维数的值在 2.5—5.5 之间,和 500 hPa 位势场分形维数分布的态势比较一致,也是南高北低。在研究的区域,可以进行 3 类动力学划分:

（Ⅰ）$20°N \sim 45°N, 2.5 < D < 3$;

（Ⅱ）$20°N \sim 20°S, 2.5 < D < 3.5$;

（Ⅲ）$20°S \sim 45°S \ 4.5 < D < 5.5$。

从图 4.17 中可以看出,从北往南,在 20°N 以北,分形维数的最小值为 2.5,最大值为 3,根据文献[14]的确定方法(下同),描述该区域位势场变化的动力系统最少需要 3 个独立变量（$INT(D)+1 = 3$）,最多需要 5 个独立变量（$INT(2D)+1 = 5$）,在 $20°N \sim 20°S$ 区域,至少需要 3 个独立变量,最多需要 7 个独立变量,在 $20°S \sim 45°S$,至少需要 4 个独立变量来描述系统的变

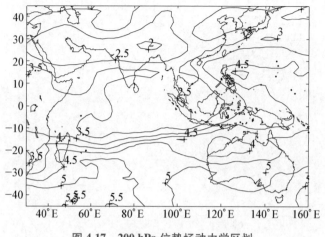

图 4.17　200 hPa 位势场动力学区划

化,最多则需要 11 个独立变量来描述系统的变化。可以看到,由北到南,200 hPa 位势场动力系统的复杂性增加了。

4.5.3　850 hPa 纬向风场的动力学区划

图 4.18 研究区域 850 hPa 纬向风场的分形维数等值线图(纵坐标为纬度,横坐标为经度)。从图 4.18 中可以看出,850 hPa 纬向风场的研究区域内,分形维数的值在 4.5—5.5 之间。在研究的区域,大致可以进行 3 类划分:

（Ⅰ）20°N~45°N,$4.5<D<5.5$;

（Ⅱ）20°N~20°S,$3.5<D<4.5$;

（Ⅲ）20°S~45°S,$4.5<D<5.5$。

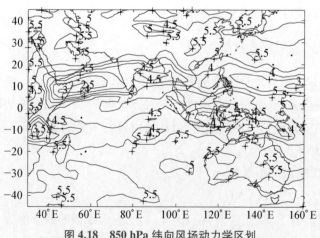

图 4.18　850 hPa 纬向风场动力学区划

在第一类划分中,也就是在北半球的中纬度地区,描述 850 hPa 纬向风场的动力系统最少需要 5 个独立变量,最多需要 11 个独立变量。在南北半球的低纬度地区(20°N~20°S),最少需要 4 个独立变量,最多需要 9 个独立变量。描述南半球中纬度地区动力系统的性质和描述北半球中纬度地区纬向风场的动力系统所需要独立变量的个数一致。

4.5.4　850 hPa 经向风场的动力学区划

图 4.19 是研究区域 850 hPa 经向风场的分形维数等值线图,从图 4.19 中可以看出,850 hPa 经向风场的研究区域内,分形维数的值在 3.5—5.5 之间。在研究的区域,大致可以进行 3 类划分:

(Ⅰ) 20°N~45°N,4.5<D<5.5;

(Ⅱ) 20°N~20°S,3.5<D<4.5;

(Ⅲ) 20°S~45°S,4.5<D<5.5。

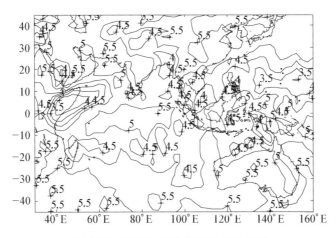

图 4.19　850 hPa 经向风场动力学区划

在第一类划分中,也就是在北半球的中纬度地区,描述 850 hPa 经向风场的动力系统最少需要 5 个独立变量,最多需要 11 个独立变量。在南北半球的低纬度地区(20°N~20°S),最少需要 4 个独立变量,最多需要 9 个独立变量。赤道中东太平洋区域的位势场格点的分形维数只有 3.5,低于其他区域格点的分形维数,这是值得注意的地方,表明这个区域的系统活动可能会简单一些。描述南半球的中纬度地区动力系统的性质和描述北半球中纬度地区纬向风场的动力系统所需要的独立变量的个数一致。

4.6　本章总结

4.6.1　副高指数的分形维数计算和讨论

对西太平洋副高活动的三种特征指数的关联维数进行计算,得到如下几点结果:

(1) 副高脊线指数和面积指数的饱和关联维数是非整的,表明副高的短期活动中存在混沌吸引子。

（2）副高三种活动指数的关联函数曲线形状各不相同,表明副高三种特征指数的活动特征不尽相同,各具特色。其中,副高脊线指数和副高面积指数的饱和分形维数都为3,建立其动力系统所需的独立变量数目的上、下限分别为3和6。

（3）副高西伸指数的关联函数曲线较为复杂,表明副高的西伸活动与南北进退和强弱变化之间存在很大差异。

（4）副高的脊线指数、面积指数和西伸指数各自描述了副高活动的一个方面,本章副高脊线和面积指数的分形维数计算结果表明,建立副高短期活动动力学模型独立变量个数的上、下限分别为3和6;而副高西伸脊点则表现出明显的随机运动特征。

本章的研究结果有助于进一步揭示副高活动特征,并为从数据中重构副高动力系统提供依据。

4.6.2　副高脊线指数预测结果的讨论和结论

分别采用相空间重构和小波分解方法对副高脊线指数进行预测,得到以下几点结论:

（1）副高脊线指数的逐日变化异常复杂,经相空间分析和分形维数计算,表明脊线指数变化具有混沌特性。

（2）在考虑副高脊线指数混沌特性的基础上,采用相空间重构方法可以对脊线指数1天、2天以及3天的脊线指数变化做出预测,证明该方法是可行的。

（3）对脊线指数先作小波分解,再对各小波分量分别进行相空间重构,剔除预报效果最差的高频分量后,再进行小波重构的集成预测方法,有效降低了预报难度,在副高指数的预测上进行了有益的探索。

（4）采用小波分解的相空间重构预测方法,预报时效分别为1天、2天和3天,其预测值和实际值的相关系数分别为0.9184、0.9011和0.7585,可以看出,随着预报时效的增长,预报准确率在相应降低。在实际预报中,我们可以综合进行1天、2天和3天的预测,从而为实际副高预报提供参考。

4.6.3　要素场的动力特征区划

对500 hPa位势场、200 hPa位势场、850 hPa纬向风场以及850 hPa经向风场1999—2004年共6年的格点资料进行了分形维数的计算,在此基础上进行了要素场的动力特征区划,通过比较分析,得到如下几点结论:

（1）在研究区域,四个要素场基本可以进行3类划分,从北到南,20°N~45°N;20°N~20°S;20°S~45°S描述这三个区域内动力系统的性质是比较一致的,基本上可以将研究区域进行这3类的动力学区划。

（2）在三类动力学区划中,描述这三个区域的动力系统的性质是不一致的。相对而言,500 hPa位势场的动力复杂性要高于200 hPa位势场的动力复杂性。即200 hPa的天气形势及其变化要比 500 hPa 位势层的天气形势及变化简单得多。

（3）从研究区域格点上各点分形维数的等值线分布图上来看,200 hPa 位势场和500 hPa 位势场分布较为平滑,而 850 hPa 的纬向风场和经向风场分布则比较复杂,尤其以 850 hPa 经向风场的分形维数等值线的分布最为复杂,表明经向风场变化的影响因子比其他要素场多,动力特性也比较复杂。

根据分形维数等值线的分布形势对关键区域要素场做出了动力学区划,对我们进一步认识季风系统和副高系统内动力系统的复杂性有一定的帮助。

参考文献

［1］ SCHERTZER D, LOVEJOY S. The dimension and intermittency of atmospheric［J］. physics, Environmen tal Science, 1985: 7 - 33.

［2］ 彭永清,严绍谨,王建中,等.一维气候时间序列的拓展及其相空间中混沌吸引子维数的确定［J］.热带气象,1989,2:97 - 104.

［3］ 郑祖光,刘式达.用大气湍流资料计算 Lyapunov 指数和分数维［J］.气象学报,1988,46(1):41 - 48.

［4］ 杨培才,刘锦丽,杨硕文.低层大气运动的浑沌吸引子［J］.大气科学,1990,14:335 - 341.

［5］ 杨培才,陈烈庭.埃尔尼诺/南方涛动的可预报性［J］.大气科学,1990,14:66 - 71.

［6］ 严绍谨,彭永清,王建中.一维气候时间序列所包含的浑沌吸引子的 Kalmogorov 熵的确定［J］.热带气象,1991,2(2):97 - 103.

［7］ GRASSBERGER P, PROCACCIA I. Characterization of stranger attractors［J］. Phils. Rev. Lett. 1983,50 (5):346 - 349.

［8］ 林振山.非线性科学及其在地学中的应用［M］.北京:气象出版社,2003,119 - 124.

［9］ 彭加毅,孙照渤.春季赤道东太平洋海温异常对对西太平洋副高的影响［J］.南京气象学院学报,2000,2:191 - 195.

［10］吴耿锋,周佩玲,储阅春,等.基于相空间重构的预测方法及其在天气预报中的应用［J］.自然杂志,1999,2:107 - 110.

［11］CHAKRABARTI D, FALOUTSOS C. F4: large-scale automated forecasting using fractals［C］. Proceedings of the eleventh intemational conference on information and knowledge management, 2002: 2 - 9.

［12］张韧,王继光,蒋国荣.基于小波分解和 ANFIS 模型的赤道东太平洋海温集成预测［J］.热带海洋学报,2002,3:77 - 84.

［13］董兆俊,张韧.基于小波分解的西太平洋副热带高压模糊推理预测［J］.热带气象学报,2004,4(4):419 - 425.

［14］彭永清,王盘兴,吴洪室.大气低频变化的分析与应用［M］.北京:气象出版社,1997.259 - 264.

［15］李江南,蒙伟光,王安宇等.西太平洋副热带高压强度和位置的气候特征［J］.热带地理,2003,23(1):35 - 39.

第五章   非线性动力模型反演与模型参数优化

5.1   引　　言

　　副热带高压是影响、制约夏季东亚气候的重要天气系统,副高活动具有明显的非线性和非周期性,由于描述副高活动的动力模型很难准确构建,因此副高预测(尤其是副高的中、长期预测)一直是气象学研究中的一个难题[1]。Takens[2]提出的重构相空间理论,其基本思想认为系统中任一分量的演化是由与之相互作用的其他分量所决定,因此这些相关分量的信息隐含在任一分量的发展过程中,这样,就可从一些仅与时间相关的观测数据中提取和恢复系统原来的规律。上述思想为从观测资料中反演副高动力模型提供了一条客观合理的方法途径。

　　目前,常用的动力模型重构方法主要有传统的时延相空间重构方法和动力模型参数反演方法。前者通过分形维数计算和寻找最优嵌入维与时延数,得到要素时间序列演变的动力学模型,如田纪伟等[3]用延迟时间模型讨论了海表温度在嵌入相空间中的动力系统重构;魏恩泊等[4]利用混沌系统单物理参量时间序列的重构相空间点条件概率密度及其标准化分析,提出了一种新的隐含变量标准化资料的反演方法。但是,由于上述方法仅考虑了单个要素与其时延序列的信息,包含的独立信息较少,因此在反演重构复杂非线性动力系统时表现出较大的局限性。另一种途径则是基于广义的常微动力系统模型,以模型输出与实际资料间的误差极小为目标约束,进行模型参数的优化搜索和动力模型重构[5]。黄建平等[6]曾用经典的最小二乘估计讨论了从观测资料中重构非线性动力模型的途径,并从数值积分序列中较好地重构恢复了 Lorenz 系统,但该方法未应用于实际天气系统的重构。不过,目前常规的优化搜索方法(如最小二乘估计)大多存在着参数空间单向搜索的效率较低和误差收敛局部极小等缺陷[7]。

　　遗传算法是近年发展起来,并得到广泛应用的一种全局优化算法,其特点在于全局搜索和并行计算,因而具有很好的参数优化能力和误差收敛速度[8]。基于此,本章引入遗传算法对模型参数搜索过程进行改进优化,并以 Lorenz 模型进行试验,以验证方法的科学性和实用性,为其后副高动力模型反演和模型参数优化及其相应的动力机理分析奠定基础。

5.2   动力模型反演的基本思想和算法原理

　　设任一非线性系统随时间演变的物理规律表示为

$$\frac{\mathrm{d}q_i}{\mathrm{d}t} = f_i(q_1, q_2, \cdots, q_i, \cdots, q_N), i = 1, 2, \cdots, N \tag{5.1}$$

函数 f_i 为 $q_1, q_2, \cdots, q_i, \cdots, q_N$ 的广义非线性函数，N 为状态变量个数，一般可根据动力系统吸引子的复杂性（可通过计算其分形维数来衡量）来确定[9]。方程(5.1)的差分形式可写成

$$\frac{q_i^{(j+1)\Delta t} - q_i^{(j-1)\Delta t}}{2\Delta t} = f_i(q_1^{j\Delta t}, q_2^{j\Delta t}, \cdots, q_i^{j\Delta t}, \cdots, q_N^{j\Delta t}), j = 2, 3, \cdots, M-1 \tag{5.2}$$

其中，M 为观测资料的时间序列长度，模型参数和系统结构可以通过反演计算从观测数据中获取。$f_i(q_1^{j\Delta t}, q_2^{j\Delta t}, \cdots, q_i^{j\Delta t}, \cdots, q_N^{j\Delta t})$ 为未知非线性函数，设 $f_i(q_1^{j\Delta t}, q_2^{j\Delta t}, \cdots, q_i^{j\Delta t}, \cdots, q_N^{j\Delta t})$ 有 G_{jk} 个包含变量 q_i 的函数展开项和对应的 P_{ik} 个参数（其中 $i = 1, 2, \cdots, N; j = 1, 2, \cdots, M; k = 1, 2, \cdots, K$），可设

$$f_i(q_1, q_2, \cdots, q_n) = \sum_{k=1}^{K} G_{jk} P_{ik} \tag{5.3}$$

式(5.2)的矩阵形式为 $\boldsymbol{D} = \boldsymbol{GP}$，其中

$$\boldsymbol{D} = \begin{Bmatrix} d_1 \\ d_2 \\ \cdots \\ d_M \end{Bmatrix} = \begin{Bmatrix} \dfrac{q_i^{3\Delta t} - q_i^{\Delta t}}{2\Delta t} \\ \dfrac{q_i^{4\Delta t} - q_i^{2\Delta t}}{2\Delta t} \\ \cdots \\ \dfrac{q_i^{M\Delta t} - q_i^{(M-2)\Delta t}}{2\Delta t} \end{Bmatrix} \tag{5.4}$$

$$\boldsymbol{G} = \begin{Bmatrix} G_{11} & G_{12} & \cdots & G_{1K} \\ G_{21} & G_{22} & \cdots & G_{2,K} \\ \vdots & \vdots & \cdots & \vdots \\ G_{M1} & G_{M2} & \cdots & G_{M,K} \end{Bmatrix} \tag{5.5}$$

$$\boldsymbol{P} = \begin{Bmatrix} P_{i1} \\ P_{i2} \\ \cdots \\ P_{iK} \end{Bmatrix} \tag{5.6}$$

上述广义未知方程组的系数项可通过实际观测数据予以反演确定。给定一个向量 $\boldsymbol{D}$，要求一个向量 $\boldsymbol{P}$，使上式满足。对于 q_i 而言，这是一个非线性系统，但是换个角度，对 $\boldsymbol{P}$ 而言（即拿 $\boldsymbol{P}$ 当作未知数），上式正好是一个线性系统，可以用经典的最小二乘估计，使残差平方和 $S = (\boldsymbol{D} - \boldsymbol{GP})^T(\boldsymbol{D} - \boldsymbol{GP})$ 最小，进而得到正则方程 $\boldsymbol{G}^T\boldsymbol{GP} = \boldsymbol{G}^T\boldsymbol{D}$。由于 $\boldsymbol{G}^T\boldsymbol{G}$ 经常是奇异矩

阵,所以可将其特征值与特征向量求出,剔除其中为 0 的那些,剩下 K 个 $\lambda_1,\lambda_2,\cdots,\lambda_i$ 组成对角矩阵 $\boldsymbol{\Lambda}_k$ 与相应的 K 个特征向量组成特征矩阵 $\boldsymbol{U}_L$。

$$V_L = \frac{GU_i}{\lambda_i} \tag{5.7}$$

$$H = \boldsymbol{U}_L \boldsymbol{\Lambda}^{-1} \boldsymbol{V}_L^T \tag{5.8}$$

再求 $P = \boldsymbol{HD}$,即求出参数 P。

基于上述方法途径,即可反演确定出非线性动力系统中的诸系数,进而得到对应观测数据序列的非线性动力学方程组。

5.3　遗传算法的计算流程

常规的参数估计方法(如最小二乘估计)在对模型参数进行优化时,通常取参数空间中的模型计算值与实际值的误差最小二乘作为约束,然后按顺序单向搜索,以获取最佳参数(对应最小二乘误差极小),通常需要遍历整个参数空间,且由于误差梯度收敛的局限性和对初始解(通常为随机给出的参数初值)和误差函数极小值域位置的依赖性,其参数估计易陷入局部最优、而非全局最优。而遗传算法的全局搜索和并行计算优势正是对上述常规方法缺陷一个很好的补充和完善。为此,本节引入遗传算法进行模型参数的优化反演,即以上述残差平方和 $S = (\boldsymbol{D} - \boldsymbol{GP})^T (\boldsymbol{D} - \boldsymbol{GP})$ 最小作为约束条件,用遗传算法在参数空间中进行最优参数搜索。设参数组成的种群为 P,取残差平方和 $S = (\boldsymbol{D} - \boldsymbol{GP})^T (\boldsymbol{D} - \boldsymbol{GP})$ 为适应度函数,具体操作步骤如下:

(1) 编码:设 N 个样本被分为 c 类,为 $M_1,M_2,M_3,\cdots,M_c$,由上节可知,第 i 个方程对应着 $P_k(k=1,2,3,\cdots,K)$ 个参数,那么对于包含有多个方程的方程组,其参数就组成了参数矩阵 $\boldsymbol{P} = (p_{ik})$,其中共有 $N \times c$ 个元素。编码方案如下:将每个 p_{ik} 用三位二进制编码,组成 $N \times c$ 个基因链,最后将所有基因链拼接在一起形成一个染色体,按照编码组合规则,染色体中共有 $(3N \times c + c)$ 个基因。此时 p_{ik} 对应的二进制串的转换关系为:

$$p_{ik} = \frac{decimal\ (k)_2}{2^3 - 1} \tag{5.9}$$

其中,$(k)_2$ 是 p_{ik} 对应的二进制串的值。

(2) 初始化群体生成:初始化群体的生成以基因编码为基础,基因是描述生物染色体的最基本单位,染色体也称为个体。基因用一定的代码表示,可以是数字串也可以是字符串,若干代码组成基因码链,即所谓的染色体。基因代码是基因操作的基本单元,当类数 c 给定时,可随机生成 p_{ik} 组成参数矩阵 $\boldsymbol{P} = (p_{ik})$,其中 p_{ik} 满足(1)编码方案。这样根据编码可得到多个个体。

(3) 适应值计算:每个个体的残差平方和 $S_m = (\boldsymbol{D} - \boldsymbol{GP})^T (\boldsymbol{D} - \boldsymbol{GP})$ 作为目标函数值,S_m

越小,个体的适应值就越高。因此,个体适应值可取 $f_i = -S_m$,总的适应值为 $F = \sum_{i=1}^{n} f_i$。

(4) 父本选择:计算每个个体的选择概率 $pp_i = f_i/F$ 及累积概率 $q_i = \sum_{i=1}^{j} pp_j$,选择方法采用旋转花轮法,旋转 m 次即可选出 m 个个体。在计算机上实现的步骤为产生 $[0,1]$ 的随机数 r,若 $r < q_1$,则第一个个体入选,否则,第 i 个个体入选,且 $q_{i-1} < r < q_i$。

(5) 交叉操作:

① 对每个个体产生 $[0,1]$ 间的随机数 r,若 $r < p_c$(p_c 为选定的交叉概率),则该个体参加交叉操作,如此选出交叉操作后的一组后,随机配对。

② 对每一配对,产生 $[1,(3 \times n + c)]$ 间的随机数以确定交叉的位置。

(6) 变异操作:

① 对基因编码中的前 c 位,采用如下变异方法:

(a)随机选择一个个体和一个随机整数 $h(1 \leq h \leq c)$;

(b)随机选取 h 个样本 $x_{i_1}, x_{i_2}, \cdots, x_{i_j}, \cdots, x_{i_h}$;

(c)随机产生 h 个不同的整数 $r_j(1 \leq r_j \leq h)$;

(d)将该个体的第 r_j 个基因换成 x_{i_j}。

② 对基因编码中第 c 位以后的基因,采用如下变异方法:

(a) 对每一串中每一位产生 $[0,1]$ 间的随机数 r,若 $r < p_m$(p_m 是变异概率),则该位变异;

(b) 实现变异操作,即将原串中的 0 变为 1,1 变为 0,如果新的个体数达到 N 个,则已形成一个新群体,转向第(3)步;否则转向第(4)步继续遗传操作。

(7) 终止操作:在遗传算法中,起终止条件往往是人为给定的,根据本问题的特点,取终止条件为最优目标函数值 $S_m \leq \varepsilon$(本文取 $\varepsilon = 0.2\%$)。

基于遗传算法的上述操作步骤,可实现广义非线性动力模型参数的全局性优化反演,遗传算法搜索得到的目标函数最小的进化种群,为非线性动力方程组的最优系数解,即遗传算法反演的动力系统最优化参数。另外,需要说明的是,遗传算法是对一个种群进行操作,种群中一般包含若干个个体,每个个体都是参数的一个解,最后得到的系统参数从进化过程最后一代的若干优化解中产生,进而保证了系统参数反演的全局最优化特性。

5.4 基于遗传优化的动力模型反演——以 Lorenz 系统为例

为验证遗传算法的模型参数反演效果和精度,我们首先用如下 Lorenz 混沌动力系统进行实验:

$$
\begin{cases}
\dfrac{\mathrm{d}X}{\mathrm{d}t} = 10Y - 10X \\[2mm]
\dfrac{\mathrm{d}Y}{\mathrm{d}t} = 28X - Y - XZ \\[2mm]
\dfrac{\mathrm{d}Z}{\mathrm{d}t} = XY - \dfrac{8}{3}Z
\end{cases}
\tag{5.10}
$$

首先,用 Longkuta 方法对上述方程组进行数值积分,将每一步的积分结果看成是一次的观测记录,于是得到 X、Y、Z 时间序列[10]。随后,将拟反演的非线性模型设为如下广义二阶常微分方程组形式:

$$
\begin{cases}
\dfrac{\mathrm{d}X}{\mathrm{d}t} = a_1X + a_2Y + a_3Z + a_4X^2 + a_5Y^2 + a_6Z^2 + a_7XY + a_8XZ + a_9YZ \\[2mm]
\dfrac{\mathrm{d}Y}{\mathrm{d}t} = b_1X + b_2Y + b_3Z + b_4X^2 + b_5Y^2 + b_6Z^2 + b_7XY + b_8XZ + b_9YZ \\[2mm]
\dfrac{\mathrm{d}Z}{\mathrm{d}t} = c_1X + c_2Y + c_3Z + c_4X^2 + c_5Y^2 + c_6Z^2 + c_7XY + c_8XZ + c_9YZ
\end{cases}
\tag{5.11}
$$

显然,方程组中既包含了 Lorenz 系统中的真实项,也包含了一些虚假项。我们需要做的工作就是利用 X、Y、Z "观测"资料序列,反演重构方程组中的真实参数值,剔除虚假项。求解过程为:

（1）首先画出残差平方和 $S = (\boldsymbol{D} - \boldsymbol{GP})^T(\boldsymbol{D} - \boldsymbol{GP})$ 的三维截面图（图略）,以辅助观察最小适应值的参数区域。

（2）随机产生方程组中 $a_1, a_2, \cdots, a_9; b_1, b_2, \cdots b_9; c_1, c_2, \cdots, c_9$ 参数系列的初始种群值,每个种群（参数）包含 9 个个体,每个个体代表一个解,其中 a_1 参数初始种群个体分布如图 5.1 所示（其余参数略）。

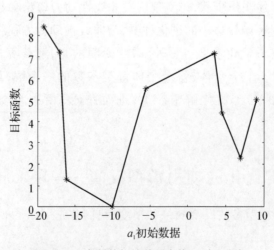

图 5.1　　a_1 参数的初始种群个体（9 个）分布

（3）经 15 次遗传迭代后，得到的寻优结果如图 5.2 所示。可以看出，经 15 次迭代后，a_1 初始种群只剩下 5 个个体，其中 4 个在遗传迭代过程中已被淘汰，分别计算剩下的 5 个个体的适应度函数值，并选择适应度函数值最小的个体作为最优解（为−10.01）。

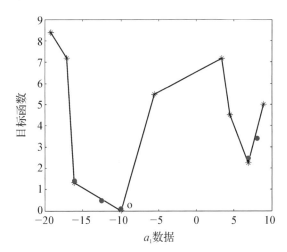

图 5.2　经 15 次遗传迭代后 a_1 参数的寻优结果　（"o"代表 15 次"进化"后优化个体分布）

（4）绘出遗传算法的寻优动态图（图略），结果表明，约经 13 代遗传迭代操作后的解已逼近真实值。

同理，其余 a_1，a_2，$\cdots$，a_9；b_1，b_2，$\cdots$，b_9；c_1，c_2，$\cdots$，c_9 参数系列亦可按上述计算方案和操作步骤求得最优解参数。为检验遗传算法的计算效率和反演参数的准确率，我们还采用最小二乘估计方法进行了 Lorenz 模型的参数反演，并将两种方法的参数反演结果进行比较（表略）。

对比结果表明，两种方法的参数反演值与模型真值均很接近，最小二乘估计的反演结果与模型真值最大误差为 19%，而遗传算法反演结果的最大误差仅 3%。在虚假项系数上，最小二乘估计的反演结果比模型真值小 3 个量级以上，而遗传算法的反演结果则小 5 个量级以上。因此，遗传算法的反演结果较传统最小二乘估计结果能更精确地接近模型真值。

为定量比较模型各项对系统演变的相对贡献大小，我们计算了各项相对方差贡献，计算公式为

$$R_i = \frac{1}{m} \sum_{j=1}^{m} \left[T_i^2 \Big/ \left(\sum_{i=1}^{9} T_i^2 \right) \right], i = 1, 2, \cdots, 9 \qquad (5.12)$$

其中，$m = 1000$ 为资料序列的长度，$T_i = a_1 X, a_2 Y, \cdots, a_9 YZ$ 为模型方程中的各项。用两种方法分别得出模型各项的 R_i 值（b、c 系数序列的方差贡献比同理计算给出）。

计算结果表明，反演出的模型真实项的方差贡献占有较大比重，而虚假项的方差贡献几乎为零，对比发现，遗传算法反演的各项方差贡献较最小二乘估计结果更合理，虚假项的方差贡献更趋于零。基于上述计算分析结果，根据反演参数的量级大小剔除模型虚假项，进而

得到如下 Lorenz 模型：

$$
\begin{cases}
\dfrac{\mathrm{d}X}{\mathrm{d}t} = a_1 Y - a_2 X \\[2mm]
\dfrac{\mathrm{d}Y}{\mathrm{d}t} = b_1 X - b_2 Y - b_8 XZ \\[2mm]
\dfrac{\mathrm{d}Z}{\mathrm{d}t} = c_3 Z + c_7 XY
\end{cases}
\tag{5.13}
$$

两种方法反演得到的方程组中各项的参数如表 5.1 所示。

表 5.1　两种反演方法得到的模型参数比较

方法	系数						
	a_1	a_2	b_1	b_2	b_8	c_3	c_7
实际模型结果	-10	10	28	-1	-1	-2.66	1
最小二乘反演结果	-10.20	10.07	28.16	-1.19	-1.01	-2.66	1.00
遗传算法反演结果	-10.01	10.01	28.01	-1.03	-1.002	-2.66	1.00

对比结果表明,遗传算法的计算精度更高,反演的模型系数更接近真实情况,客观准确地重构出了 Lorenz 动力系统模型。Lorenz 混沌动力系统的反演结果表明,遗传算法不仅计算快捷、操作方便,而且计算精度和反演效果也优于常规的最小二乘估计。由于遗传算法能够有效地反演重构复杂的混沌动力系统,因此,下面将其应用于从观测资料中反演重构副高特征指数的动力系统模型。

5.5　本章总结

提出了用遗传算法改进、提高从数据时间序列中反演重构非线性动力学模型的研究思想和技术途径,模型的参数反演效率和准确率优于传统的最小二乘估计[11],反演模型的精确性和计算效率优于常规收敛方法(如误差梯度搜索和最速下降法等)[12],为副高等复杂天气系统的动力学模型反演、物理机制研究和副高诊断预测探索了新的途径。在模型反演具体应用时,需改进和注意以下问题:

(1) 资料滤波:由于实际观测资料包含了多种因素的共同影响,为了突出系统的主要特征,在进行模型反演之前必须对原始资料进行滤波处理,尽可能消除噪声的影响。

(2) 对于不同建模对象,需进行针对性的诊断分析,以便客观合理地选取确定模型变量。

参考文献

[1] 吴国雄,丑纪范,刘屹岷,等.副热带高压研究进展及展望[J].大气科学,2003,27(4):503-517.

[2] TAKENS F. Detecting strange attractors in turbulence[J]. Lecture Notes in Mathematics, 2006, 898: 366 -381.

[3] 田纪伟,孙孚,楼顺里,等.相空间反演方法及其在海洋资料分析中的应用[J].海洋学报(中文版), 1996,18(4):1-10.

[4] 魏恩泊,田纪伟,许金山.隐含变量新反演方法及在海洋资料中的应用.中国科学(D 辑:地球科学), 2001,31(2):171-176.

[5] 马军海,陈予恕,刘曾荣.动力系统实测数据的非线性混沌模型重构.应用数学和力学,1999,20(11): 1128-1134.

[6] 黄建平,衣育红.利用观测资料反演非线性动力模型[J].中国科学(B 辑化学生命科学地学),1991,3 (3):331-336.

[7] 王凌.智能优化算法及其应用[M].北京:清华大学出版社,2001.2-10.

[8] 王小平,曹立明.遗传算法理论应用与软件实现[M].西安:西安交通大学出版社,2003.7-9.

[9] GOUESBET G. Reconstruction of the vector fields of continuous dynamical systems form numerical scalar time series[J]. PHYSICAL REVIEW A, 2003,43(10): 5321-5331.

[10] GOUESBET G. Reconstruction of vector fields:The case of the Lorenz system. Physical Review A, 2003, 46 (4): 1784-1796.

[11] SCELLER L L, LETELLIER C, GOUESBET G. Global vector field reconstruction including a control parameter dependence. Physics Letters A, 1996, 211(4): 211-216.

[12] ORTEGA G J. A new method to detect hidden frequencies in chaotic time series. Physics Letters A, 1995, 209(5-6): 351-355.

第六章　基于反演动力模型的副高变异机理分析

6.1　引　　言

西太平洋副高是东亚夏季风系统的重要成员,它与季风环流相互作用、互为反馈,共处于非线性系统之中,其异常活动常导致我国江淮流域出现洪涝和干旱灾害。如 1998 年 8 月长江流域的特大洪涝灾害就是由副高的异常南落所致,2006 年盛夏重庆、川东地区出现的持续高温伏旱天气以及 2007 年 7 月淮河流域普降暴雨也是由季节内副高的持续偏北偏西所致,今年 1 月 10 日以来发生在我国南方的大范围持续性低温雨雪冰冻极端天气灾害也与副高异常偏强偏北,并多次向西伸展的反常行为有关。可以说,每一年副高的季节性变换都有不同特点,特别是副高形态突变与异常进退是一个极为复杂的过程,因此,建立"精确"的副高—季风非线性动力模型(非线性微分方程组)非常困难,而从副高实际年份及其影响因子的时间序列资料中反演副高动力学模型,则是对副高异常活动和形态变异进行机理研究以及动力行为分析的有益探索。

基于上章遗传算法优化的动力模型反演与模型参数优化方法,本章将其应用于副高与夏季风系统的非线性动力模型反演和模型参数优化,并将反演所得副高动力学模型进行动力系统平衡态、稳定性分析,同时对外参数导致的分岔、突变和"双脊线"现象等动力行为讨论。

6.2　资料的说明和 EOF 分解

选取的是美国国家环境预报中心(NCEP)和国家大气研究中心(NCAR)提供的 1998 年 4 月 1 日到 10 月 31 日的逐日 500 pha 位势场资料。

对资料进行 EOF 分解,EOF 分解的原理由于第二章已经介绍过,知前三个时间序列的比重是 0.7608。则 EOF 分解后的时间序列和空间场如图 6.1 所示。

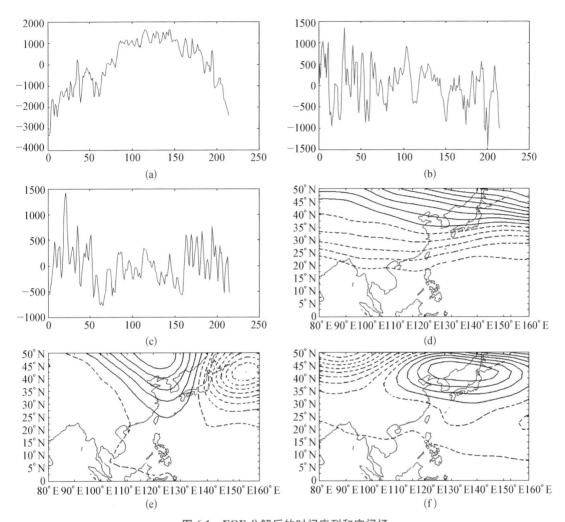

图 6.1　EOF 分解后的时间序列和空间场

(a)(b)(c)分别是前三个时间序列,(d)(e)(f)分别是前三个空间场

6.3　异常年份的副高指数动力模型重构——以 1998 年为例

6.3.1　样本年份的选取

　　副高的活动,主要表现为季节性变动和中、短期变化。副高位置的季节变化对我国天气影响很大,平均情况下,在 5 月 20 日左右,副高脊线北跳到 15°N 以北,南海夏季风爆发,华南前汛期雨季开始;6 月中旬,当副高脊线北跳并稳定在 20°N 以北时,雨带位于江淮流域,江淮梅雨开始;7 月中旬,当副高脊线跳过 25°N 而稳定在 30°N 以南时,雨带北推至黄淮流域,这时长江流域梅雨期结束,进入盛夏伏旱期,而华南受台风的影响偏多;7 月底至 8 月初,脊线越过 30°N,华北雨季开始;9 月,副高势力大减,迅速南撤,脊线又回到 30°N,这时雨区退回到黄河流域,而长

江流域及江南一带出现秋高气爽天气；10月中旬以后，脊线又逐渐退回到15°N附近。副高在随季节变动的同时，还有半个月左右的中期活动和一个星期左右的短期活动，中期活动是指副高西伸北进增强和东缩南退减弱的过程，短期过程则是叠加在中期变动之上的东西进退。

不同年份副高的季节内变化与平均情况相比有很大出入，个别年份可能出现"异常"变动，造成我国反常天气，而副高的中短期变化与周围天气系统有密切关联，对局部天气也有重要影响。基于此，在研究讨论影响夏季副高的中短期变化和导致副高活动异常（突变）的非线性机理和外部强迫因素之前，先对典型副高活动个例进行筛选。参照中央气象台[1]定义的副高特征指数，计算并绘制了1980—2007年夏半年（5月—10月）副高各个特征参数逐月演变图（图6.2），直线为多年平均值，从图中可以看出，各年副高的逐月变化千差万别，个别年份出现连续几个月的"异常"变动，其中最为突出的是1998年，这一年从5月到10月，副高面积指数都在均值以上，副高西脊点指数都在均值以下，其中5、6和8月均是28年的极值（图6.2(a)，(b)箭头所示），表明副高范围最广、强度最强且位置偏西显著。该年副高的南北位置略有不同，脊线只有5、7和8月偏南明显（图6.2(c)箭头所示），其他月份偏北。研究表明，1998年7月期间，副高经历了异常的变化过程，长江中、下游地区出现了"二度梅"[2]，而且在"一度梅"结束、"二度梅"形成之前的梅雨间歇期，副高出现了"双脊线"现象[3]。可见，1998年夏半年，副高在整体偏强偏西的情况下，7月份位置偏南，中短期变化明显，故选择1998年夏季副高的异常变化过程作为研究个例。

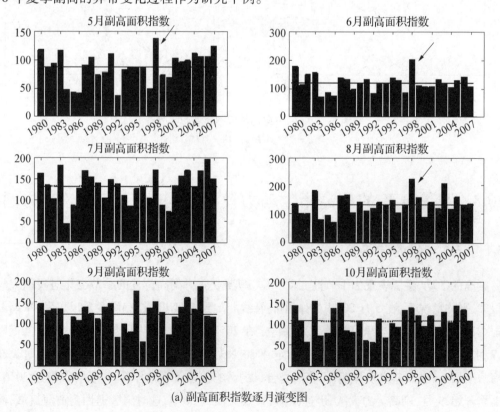

(a) 副高面积指数逐月演变图

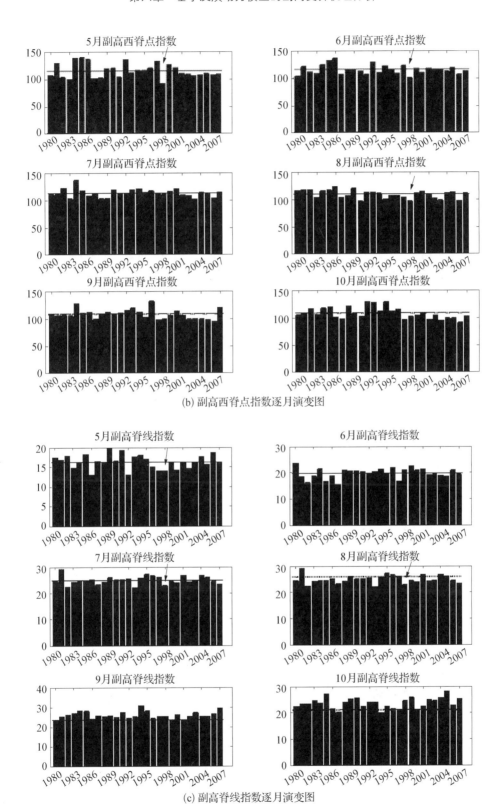

(b) 副高西脊点指数逐月演变图

(c) 副高脊线指数逐月演变图

图 6.2 1980—2007 年夏半年副高三个指数变化图

6.3.2　动力学模型参数反演

设拟反演的非线性动力模型具有如下基本形式:

$$
\begin{cases}
\dfrac{dx}{dt} = a_{11}x + a_{12}y + a_{13}z + a_{14}x^2 + a_{15}y^2 + a_{16}z^2 + a_{17}xy + a_{18}xz + a_{19}yz + a_{21}x^3 + a_{22}y^3 + a_{33}z^3 \\[2mm]
\dfrac{dy}{dt} = b_{11}x + b_{12}y + b_{13}z + b_{14}x^2 + b_{15}y^2 + b_{16}z^2 + b_{17}xy + b_{18}xz + b_{19}yz + b_{21}x^3 + b_{22}y^3 + b_{33}z^3 \\[2mm]
\dfrac{dz}{dt} = c_{11}x + c_{12}y + c_{13}z + c_{14}x^2 + c_{15}y^2 + c_{16}z^2 + c_{17}xy + c_{18}xz + c_{19}yz + c_{21}x^3 + c_{22}y^3 + c_{33}z^3
\end{cases}
$$

$$(6.1)$$

此时的 x, y, z 分别代表 6.2 节中 EOF 分解后的前三个时间序列。基于遗传算法的动力系统重构理论和 2003 年 1 月 1 日至 12 月 31 日的间隔半小时 TEC 资料,采用相同的反演步骤和操作过程,从上述三个时间序列中反演得到空间非线性动力模型中的各项参数,计算和比较模型中各项对系统的相对方差贡献,综合分析并剔除对模型影响小的虚假项,得到描述空间的非线性动力模型方程组:

$$
\begin{cases}
\dfrac{dx}{dt} = 0.056479x - 0.0041591y - 0.056927z + 0.00014058y^2 - \\[1mm]
\qquad 0.00029827z^2 - 0.00020259yz \\[3mm]
\dfrac{dy}{dt} = -0.19973y - 0.079166z - 0.00014734z^2 + 5.334 \times 10^{-5}yz - \\[1mm]
\qquad 1.4354 \times 10^{-7}y^3 - 5.049 \times 10^{-8}z^3 \\[3mm]
\dfrac{dz}{dt} = 0.031842y - 0.36586z - 0.00022274z^2
\end{cases}
$$

$$(6.2)$$

上述反演模型是否准确合理,需要进行实际检验。为此,分别对两组反演模型进行积分预报试验,通过设定真实的预报初值(从指数序列中选取),对模型的时间差分值进行数值拟合积分。三个时间序列时间差分的拟合值和实际值的相关系数如表 6.1 所示,结果显示,它们的反演效果都很好,说明上述反演模型基本能客观描述实际副高位势场。

表 6.1　三个时间序列时间差分的拟合值和实际值的比较

特征指数	拟合值和实际值的相关系数
第一时间序列	0.64619
第二时间序列	0.60308
第三时间序列	0.67328

6.4　1998 年夏季洪涝灾害的天气事实与副高活动特征

6.4.1　1998 年夏季暴雨洪涝灾害的天气事实

1998 年汛期长江流域降水明显偏多,6—8 月降水量达 500—800 毫米,部分地区超过 1000 毫米。长江流域先后出现 8 次影响严重的洪峰,长江干堤 3600 千米和洞庭湖、鄱阳湖重点巡堤超警戒水位天数至少 60 天。持续的暴雨或大暴雨,造成山洪暴发,江河洪水泛滥,堤防、外洪内涝及局部地区山体滑坡、泥石流,给这些地区造成了严重的损失。据湖北、江西、湖南、安徽、浙江、福建、江苏、河南、广西、广东、四川、云南等省(区)的不完全统计,受灾人口超过 1 亿人,受灾农作物 1000 多万公顷,死亡 1800 多人,伤(病)100 多万人,倒塌房屋 430 多万间,损坏房屋 800 多万间,经济损失 1500 多亿元。

6.4.2　副高异常活动特征

关于 1998 年西太平洋副高异常的特征与原因,前人已作了大量探索,取得很多研究成果[7-10]。下面首先通过考察脊线的演变对该年副高的异常活动作简要回顾。图 6.3 是经过 3 天平滑后的逐日副高脊线指数以及副高东西位置指数的变化曲线,由图中可以看出,从 4 月 1 日到 10 月 31 日间,副高共有 3 次明显的北跳(图中箭头所示),6 月初,副高脊线第 1 次北跳,跳过 20°N,此时江淮梅雨开始;7 月初,副高第 2 次北跳,跳过 25°N,这时长江流域梅雨期结束;7 月 10 日左右,副高脊线突然南撤至 25°N 以南,其后一直稳定在 20°N 附近,长江中下游开始"二度梅";8 月初,副高脊线第 3 次北跳,脊线越过 25°N,华北雨季开始。除此之外,

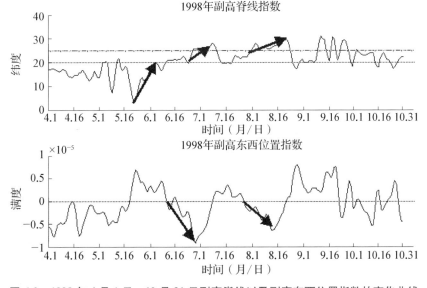

图 6.3　1998 年 4 月 1 日—10 月 31 日副高脊线以及副高东西位置指数的变化曲线

若以负涡度开始增大为西伸日,副高还有 2 次明显的西进,分别为 6 月中旬—6 月底和 7 月底—8 月中旬(图中箭头所示),显然这与前人的描述及结论一致。如前所述,由图 6.3 中也可以看出,1998 年副高变化异常主要发生在 5 月—8 月,故下面通过考察 110°E ~ 130°E,20°N ~ 30°N(这是夏季 500 hPa 副高对中国最具影响的范围)586 dagpm 特征线的演变,重点分析在此期间副高南北和东西变化特征。

(1) 南北变化特征

图 6.4 是 1998 年 5—8 月沿 110°E、120°E 和 130°E 的 586 dagpm 特征线纬度-时间分布(实线),用来表征副高的北跳和南撤,长虚线为多年平均值,图中阴影区表示 OLR 距平 $\leqslant -20$ W·m^{-2}的纬度—时间分布,表示热带强对流活动区以及对流降水区的位置。3 个代表经度剖面图都清楚地再现了 7 月中旬副高突然大幅度从长江流域南撤的过程(图中箭头所示),不同的是从 130°E 到 110°E 每隔 10 个经度的副高脊南落日之间依次相差大约 2 天,可知副高异常从主体开始,由东向西,最终影响到我国大陆东岸。一般而言,120°E 大致为副高对我国江南和长江中下游地区影响最具代表性的位置,故以 120°E 为例,具体分析副高的

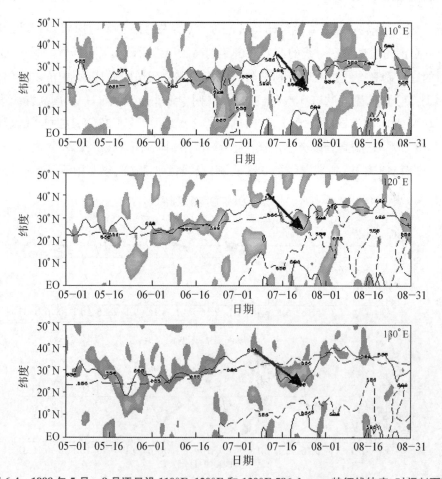

图 6.4　1998 年 5 月—8 月逐日沿 110°E、120°E 和 130°E 586 dagpm 特征线纬度-时间剖面图

南北进退异常。整个 5 月副高 586 dagpm 特征线位置明显比多年平均位置偏北,5 月中下旬,南海季风爆发,10°N 附近有强对流活动中心生成;6 月初至 6 月第 4 候,副高稳定于 20°N 到 25°N 之间,这时对流降水维持在华南至江南南部;6 月第 5 候开始,副高迅速北跳至 25°N 左右,这时江淮流域进入梅雨期;随后,副高继续北抬,直到 7 月上旬超过 30°N,第一阶段梅雨结束;从 7 月 13 日起,副高 586 dagpm 特征线突然撤至 25°N 以南,长江中下游进入所谓的"二度梅"阶段;8 月 1 日以后,副高再次北跳,长江中下游第二次梅雨结束,雨带移至华北地区,整个 8 月副高 586 dagpm 特征线位置比多年平均位置略偏北。

（2）东西变化特征

同样,我们还给出了沿 20°N、25°N 和 30°N 平均的 500 hPa 位势高度经度-时间剖面图以表征副高的西伸和东退过程(图 6.5),图中阴影区由浅入深表示位势高度大于 586 和 588 dagpm 区域,长虚线为多年平均的 586 dagpm 线。从图中可以看出,与多年平均相比,1998 年副高位置明显偏西。在长江流域一带(30°N),副高出现两次明显的西伸和一次东撤过程,6 月下旬至 7 月中旬副高一直伸展到 120°E 或以西的地区,7 月中旬副高东退,8 月中下旬,副高更是伸及近 90°E 地区,在 25°N 以南的纬度,副高多次伸到 100°E 以西地区。

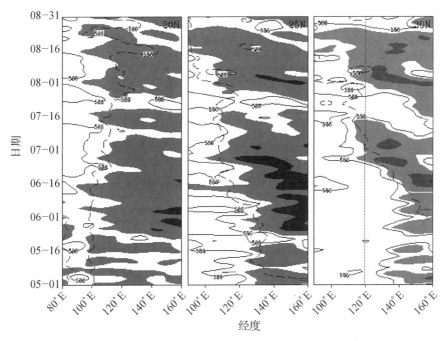

图 6.5　1998 年 5 月—8 月逐日沿 20°N、25°N 和 30°N 586 dagpm 特征线经度-时间剖面图

总之,与多年平均相比,1998 年副高总体偏强、偏西。副高的南北进退活动出现显著异常,尤其 7 月中旬,副高突然大幅度南撤,南撤后副高偏南持续维持至 8 月初,副高西伸过程增多,最显著的有两次(6 月中旬—6 月底和 7 月底—8 月中旬),期间副高东退正好与副高南撤过程相对应。

6.5　基于 EOF 时-空重构的副高变异的动力学模型反演

6.5.1　基于 EOF 时-空重构的动力模型反演

在上节副高季风指数动力模型反演的基础上,本节开展副高时-空结构的动力学模型反演。其基本思路为将 EOF 分解模态的时间系数 T_1, T_2, T_3 进行动力学模型反演,并以其数值积分结果与 EOF 空间模进行时空场重构,进而获取副高季风系统时-空变化的动力学特性。

$$\hat{x}_{tj} = \sum_{n=1}^{6} F_{nj} \cdot T_{nt}, \qquad t = 1, 2, \cdots, 20 \qquad (6.3)$$

其中 F_{nj}, T_{nt} 分别为 EOF 分解的空间场和时间系数, $\hat{x}_{tj}$ 为 EOF 恢复的位势场。

经以上空间模态(视为定常)和时间系数(模型预测)重构,则可得到指定初值点的副高位势场。

流程图如图 6.6 所示:

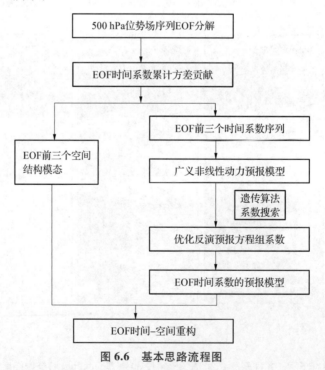

图 6.6　基本思路流程图

6.5.2　平衡态稳定性的判别

动力系统的奇点(平衡态)是描述该动力系统的方程组不随时间变化的一组解,奇点的稳定性对应于动力系统的稳定性,奇点附近的轨线走向决定了奇点的性质,一般经常出现的奇点有四类:结点、鞍点、焦点和中心点[6]。这里以副高脊线的模型方程组为例,求解奇点并依据导算子矩阵特征值的性质来讨论其平衡态的稳定性。将前面得到的描述副高活动的非线性动力模型方程组(6.2)赋以待定参数形式如下:

$$
\begin{cases}
\dfrac{\mathrm{d}x}{\mathrm{d}t} = a_{11}x + a_{12}y + a_{13}z + a_{15}y^2 + a_{16}z^2 + a_{19}yz \\[2mm]
\dfrac{\mathrm{d}y}{\mathrm{d}t} = b_{12}y + b_{13}z + b_{16}z^2 + b_{19}yz + b_{22}y^3 + b_{23}z^3 \\[2mm]
\dfrac{\mathrm{d}z}{\mathrm{d}t} = c_{12}y + c_{13}z + c_{16}z^2
\end{cases}
\tag{6.4}
$$

对于副高等大尺度天气系统,当它们处于相对稳定的准定常状态时,其动力模式中的时间变化项为小值,这时方程组(6.4)的左边项可近似为零,由此可通过解常微分系统的平衡态方程组求得系统的奇点,之后对其稳定性进行分析。

(6.5)式称为导算子矩阵:

$$
\begin{pmatrix}
\alpha_{11} = \left(\dfrac{\partial f}{\partial x}\right)_{x_0,y_0,z_0} & \alpha_{12} = \left(\dfrac{\partial f}{\partial y}\right)_{x_0,y_0,z_0} & \alpha_{13} = \left(\dfrac{\partial f}{\partial z}\right)_{x_0,y_0,z_0} \\[4mm]
\alpha_{21} = \left(\dfrac{\partial g}{\partial x}\right)_{x_0,y_0,z_0} & \alpha_{22} = \left(\dfrac{\partial g}{\partial y}\right)_{x_0,y_0,z_0} & \alpha_{23} = \left(\dfrac{\partial g}{\partial z}\right)_{x_0,y_0,z_0} \\[4mm]
\alpha_{31} = \left(\dfrac{\partial h}{\partial x}\right)_{x_0,y_0,z_0} & \alpha_{32} = \left(\dfrac{\partial h}{\partial y}\right)_{x_0,y_0,z_0} & \alpha_{33} = \left(\dfrac{\partial h}{\partial z}\right)_{x_0,y_0,z_0}
\end{pmatrix}
\tag{6.5}
$$

方程组(6.4)的导算子矩阵特征值 λ 满足(6.6)式:

$$
\begin{bmatrix}
\alpha_{11} - \lambda & \alpha_{12} & \alpha_{13} \\
0 & \alpha_{22} - \lambda & \alpha_{23} \\
0 & \alpha_{32} & \alpha_{33} - \lambda
\end{bmatrix} = 0
\tag{6.6}
$$

于是得到

$$
\lambda = \frac{T \pm \sqrt{T^2 - 4\Delta}}{2}
\tag{6.7}
$$

其中 $T = \alpha_{22} + \alpha_{33}, \Delta = \alpha_{22}\alpha_{33} - \alpha_{23}\alpha_{32}$,以此讨论各个平衡态的稳定性。(a) $\Delta > 0, T^2 - 4\Delta > 0$,这时的定态叫作结点,如果 $T > 0$,两个实根大于零,扰动将随时间增加而放大,解远离平衡点,奇点为不稳定的结点;如果 $T < 0$,两个实根小于零,扰动将随时间增加而减小,最终趋于零,解趋于平衡点,奇点为稳定的结点;(b) $\Delta < 0, T^2 - 4\Delta > 0$,此时为鞍点,鞍点永远是不稳定的;(c) $T \neq 0, T^2 - 4\Delta < 0$,此时解的行为是振荡的,即做不等振幅的周期运动,我们把该定态称为焦点。如果 $T > 0$,解远离平衡点(振幅不断增加),奇点为不稳定的焦点;如果 $T < 0$,解振荡趋近于平衡点(振幅不断衰减),奇点为稳定的焦点;(d) $T = 0, \Delta > 0, T^2 - 4\Delta < 0$,此时特征值为纯虚数,解为周期振荡,奇点为中心点,是临界稳定的。

具体针对副高位势场的非线性动力模型的部分来讨论,该平衡态系统的平衡点分布和变化可以大致反映如副热带高压等准定常系统随热力强迫的演变,采用数值求解的方法可以求出上述平衡方程组的平衡点随参数的演变情况。

此时求解可以看出其有两组平衡态,分别是$(0,0,0)$和$(13191.44,-150.974,-1629.296)$。

对两组平衡态进行讨论,如下:

当$T=\alpha_{22}+\alpha_{33}$,$\Delta=\alpha_{22}\alpha_{33}-\alpha_{23}\alpha_{32}$,取$(0,0,0)$平衡态时,$\Delta=0.075594>0$,且$T^2-4\Delta=0.017516>0$,为结点,且$T=-0.56599<0$,所以为稳定结点。其 EOF 时间-空间重构后的形式如图 6.7 所示。

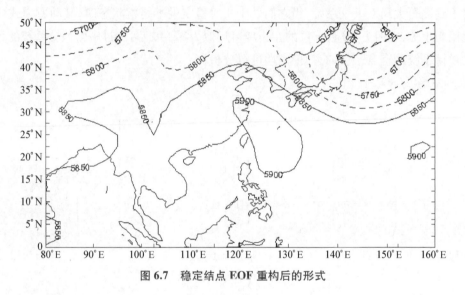

图 6.7　稳定结点 EOF 重构后的形式

当取$(13191.44,-150.974,-1629.296)$平衡态时,$\Delta=-0.043853<0$,是鞍点,为不稳定的结点。其 EOF 时间-空间重构后的形式如图 6.8 所示。

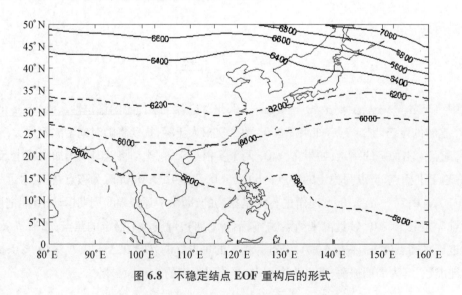

图 6.8　不稳定结点 EOF 重构后的形式

6.6　副高突变及"双脊线"现象的机理分析与数值实验

将方程组(6.2)式的时间变化项(左边项)取为零,即得到描述副高南北(脊线)和东西(西脊点)进退活动的动力学平衡态方程组,采用数值求解的方法,改变方程组某一参数值,讨论上述平衡态方程组平衡态的分布和变化,可以大致反映副高准定常系统随外参数的演变情况。当外参数改变引起平衡态稳定性改变,使平衡态数目、类型改变时,则称系统发生了分岔;当外参数的变化引起了一个稳定平衡态向另一个稳定平衡态跳跃的现象时,则称系统发生了突变。

我们通过 EOF 时间–空间重构,可以得到突变前和突变后重构的副高位势场,比较此位势场,就可以分析外参数所引起的平衡态稳定性改变与副高位势场异常变化之间的关系。

用前面得到的描述副高位势场的非线性动力模型方程组(6.2),讨论不同的参数对副高脊线平衡态的影响,由于方程组中的参数比较多,这里只选取几个比较有代表性的参数 a_{12},b_{12},b_{13},c_{13} 进行讨论。

(1) 外参数 a_{12} 所引起的平衡态稳定性改变和副高位势场异常变化

根据前面对平衡态稳定性的判断,计算并绘制副高脊线平衡态随外参数 a_{12} 的演变图(图 6.9),其中实线表示稳定平衡态,虚线为不稳定平衡态。

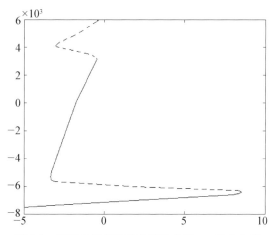

图 6.9　副高位势场平衡态随外参数 a_{12} 的分布图

图 6.9 反映了模型参数 a_{12} 对副高脊线平衡态的影响,副高脊线平衡态随 a_{12} 增加到约 0 时出现突变,当 a_{12}<0 时,一共有 5 个平衡态,通过计算判断,此时有 2 个平衡态是稳定的;当 a_{12}>0 时,一共有 2 个平衡态,其中只有 1 个是稳定的。从这个平衡态的突变图上可以清楚地看出由冬到夏的二次突变,代表了副高中心的季节性北跳和突变。我们通过 EOF 时间–空间重构,得到突变前和突变后重构的副高位势场,分别如图 6.10(a)、(b)和 6.10(c)所示。

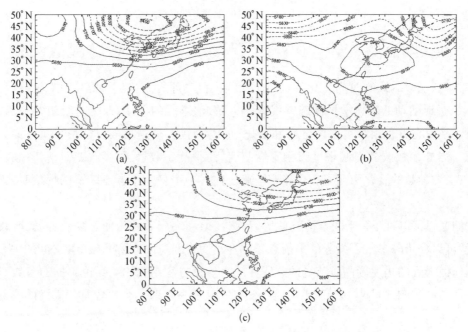

图 6.10　突变前(a),(b)和突变后(c)的重构的副高位势场

把突变前的两幅图中的副高中心叠加起来,如图 6.11 所示。

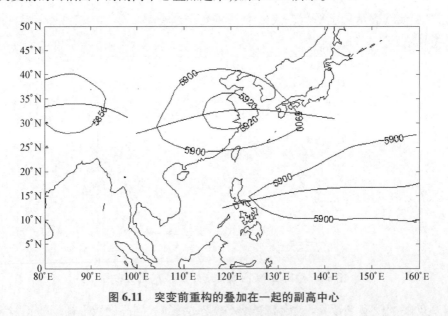

图 6.11　突变前重构的叠加在一起的副高中心

比较突变前的副高中心图 6.11 和突变后的位势场图 6.10(c),可以看出,突变前因为有了两个稳定的平衡态,对应的重构位势场上的副高中心有两个,这就是很明显的双脊线的情况。而突变后,只有一个稳定的平衡态,对应的重构位势场上的副高中心只有一个,是普遍的情况。从重构图中可以看出,西太平洋出现双脊线特征后,新生南侧脊线位于 10°N 附近,而北侧脊线位置偏北,位于 25°N 以北,随着时间推移,继而北侧脊线减弱消失,南侧脊线发

展维持,副高脊线在南侧"重建"完成,长江流域就可能出现了"二度梅"。

（2）外参数 b_{12} 所引起的平衡态稳定性改变和副高位势场异常变化

根据前面对平衡态稳定性的判断,计算并绘制副高脊线平衡态随外参数 b_{12} 的演变图

（图 6.12）,其中实线表示稳定平衡态,虚线为不稳定平衡态。

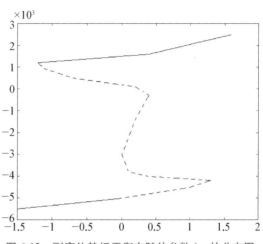

图 6.12 反映了模型参数 b_{12} 对副高脊线平衡态的影响,副高脊线平衡态随 b_{12} 增加到约-0.1时出现突变,当 $b_{12}<-0.1$ 时,一共有三个平衡态,其中实线是稳定的,虚线是不稳定的,可知此时有 2 个稳定的平衡态;而 $-0.1<b_{12}<0.4$ 时,虽然有五个平衡态,但是只有一个是稳定的,其他都不稳定;而 $b_{12}>0.4$ 时,有三个平衡态,也只有一个是稳定的,其他都不稳定。这个突变很明显,对应的是副高不在长江流域停滞而直接跳到黄河流域的空梅情况,是副高的一次强北跳。

图 6.12 副高位势场平衡态随外参数 b_{12} 的分布图

通过 EOF 时间-空间重构,我们得到突变前和突变后重构的副高位势场,分别如图 6.13(a),(b) 和 6.13(c) 所示。

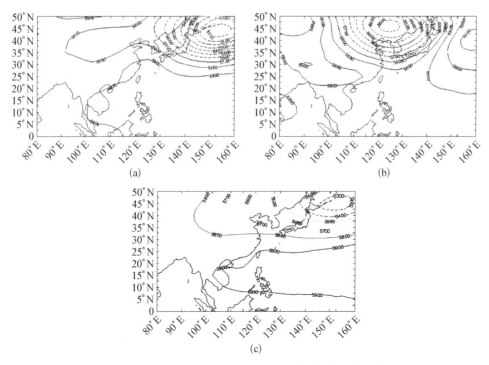

(a)

(b)

(c)

图 6.13 突变前(a),(b)和突变后(c)的重构的副高位势场

把突变前的两幅图中的副高中心叠加起来,如图 6.14 所示。

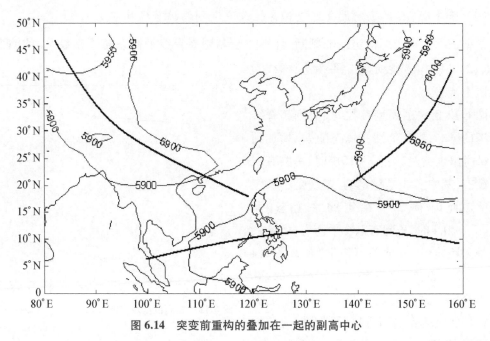

图 6.14　突变前重构的叠加在一起的副高中心

比较突变前的副高中心图 6.14 和突变后的位势场图 6.13(c),可以看出,突变前因为有了两个稳定的平衡态,对应的重构位势场上的副高中心有两个,这就是很明显的双脊线的情况。而突变后,只有一个稳定的平衡态,对应的重构位势场上的副高中心只有一个,是普遍的情况。与(1)的情况比较类似,这里不详细描述。

(3) 外参数 b_{13} 所引起的平衡态稳定性改变和副高位势场异常变化

根据前面对平衡态稳定性的判断,计算并绘制副高脊线平衡态随外参数 b_{13} 的演变图(图 6.15),其中实线表示稳定平衡态,虚线为不稳定平衡态。

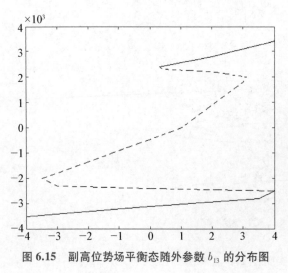

图 6.15 反映了模型参数 b_{13} 对副高脊线平衡态的影响,副高脊线平衡态随 b_{13} 增加到约 0.1 时出现突变,当 $b_{13}<0.1$ 时,一共有三个平衡态,其中实线是稳定的,虚线是不稳定的,可见此时有 1 个稳定的平衡态;而 $0.1<b_{13}<0.4$ 时,此时有五个平衡态,有 2 个是稳定的,其他都不稳定。这个突变很明显,对应的也是副高的一次强北跳。

通过 EOF 时间-空间重构,我们得到突变前和突变后的重构的副高位势场,分别如图 6.16(a),(b) 和 6.16(c) 所示。

图 6.15　副高位势场平衡态随外参数 b_{13} 的分布图

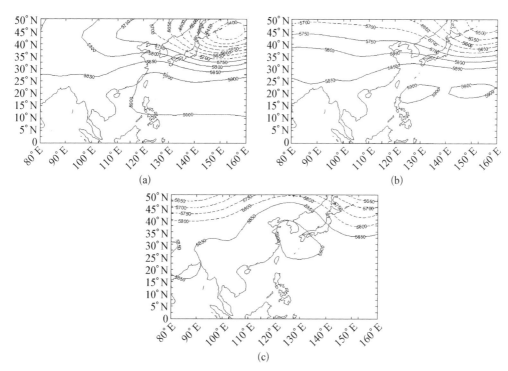

图 6.16　突变前(a)和突变后(b),(c)的重构的副高位势场

把突变后的两幅图中的副高中心叠加起来,如图 6.17 所示。

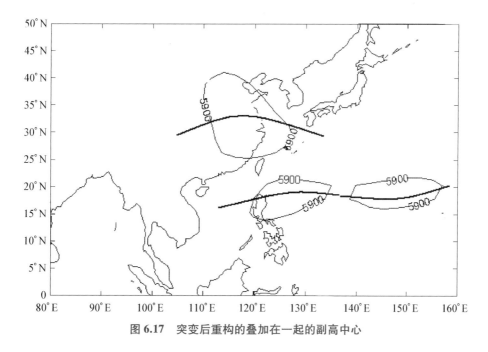

图 6.17　突变后重构的叠加在一起的副高中心

比较突变前的位势场图 6.16(a)和突变后的副高中心图 6.17,可以看出,突变前,只有一个稳定的平衡态,对应的重构位势场上的副高中心只有一个,是普遍的情况。而突变后因为

有了两个稳定的平衡态,对应的重构位势场上的副高中心有两个,这就是很明显的双脊线的情况。这种重构位势场对应的是"一度梅"结束,"二度梅"形成之前的梅雨间歇期,西太副高为单脊线结构,且逐渐加强北抬,之后由于南侧赤道缓冲带的北上并与副高打通合并,副高南侧又出现一个新的高压脊线,即西太副高出现了双脊线特征。联系前面(1)和(2)的情况,这种始终贯穿于副高脊线"重建"过程中的双脊线现象就为副高脊线的不连续南撤提供了重要的前期特征,从而也大大有助于江淮流域的洪涝预报。

(4) 外参数 c_{13} 所引起的平衡态稳定性改变和副高位势场异常变化

根据前面对平衡态稳定性的判断,计算并绘制副高脊线平衡态随外参数 c_{13} 的演变图(图 6.18),其中实线表示稳定平衡态,虚线为不稳定平衡态。

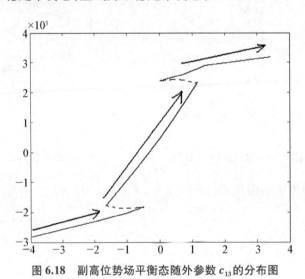

图 6.18　副高位势场平衡态随外参数 c_{13} 的分布图

图 6.18 反映了模型参数 c_{13} 对副高脊线平衡态的影响,副高脊线平衡态随 c_{13} 增加到约 -1.8 时出现突变,当 $c_{13} < -1.8$ 时,只有 1 个平衡态,且是稳定的;当 $-1.8 < c_{13} < -0.4$ 时,有 3 个平衡态,其中有 2 个是稳定的,当 $-0.4 < c_{13} < 0.2$ 时,此时又只有 1 个稳定的平衡态;当 $0.2 < c_{13} < 1.3$ 时,此时有 3 个平衡态,其中有 2 个稳定的;而当 $c_{13} > 1.3$ 时,只有 1 个稳定的平衡态。此时从图上可以看出这是一个弱的突变,表明了副高的一次弱北跳,或者是入梅时副高没有北跳,而是渐进过程。

通过 EOF 时间-空间重构,我们得到突变前和突变后的重构的副高位势场,分别如图 6.19(a),(b)和 6.19(c)所示。

比较突变前的位势场图 6.19(a),(b)和突变后的位势场图 6.19(c),可以看出,突变前,因为有了两个稳定的平衡态,其副高中心所在的位置是 10°N 到 15°N 之间,而突变以后,只有一个稳定的平衡态,对应的重构位势场上的副高中心只有一个,而副高中心则在 30°N 左右,这说明并没有发生双脊线,只是发生了副高中心的较弱的北跳而已。

综上分析,在副高指数非线性动力模型中,受外参数强迫或内在物理因子的影响,副高

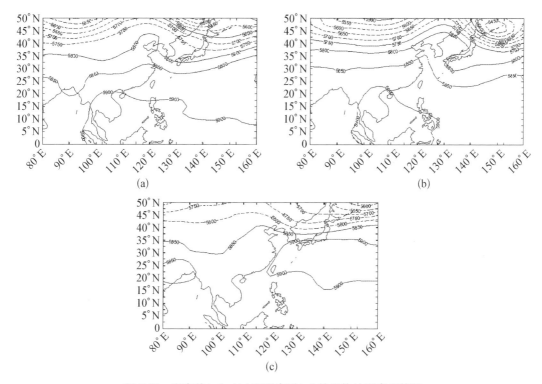

图 6.19　突变前(a),(b)和突变后(c)的重构的副高位势场

系统平衡态的数目和稳定性会发生改变。结合 1998 年副高活动异常,发现副高平衡态的转换、失稳和跃迁与副高的三次北上、两次西伸及一次异常的南落和东退过程相对应;动力模型的分岔和突变可较为贴切并合理地描述副高的"双脊线"现象,以及"双脊线"从南北并存到合并归一的天气事实。

6.7　本章总结

针对东亚夏季风环流演变与副热带高压活动复杂,动力模型难以准确建立的困难,提出用遗传算法从 1998 年实际观测资料中反演重构副高指数与夏季风环流因子动力模型的方法,客观、合理地反演重构了副高形态指数与东亚夏季风环流因子的非线性动力模型,通过动力系统的平衡态与稳定性分析,同时对外参数导致的分岔、突变等动力行为进行讨论,将其应用于实际的副高形态分析和天气特征刻画。

分析结果表明,遗传算法全局搜索和并行计算优势可客观准确和方便快捷地反演重构副高非线性动力模型。

对 1998 年副高异常活动年份的模型反演和机理分析表明:副高模型的平衡态结构与平衡态稳定性变化以及平衡态分岔突变等动力学行为,与该年夏季副高的中短期活动和异常变化有较为贴切的对应关系,尤其是副高系统由低值稳定平衡态向高值稳定平衡态跃升的突变行为,正好与该年盛夏季节副高的"异常北跳"过程相吻合。

副高系统由单/双稳定平衡态向双/单稳定平衡态的过渡/跳跃等分岔行为,可以较好地解释并阐述该年副高"双脊线"生成、维持和消失的天气事实以及基本过程。

参考文献

[1] 中央气象台长期预报组.长期天气预报技术经验总结(附录)[M].北京:中央气象台,1976:5 - 6.

[2] 任荣彩,吴国雄.1998 年夏季副热带高压的短期结构特征及形成机制[J].气象学报,2003,61(2):180 -195.

[3] 占瑞芬,李建平,何金海.西太平洋副热带高压双脊线及其对 1998 年夏季长江流域"二度梅"的影响[J].气象学报,2004,62(3):294 - 307.

[4] YANG H, SUN S Q. The characteristics of longitudinal movement of subtropical high in the western Pacific in the prerainy season in south China[J]. Advances in Atmospheric Sciences, 2005, 22(3): 392 - 400.

[5] 陶诗言,张庆云,张顺利.夏季北太平洋副热带高压系统的活动[J].气象学报,2001,59(6):747 - 758.

[6] 高普云.非线性动力学:分叉、混沌与孤立子[M].长沙:国防科技大学出版社,2005,5.

[7] 陶诗言,倪允琪,赵思雄等.1998 年夏季中国暴雨的形成机理与预报研究[M].北京:气象出版社,2001.19 - 31.

[8] 黄荣辉,徐予红,王鹏飞,等.1998 年夏长江流域特大洪涝特征及其成因探讨[J].气候与环境研究.1998,3(4):300 - 313.

[9] 孙淑清,马淑杰.西太平洋副热带高压异常及其与 1998 年长江流域洪涝过程关系的研究[J].气象学报,2001,59(6):719 - 729.

[10] 陈烈庭.青藏高原异常雪盖和 ENSO 在 1998 年长江流域洪涝中的作用[J].大气科学,2001,25(2):184 -192.

第七章　副高动力学改进模型及其分岔与突变机制

7.1　引　　言

西太平洋副热带高压(简称副高)是影响夏季东亚天气气候的主要系统,它的强弱变化和进退活动与该地区夏季降水和天气炎凉关系十分密切,历史上东亚地区出现的洪涝灾害和高温干旱在很大程度上与副热带高压活动的异常密不可分。柳崇键等[1]用月尖突变模式探讨了不同类型的太阳辐射加热与副高突变的对应关系,提出了副高北跳的一种可能机制;董步文等[2]用一个简单的非线性强迫耗散正压高截谱模式模拟了西太平洋副高的季节性北跳,指出在适定的纬向海陆热力差异和不同情况的经向热力强迫作用下,可以分别形成副高的一次北跳和两次北跳。张韧等[3]用高截谱方法研究论证了太阳季节性加热是副高的缓变因子,纬向海陆热力差异则是副高的突变因子。上述研究表明,副高的季节性转换,特别是副高的突变与异常进退是一个物理机制极为复杂的过程。然而,上述研究中所采用的Galerkin高阶谱方法对基函数的选择大多极为简单和理想(如选取经、纬向2—3波来表示实际的位势场和热力场空间分布),所取空间基函数与实际大气的副热带高压位势场结构相差甚远,制约了对副高动力学性质进行更为细致、深入的分析研究。因此,为了对副高活动,特别是副高异常活动的动力学行为作进一步的深入研究,必须改进和完善空间基函数的选择,使其更逼近实际、更具针对性。如何客观、合理、有效地将实际的要素场空间结构信息融入动力模型空间基函数之中,进而获取逼近实际的副高非线性动力系统,针对该问题,本文提出用经验正交函数分解(EOF)和遗传算法从实际位势场时间序列中反演大气涡度偏微方程空间基函数,进而获取副高动力模型的研究思想,并在此基础之上,分析讨论不同类型的热力强迫作用对副热带高压活动形态和副高异常突变的影响制约以及动力机理。

7.2　研究资料

为了描述副热带高压夏季活动的基本特征和对热力强迫的动力学响应,选用美国国家环境预报中心(NCEP)和国家大气研究中心(NCAR)提供的1997—2006年夏季(5月1日—8月31日)逐日的500 hPa位势场时间序列(空间范围:$0° \sim 90°$N;$90°$E$\sim 180°$E)。

感热场选取的是美国国家环境预报中心(NCEP)和国家大气研究中心(NCAR)提供的1997—2006年夏季(5月1日—8月31日)的月平均感热场(空间范围:$0° \sim 90°$N;$90°$E$\sim 180°$E)。

7.3　基于 EOF 与 GA 的空间基函数优选

7.3.1　正压偏微涡度方程

描述副热带高压等大气大尺度的基本运动,可采用强迫耗散的非线性正压涡度方程:

$$\frac{\partial}{\partial t}(\nabla^2\psi + J(\psi, \nabla)^2\psi) + \beta\frac{\partial\psi}{\partial x} = -Q + k\nabla^4\psi \tag{7.1}$$

其中 ψ 为流函数,由于大气的大尺度运动较为严格地遵守"地转"原则,故大气位势场和风场满足如下关系[4]: $\phi = f\cdot\psi; u = -\frac{\partial\psi}{\partial y}, v = \frac{\partial\psi}{\partial x}, \phi, u, v$ 分别为大气的位势和纬向、经向风, k 为涡动扩散系数, $f = 2\cdot\Omega\cdot\sin(\varphi)$ 为地转参数, φ 为纬度。

因此,上述涡度方程可用来描述大尺度的副热带高压位势场结构及变异以及对应的大气流场分布和变化。

$$\frac{\partial}{\partial t}(\nabla^2\psi) + J(\psi, \nabla^2\psi) + \bar{\beta}\frac{\partial\psi}{\partial x} = -\bar{Q}Q + \bar{k}\nabla^4\psi \tag{7.2}$$

对上述涡度方程进行无量纲化处理[4],得到关于无量纲的涡度方程。

式中 $\bar{\beta} = \frac{\beta_0 L_0}{f_0}, \bar{Q} = \frac{Q_0}{f_0^2}, \bar{k} = \frac{k}{L_0^2 f_0}, f_0, \beta_0, L_0, Q_0$ 分别为地转参数、地转参数经向梯度、水平尺度以及热力强迫参数的特征值。

边界条件:以 $y = \frac{\pi}{2}$ 和 $y = \pi$ 为固壁条件,即 $v = \frac{\partial\psi}{\partial x}\Big|_{y=\frac{\pi}{2}, y=\pi} = 0$;

x 方向以 $\frac{\pi}{2}$ 为周期取周期变化,取太平洋副高研究区域为 $D = \left\{x: 0 \leqslant x \leqslant \frac{\pi}{2}, y: \frac{\pi}{2} \leqslant y \leqslant \pi\right\}$。

用 Galerkin 方法对上述偏微涡度方程进行时-空分离以获取描述副高变化的常微动力系统模型:

将 ψ 和 Q 分别展开为

$$\begin{cases} \psi(x,y,t) = \psi_1(t)f_1(x,y) + \psi_2(t)f_2(x,y) + \psi_3(t)f_3(x,y) \\ Q = Q_1 f_1(x,y) + Q_2 f_2(x,y) + Q_3 f_3(x,y) \end{cases} \tag{7.3}$$

式中 f_1, f_2, f_3 分别为满足完备正交的空间基函数。

在以往大气动力学研究中,对上述基函数的选取多采用极为简单的经、纬向 2—3 波的三角函数来模拟实际的大气环流和位势场结构,其空间基函数与实际天气系统结构相差较大,建立的天气模型难以客观、准确地描述天气系统的结构特性和变异活动[1-6]。为此,本文提出从实际观测资料中反演空间基函数的研究思想,对 10 年平均的副高位势场观测资料序列进行经验正交函数(EOF)分解,从中提取出副高空间结构的主要模态,以此作为副高动力系统空间基函数客观优选的拟合反演目标,随后以误差最小二乘和完备正交性构造双约束泛函,采用遗传算法对空间基函数系数进行全局寻优,以获取能够准确逼近实际天气的空间基函数和客观合理的副高非线性常微动力模型。

7.3.2　经验正交函数分解

经验正交函数(Empirical Orthogonal Function, EOF)是地球科学中广泛应用的场分析方法[7]。它对实际数据场序列作时-空正交分解,将时空要素场转化为若干空间的基本模态和相应时间系数序列的线性组合,进而得以客观定量地分析要素场的空间结构和时变特征。

设某一要素场有 n 个测点,进行了 m 次观测($m>n$),为消除季节变化的影响,一般需把要素场转化成距平场进行分析。将 n 个测点 m 次距平观测值排列成矩阵 $\boldsymbol{X}$,其中

$$\boldsymbol{X} = \begin{bmatrix} x_{11} & x_{12} & \cdots & x_{1j} & \cdots & x_{1n} \\ x_{21} & x_{22} & \cdots & x_{2j} & \cdots & x_{2n} \\ \cdots & \cdots & \cdots & \cdots & & \cdots \\ x_{i1} & x_{i2} & \cdots & x_{ij} & \cdots & x_{in} \\ \cdots & \cdots & \cdots & \cdots & & \cdots \\ x_{m1} & x_{m2} & \cdots & x_{mj} & \cdots & x_{mn} \end{bmatrix} \tag{7.4}$$

按经验正交函数展开,即把时空要素场序列分解成彼此正交的时间函数和空间函数的乘积之和。

$$\hat{x}_{ij} = \sum_{n=1}^{N} t_{ni} l_{nj}, i = 1, 2, \cdots, m; j = 1, 2, \ldots, n \tag{7.5}$$

式中 l_{nj} 表示序号为 n 的空间典型场在第 j 个点的值,它只依赖于空间点变化,不随时间变化,称为空间函数;t_{ni} 表示序号为 n 的空间典型场在第 i 个时刻的权重系数,只随时间变化,称为时间函数(或时间权重系数)。上述资料阵可写成

$$\boldsymbol{X}_{m \times n} = \boldsymbol{T}_{m \times m} \boldsymbol{L}_{m \times n} \tag{7.6}$$

其中

$$\boldsymbol{T}_{m \times m} = \begin{pmatrix} t_{11} & \cdots & t_{1m} \\ t_{m1} & \cdots & t_{mm} \end{pmatrix}, \qquad \boldsymbol{L}_{m \times n} = \begin{pmatrix} l_{11} & \cdots & l_{1n} \\ l_{m1} & \cdots & l_{mn} \end{pmatrix}。$$

通常把空间函数 l_{nj} 视为典型场,时间函数 t_{ni} 视为典型场的权重系数。因此观测要素场时间序列可转化为空间典型场与时间权重系数的线性叠加,各场之间的差别主要表现在时

间权重系数的不同。

　　基于 EOF 分解思想和算法途径,我们首先用 EOF 分解方法对上述位势场资料序列进行时-空分解。各分解模态的方差贡献统计结果如表 7.1 所示,其中前三个空间典型场累积方差贡献达 92.946%,基本上可以表现该位势场主要的空间结构特征,第三个之后的空间典型场所占总方差贡献低于 8%,主要是对前三个空间场结构的细节上的补充。因此,上述位势场分解的前三个空间典型场结构能较好地表现副高等大尺度天气系统的基本特征。为此,我们将其作为构造副高动力模型的空间基函数目标,通过构建误差最小二乘和完备正交约束泛函,用遗传算法和曲面拟合方法从 EOF 分解的前三个典型空间场中提取和反演逼近实际天气的空间基函数。

表 7.1　前 10 个 EOF 分解模的方差和累积方差贡献

EOF 特征模	1	2	3	4	5	6	7	8	9	10
方差贡献(%)	0.7432	0.1108	0.07546	0.02343	0.01659	0.00636	0.002669	0.002153	0.001811	0.001559
累计方差(%)	0.7432	0.854	0.92946	0.95289	0.96948	0.97584	0.978509	0.980662	0.982473	0.984032

7.3.3　空间基函数的遗传优化拟合

　　以 EOF 分解的前 3 个空间典型场 F_i 为目标,选择如下三角函数组合作为广义的空间基函数:

$$\begin{cases} f_1 = a_1 \sin a_2 x \sin a_3 y + a_4 \cos a_5 x \sin a_6 y + a_7 \sin a_8 y + a_9 \cos a_{10} y \\ f_2 = b_1 \sin b_2 x \sin b_3 y + b_4 \cos b_5 x \sin b_6 y + b_7 \sin b_8 y + b_9 \cos b_{10} y \\ f_3 = c_1 \sin c_2 x \sin c_3 y + c_4 \cos c_5 x \sin c_6 y + c_7 \sin c_8 y + c_9 \cos c_{10} y \end{cases} \quad (7.7)$$

　　以上广义基函数的反演可归结为在满足误差极小和完备正交两个约束条件下的三角函数系数 $[a_1, a_2, \cdots a_8; b_1, b_2, \cdots b_8; c_1, c_2, \cdots c_8]$ 的优化。为此,构造如下约束泛函:

　　(1) 基函数计算值 f_i 与对应 EOF 典型场 F_i 的误差最小二乘累积 $S = \sum_{i=1}^{3} (F_i - f_i)^2$ 最小;

　　(2) 基函数之间必须满足完备正交性 $\iint_D f_i \cdot f_i = 1, \iint_D f_i \cdot f_j = 0, i \neq j$,其中 D 为模型积分区间, $i, j = 1, 2, 3$。

　　为避免常规参数优化方法(如爬山法、最速梯度下降法)易陷入局部最优以及对初始解的敏感性和依赖性等问题,本章采用遗传算法进行基函数的参数优化。遗传算法是近年得到广泛应用的一种全局优化算法,其特点在于全局搜索和并行计算,具有很好的参数优化能力和误差收敛速度[8]。

　　以上述误差最小二乘和完备正交性作为约束条件,采用遗传算法在参数空间中进行最优参数搜索。设参数种群为 P，取误差最小二乘 $S = \sum_{i=1}^{3}(F_i - f_i)^2$ 为适应度函数，同时满足完备正交性条件 $\iint_D f_i \cdot f_i = 1, \iint_D f_i \cdot f_j = 0$，否则跳出进化过程继续选择。遗传参数优化的具体操作步骤如下：

采用标准遗传算法的编码、种群生成和交叉、变异等进化策略，取终止条件为最优目标函数值 $L \leqslant \varepsilon(\varepsilon = 0.2\%)$，具体计算方案和算法流程可参考遗传算法的相关文献，本章不再赘述。通过遗传操作和计算迭代，反演得到满足误差最小二乘极小和完备正交条件的空间基函数：

$$\begin{cases} f_1 = 1.4997\sin x\sin 4y - 1.4967\cos x\sin 4y \\ f_2 = 0.1608\sin 3x\sin 4y - 0.1616\cos 3x\sin 4y + 0.8659\sin 5y - 0.2055\cos 5y \\ f_3 = 0.6967\sin 2x\sin 2y + 0.5398\cos 2x\sin 2y + 0.08228\sin 2\sqrt{2}y + 0.2076\cos 2\sqrt{2}y \end{cases}$$

$$(7.8)$$

图 7.1 至图 7.3 分别是 EOF 分解的前三个空间典型场与反演所得的完备正交的空间基函数对比情况。图中可见，反演结果与实际位势场的空间结构特征非常接近，基本反映了副高位势场的空间分布和背景特性。其中 EOF 第 1 空间场与反演所得第 1 个空间基函数场的相关系数达到 0.9254，EOF 第 2 空间场与反演所得第 2 个空间基函数的相关系数达到 0.9041，EOF 第 3 空间典型场与反演所得第 3 个空间基函数的相关系数达到 0.8963。

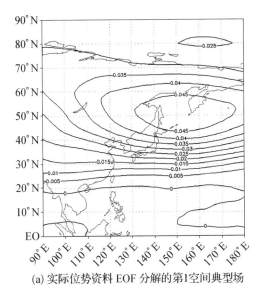
(a) 实际位势资料 EOF 分解的第1空间典型场

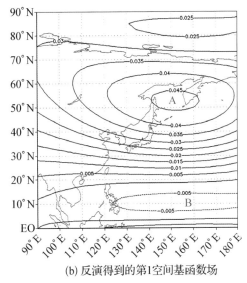
(b) 反演得到的第1空间基函数场

图 7.1　实际位势场的 EOF 空间典型场与反演得到的空间基函数比较(相关系数 0.9254)

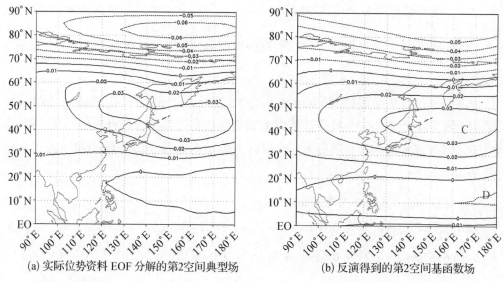

(a) 实际位势资料 EOF 分解的第2空间典型场　　　　　(b) 反演得到的第2空间基函数场

图 7.2　实际位势场的 EOF 空间典型场与反演得到的空间基函数比较(相关系数 **0.9041**)

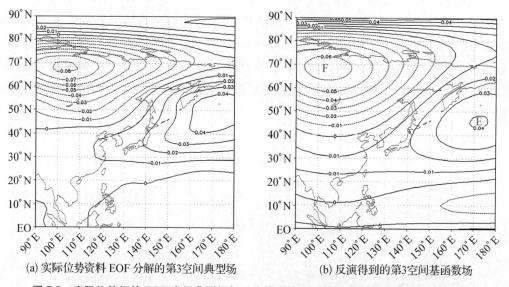

(a) 实际位势资料 EOF 分解的第3空间典型场　　　　　(b) 反演得到的第3空间基函数场

图 7.3　实际位势场的 EOF 空间典型场与反演得到的空间基函数比较(相关系数 **0.8963**)

7.4　偏微涡度方程的时空分解与常微转化

　　将以上从实际资料中反演得到的空间基函数代入流函数 ψ 和热力强迫项 Q 的谱展开式中,并将 ψ 和 Q 带入无量纲的偏微涡度方程进行 Galerkin 分解变换,对涡度方程分别乘以 f_1, f_2, f_3 之后沿研究区域 $\left[\ x \in \left(0,\dfrac{\pi}{2}\right);y \in \left(\dfrac{\pi}{2},\pi\right)\ \right]$ 积分,可将偏微涡度方程转化为如下的常微方程组：

$$
\begin{cases}
\begin{aligned}
\frac{\mathrm{d}\psi_1(t)}{\mathrm{d}t} =\ & 1.145 \times 10^{-3}\psi_1\psi_2 + 1.484 \times 10^{-3}\psi_1\psi_3 + 2.1335\psi_2\psi_3 + 2.07 \times \\
& 10^{-4}\bar{\beta}\psi_1 - 3.347 \times 10^{-2}\bar{\beta}\psi_2 + 0.0588\bar{Q}Q_1 - 17\bar{k}\psi_1 \\
\frac{\mathrm{d}\psi_2(t)}{\mathrm{d}t} =\ & 0.05788\psi_1\psi_2 - 1.2357\psi_1\psi_3 - 0.08399\psi_2\psi_3 - 0.04058\bar{\beta}\psi_1 - \\
& 2.026 \times 10^{-5}\bar{\beta}\psi_2 - 0.006480\bar{\beta}\psi_3 + 0.04\bar{Q}Q_2 - 25\bar{k}\psi_2 \\
\frac{\mathrm{d}\psi_3(t)}{\mathrm{d}t} =\ & -0.8733\psi_1\psi_2 + 0.1232\psi_1\psi_3 - 1.7298\psi_2\psi_3 - 0.09629\bar{\beta}\psi_1 - \\
& 2.635 \times 10^{-5}\bar{\beta}\psi_2 + 0.01919\bar{\beta}\psi_3 + 0.125\bar{Q}Q_3 - 8\bar{k}\psi_3
\end{aligned}
\end{cases}
\tag{7.9}
$$

基于上述副高流场(位势场)演变的常微动力学模型,即可针对不同热力强迫下副高动力行为和变异特性进行分析讨论。

由于热力强迫项被分解为空间基函数的线性组合 $Q = Q_1 f_1(x, y) + Q_2 f_2(x, y) + Q_3 f_3(x, y)$,因此从反演所得空间基函数的分布来看,$Q_1 > 0$ 时,表示夏季中、高纬东北亚地区有负热力效应,赤道低纬地区有正的热力强迫效应,存在由南向北的经向热力梯度;$Q_1 < 0$ 时,热力分布情况和经向的热力梯度反之(图7.1(a),(b))。$Q_2 > 0$ 时,表示夏季中纬东亚和西太平洋地区有加热强迫效应,低纬西太平洋地区有负的热力效应,存在较弱的由北向南经向热力梯度;$Q_2 < 0$ 时,热力分布情况和经向的热力梯度反之(图7.2(a),(b))。$Q_3 > 0$ 时,表示中纬东北亚海域存在热力强迫作用,西侧中高纬东亚大陆地区存在负热力效应,存在较强的由东向西的纬向热力梯度;$Q_3 < 0$ 时,热力分布情况和经向的热力梯度反之(图7.3(a),(b))。

综上分析,Q_1 大体反映了随季节变化而呈现出的太阳辐射加热的经向分布差异;Q_2 则表现了东亚沿岸和西太平洋地区海温感热或降水潜热的分布构型和经向差异;Q_3 基本反映了纬向海陆热力差异和纬向的热力梯度效应。

7.5 副高动力学模型的平衡态稳定性分析

7.5.1 平衡态方程组

对于副高等大尺度天气系统,当它们处于相对稳定的准定常状态时,其动力模式中的时间变化项为小值,这时方程组(7.3)至(7.5)式的左边项可视为零,由此可得到描述副高形态和活动处于准定常情况下的平衡态方程组:

$$\begin{cases} 1.145 \times 10^{-3}\psi_1\psi_2 + 1.484 \times 10^{-3}\psi_1\psi_3 + 2.1335\psi_2\psi_3 + 2.07 \times 10^{-4}\bar{\beta}\psi_1 - \\ \quad 3.347 \times 10^{-2}\bar{\beta}\psi_2 + 0.0588\,\bar{Q}Q_1 - 17\bar{k}\psi_1 = 0 \\ 0.05788\psi_1\psi_2 - 1.2357\psi_1\psi_3 - 0.08399\psi_2\psi_3 - 0.04058\bar{\beta}\psi_1 - 2.026 \times \\ \quad 10^{-5}\bar{\beta}\psi_2 - 0.006480\bar{\beta}\psi_3 + 0.04\,\bar{Q}Q_2 - 25\bar{k}\psi_2 = 0 \\ -0.8733\psi_1\psi_2 + 0.1232\psi_1\psi_3 - 1.7298\psi_2\psi_3 - 0.09629\bar{\beta}\psi_1 - 2.635 \times \\ \quad 10^{-5}\bar{\beta}\psi_2 + 0.01919\bar{\beta}\psi_3 + 0.125\,\bar{Q}Q_3 - 8\bar{k}\psi_3 = 0 \end{cases} \quad (7.10)$$

7.5.2 平衡态稳定性判别

求出平衡态解后,还需对解的稳定性进行判别,对一般的动力系统平衡解,可以通过平衡点附近线性化系统来得到。

$$\frac{\mathrm{d}x}{\mathrm{d}t} = f(x) \quad (7.11)$$

设该系统具有平衡位置 x^*,即满足 $f(x^*) = 0$。 为检验其附近轨道的稳定性,设

$$x(t) = x^* + \xi(t) \quad (7.12)$$

并设 $|x(t) - x^*| = \xi(t)$ 为小量,代入(7.12),将右端展开,得

$$f(x^* + \xi) = f(x^*) + DF(x^*)\xi + O(\xi^2) \quad (7.13)$$

由于 x^* 为平衡解,故 $f(x^*) = 0$, 于是,忽略高阶项,有 $\dfrac{\mathrm{d}\xi}{\mathrm{d}t} = DF(x^*)\zeta$,

其中

$$DF(x) = \begin{bmatrix} \dfrac{\partial f_1}{\partial x_1} & \dfrac{\partial f_1}{\partial x_2} & \cdots & \dfrac{\partial f_1}{\partial x_3} \\ \dfrac{\partial f_2}{\partial x_1} & \dfrac{\partial f_2}{\partial x_2} & \cdots & \dfrac{\partial f_2}{\partial x_3} \\ \dfrac{\partial f_3}{\partial x_1} & \dfrac{\partial f_3}{\partial x_2} & \cdots & \dfrac{\partial f_3}{\partial x_3} \end{bmatrix} \quad (7.14)$$

该系统为线性系统,其不动点解 $\xi = 0$ 的演化多数情况下决定了(7.12)式在不动点解 x^* 的稳定性。

通解 $$\xi(t) = \sum_{k=1}^{N} A_K \vec{e} \exp(S_K t) \quad (7.15)$$

其中初值 $\xi(0) = \sum_{k=1}^{N} A_K \vec{e}$, S_K 为 $DF(x^*)$ 的 N 个特征根,具体来说该系统的特征方程

如下

$$\begin{bmatrix} \alpha_{11} - \lambda & \alpha_{12} & \alpha_{13} \\ \alpha_{21} & \alpha_{22} - \lambda & \alpha_{23} \\ \alpha_{31} & \alpha_{32} & \alpha_{33} - \lambda \end{bmatrix} = 0 \tag{7.16}$$

其中

$$\alpha_{11} = \left(\frac{\partial f_1}{\partial \psi_1}\right)_{\psi_{10},\psi_{20},\psi_{30}}, \quad \alpha_{12} = \left(\frac{\partial f_1}{\partial \psi_2}\right)_{\psi_{10},\psi_{20},\psi_{30}}, \quad \alpha_{13} = \left(\frac{\partial f_1}{\partial \psi_3}\right)_{\psi_{10},\psi_{20},\psi_{30}}$$

$$\alpha_{21} = \left(\frac{\partial f_2}{\partial \psi_1}\right)_{\psi_{10},\psi_{20},\psi_{30}}, \quad \alpha_{22} = \left(\frac{\partial f_2}{\partial \psi_2}\right)_{\psi_{10},\psi_{20},\psi_{30}}, \quad \alpha_{23} = \left(\frac{\partial f_2}{\partial \psi_3}\right)_{\psi_{10},\psi_{20},\psi_{30}}$$

$$\alpha_{31} = \left(\frac{\partial f_3}{\partial \psi_1}\right)_{\psi_{10},\psi_{20},\psi_{30}}, \quad \alpha_{32} = \left(\frac{\partial f_3}{\partial \psi_2}\right)_{\psi_{10},\psi_{20},\psi_{30}}, \quad \alpha_{33} = \left(\frac{\partial f_3}{\partial \psi_3}\right)_{\psi_{10},\psi_{20},\psi_{30}}$$

这个特征根方程可转换为

$$(\alpha_{11} - \lambda)(\alpha_{22} - \lambda)(\alpha_{33} - \lambda) + \alpha_{13}\alpha_{21}\alpha_{32} + \alpha_{12}\alpha_{23}\alpha_{31} -$$
$$\alpha_{13}\alpha_{31}(\alpha_{22} - \lambda) - \alpha_{23}\alpha_{32}(\alpha_{11} - \lambda) - \alpha_{12}\alpha_{21}(\alpha_{33} - \lambda) = 0 \tag{7.17}$$

整理得一个关于 λ 的三阶方程如下：

$$\lambda^3 - (\alpha_{11} + \alpha_{22} + \alpha_{33})\lambda^2 + (\alpha_{11}\alpha_{22} + \alpha_{11}\alpha_{33} + \alpha_{22}\alpha_{33} + \alpha_{13}\alpha_{31} + \alpha_{23}\alpha_{32} + \alpha_{12}\alpha_{21})\lambda -$$
$$(\alpha_{11}\alpha_{22}\alpha_{33} + \alpha_{13}\alpha_{22}\alpha_{31} + \alpha_{11}\alpha_{23}\alpha_{32} + \alpha_{12}\alpha_{21}\alpha_{33} - \alpha_{21}\alpha_{32}\alpha_{13} - \alpha_{12}\alpha_{21}\alpha_{33}) = 0$$

$$\tag{7.18}$$

这样可求解出此三次方程解，即 $DF(x^*)$ 的所有特征根。此时可根据以下三个定理来判断此时的平衡态是否稳定。

定理 1：若 $DF(x^*)$ 的所有特征根都具有负实部，则(7.12)式的平衡态是渐近稳定的。

定理 2：若 $DF(x^*)$ 至少有一个特征根具有正实部，则(7.12)式的平衡态在 Lyapunov 意义下是不稳定的。

定理 3：若 $DF(x^*)$ 的所有特征根都具有零实部，则(7.12)式的平衡态的稳定性依赖于高一阶的泰勒级数的项。

定理 3 的情形称为临界情形，在保守系统中经常遇到。基于上述讨论，可判断平衡态解的稳定性。

7.6　副高平衡态的分岔与突变——热力强迫效应讨论

该平衡态系统的平衡点分布和变化可大致为表现副热带高压的准定常形态和状况随热力强迫的演变。上述平衡方程组的平衡态随热力参数 Q_1,Q_2,Q_3 的演变情况分别如图7.4至

图 7.6 所示。

（1）$Q_1 = -0.5$，$Q_2 = 0.3$（对比 Q_1，Q_2 在图 7.1 和图 7.2 中的空间分布情况，可表现高纬冷却、中纬增暖，大致春末—夏初的情况），平衡点 ψ_1，ψ_2，ψ_3 随 Q_3 的分布如图 7.4 所示。其中 $Q_3 = 1.0 \rightarrow -1.0$ 大致可表现为中纬度地区随季节增暖所出现的从东（海）暖、西（陆）冷向西增暖、东冷却的过渡和转变响应。

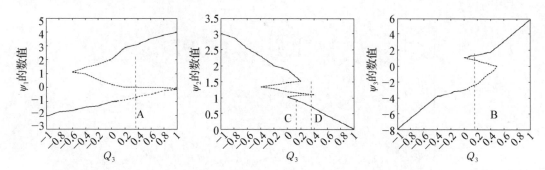

图 7.4 平衡点 ψ_1，ψ_2，ψ_3 随 Q_3 变化时解的结构分布（实线为稳定解，虚线为不稳定解）

由图 7.4 可知，平衡点 ψ_1 随着 Q_3 的增大，在 0.1 附近出现跳跃，从一个稳定的低值平衡态跃升到了一个稳定的高值平衡态（图 7.4 中 A 点）。对副高系统而言，这意味着当中纬度的东—西向温度梯度从西暖—东冷反位相变化到东暖—西冷时，位势场可能出现从低位势模态跃升为高位势模态的响应（突变发生在温度梯度反相转换的临界点附近），结合图 7.1 的第 1 模态空间结构，该突变现象在天气上可能表现为副高的一次突然北抬过程；反之，平衡点 ψ_1 随 Q_3 减小至临界点时，则可能出现副高的一次突变南落。

ψ_3 与 ψ_1 情况类似，平衡点 ψ_3 随 Q_3 的增大也在 0.1 附近出现跳跃（幅度略小于 ψ_1），从一个稳定的低值平衡态跃升到了一个稳定的高值平衡态（图 7.4 中 B 点），结合图 7.3 中第 3 模态的空间结构，表明当中纬度的东—西向温度梯度从西暖—东冷过渡到东暖—西冷相位时，在温度梯度反相转换临界点附近亦可发生突变，该突变现象在天气上可能表现为副高的一次快速东退过程；反之，平衡点 ψ_3 随 Q_3 的减小，将有可能导致副高的西伸。

ψ_2 的情况与 ψ_1、ψ_3 相反，随着 Q_3 的变化，ψ_2 分别在 $Q_3 = 0$ 和 $Q_3 = 0.2$ 处发生跳跃，而在 $Q_3 = 0$ 至 0.2 之间出现两个稳定的高、低位势解共存情况，这与近年来观测发现的副高"双脊线"现象相吻合。当 Q_3 进一步增大（$\geqslant 0.2$）时，则从一个稳定的高值平衡态跃降到了一个稳定的低值平衡态（副高系统可能出现一个强度的跃减）。

对应于图 7.4 中的副高形态随外热力强迫参数缓变所出现的突变，将突变前（$Q_1 = -0.5$，$Q_2 = 0.3$，$Q_3 = -0.3$）和突变后（$Q_1 = -0.5$，$Q_2 = 0.3$，$Q_3 = 0.4$）的平衡态解与空间基函数进行 EOF 合成，得到突变前后的副高流场 $\left(u = -\dfrac{\partial \psi}{\partial y}, v = \dfrac{\partial \psi}{\partial x} \right)$ 与位势场 $\varphi \approx g \cdot \psi$，如图 7.5 和 7.6 所示。

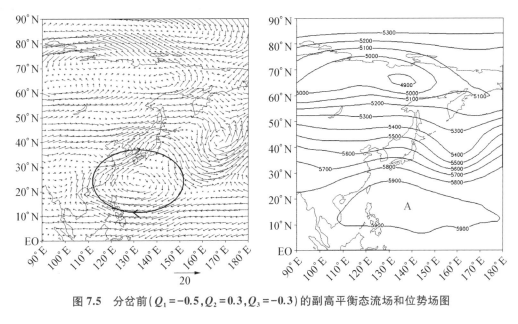

图 7.5　分岔前($Q_1=-0.5,Q_2=0.3,Q_3=-0.3$)的副高平衡态流场和位势场图

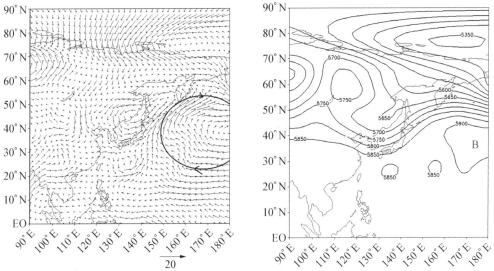

图 7.6　分岔后($Q_1=-0.5,Q_3=0.3,Q_3=0.4$)的副高平衡态流场和位势场图

通过图 7.5 和图 7.6 的对比分析可知,随着中纬度的东—西向温度梯度从西部大陆偏暖—东部海洋偏冷逐渐过渡到东部海洋偏暖—西部大陆偏冷时(夏季向冬季过渡情况,或西部大陆出现异常感热/潜热减弱或东部海洋出现异常感热/潜热增强等情况),纬向海—陆热力差异强迫参数 Q_3 渐变至临界点,将导致副高的突变响应,副高从偏南、偏西、偏强的形态(图 7.5 中 A)突变到偏北、偏东和偏弱的形态(图 7.6 中 B)。

(2) $Q_2=-0.5$,中纬冷、低纬暖;$Q_3=0.5$,东(海)暖、西(陆)冷(对比 Q_2,Q_3 在图 7.2 和图 7.3 中的空间分布情况,可表现大致冬春季节的情况)。平衡点 ψ_1,ψ_2,ψ_3 随 Q_1 增大(季节性增暖)的分布结构如图 7.7 所示。

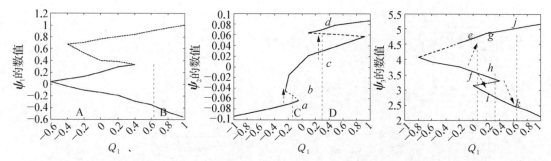

图 7.7　平衡点 ψ_1,ψ_2,ψ_3 随 Q_1 变化时解的结构分布（实线为稳定解，虚线为不稳定解）

由图 7.7 可知，平衡点 ψ_1 随 Q_1 增加，在一定的范围内（-0.6 到 0.4 之间，图 7.5 中 A），分别会有两个稳定的正、负值平衡态共存（同样，随着 Q_1 的减小，该双平衡态解最后汇为一解）。结合图 7.1 中第 1 模态的空间结构，表明 Q_1 在一定取值范围内（对应于太阳季节性加热一定的时期），副高有可能同时存在两个潜在的形态（如双脊线形态）。

平衡点 ψ_2 随 Q_1 增加而连续增加，但大约在两个临界参数点 $Q_1 = -0.2$ 和 0.1 处（图 7.6 中 B）可产生不连续的跳跃，分别从一个负值平衡点和一个正值平衡点突变跃升到相对高值的平衡点（图 7.7 中 a→b 和 c→d）。平衡点 ψ_2 随 Q_1 的两种突变意味着当季节性太阳辐射增温逐渐增加时，在一定临界点附近，可以导致 ψ_2 出现跃升。结合图 7.2 中第 2 模态空间结构，其中，第一次跃升表现了低纬正位势减弱（高压系统减弱）和中纬负位势减弱（低压系统减弱），孕育着大气位势和环流场从冬季向夏季的转型；第二次跃升则分别表现出低纬负位势增强（如季风低压增强）和中纬正位势增强（副高系统加强）的天气变化。值得注意的是，尽管平衡点 ψ_2 随 Q_1 的逐渐增加亦表现出突变态势，但 ψ_2 的两次跃变均是在相同的平衡解值（同相位）范围内变化，没有像图 7.4 中 A、B 那样出现平衡解的反位相跃变，且跃变的幅度也较前者弱。因此，对副高系统而言，平衡点 ψ_2 随 Q_1 渐变所表现出的突变主要表现在副高强度的跃增，而非副高形态的跳跃或剧变。

随着 Q_1 的变化，ψ_3 先是出现一段连续的减弱，随后约在 $Q_1 = -0.2$ 处，分岔为两个稳定的高、低值的平衡解（图 7.7 中 e、f 点）；随着 Q_1 进一步增加到约 $Q_1 = 0.1$ 处，ψ_3 进一步分岔为三个稳定平衡解（图 7.7 中 g、h、i 点）；当 Q_1 增加到约 $Q_1 = 0.4$ 时，ψ_3 又回归到两个稳定平衡解（图 7.7 中 j、k 点）。结合图 7.3 中第 3 模态空间结构，随着季节性太阳辐射的逐渐北移，西部大陆低位势和东部海洋高压系统均有所减弱，当 Q_1 增加到第一强迫临界值时，出现第一次分岔，即西低—东高逐渐增强和逐渐减弱的两种平衡态趋势（图 7.7 中 e、f 点）；第二次分岔后，将出现西低—东高逐渐增强、逐渐减弱和跃变减弱等三种平衡态趋势（图 7.7 中 g、h、i 点）；随后又回归到西低—东高增强和减弱两种极端的平衡态趋势（图 7.7 中 j、k 点）。同样，随着 Q_1 变化的 ψ_3 的分岔变化均出现在相同符号的平衡解（相同位相）范围内，即在位势场西低—东高结构形式不变的前提下，仅其强度或位势梯度可能出现强、弱不同程度的平衡态结构。因此，Q_1 对 ψ_3 的影响应该表现在"量"的意义大于"质"的意义，但在量的程度上又表现出"突变"的特性。

图 7.8 是分岔前（$Q_2 = -0.5, Q_3 = 0.5, Q_1 = -0.4$）和第一次分岔后（$Q_2 = -0.5, Q_3 = 0.5,$ $Q_1 = -0.1$）的平衡态解与空间基函数 EOF 合成所得的副高平衡态位势场合成图。

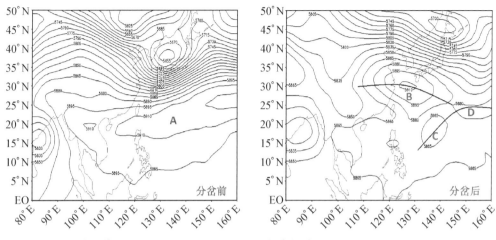

图 7.8　分岔前（$Q_2 = -0.5, Q_3 = 0.5, Q_1 = -0.4$）和分岔后（$Q_2 = -0.5, Q_3 = 0.5, Q_1 = -0.1$）

从图 7.8 中可以看出，随着季节的逐渐增暖，副高的形态和位置将出现较为显著的变化：分岔前副高基本形态为近似东—西向的单一带状结构（图 7.8 中 A）；分岔后副高单一的带状结构分裂为三个孤立的副高单体（图 7.8 中 B、C、D），其中副高主体从分岔前较为偏南（约 20°N）位置（图 7.8 中 A）北跳至分岔后偏北（约 30°N）的位置（图 7.8 中 B），并出现了两个平衡态共存的副高双脊线形式，副高的双脊线现象近年来已被观测事实和诊断研究所揭示[9]。

7.7　副高模型中感热场因子的客观引入

同理对热力强迫项 Q 作分解，即对 1997—2006 年的月平均感热场进行 EOF 分解，得到 $Q = Q_1 f_1' + Q_2 f_2'$，其中前两项方差贡献占 78%，基本上可以反映感热场的情况，为了反演方便，对其进行中值平滑处理，略去一些细节项，得到平滑后的分解场如图 7.9 所示。

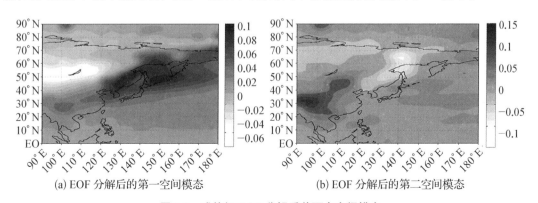

(a) EOF 分解后的第一空间模态　　　　　(b) EOF 分解后的第二空间模态

图 7.9　感热场 EOF 分解后前两个空间模态

对平滑后的分解场进行同上技术途径的反演,得到反演的感热分布的空间基函数如下:

$$Q_1 = -0.0016896\sin 7x - 0.015118\cos 7x + 0.012731\sin 7y + 0.0014826\cos 7y +$$
$$0.013972\sin 8x\sin 8y + 0.0047948\sin 8x\cos 8y + 0.012245\cos 8x\sin 8y +$$
$$0.021103\cos 8x\cos 8y$$

$$Q_2 = 0.0017455\sin 10x + 0.0097167\cos 10x - 0.012423\sin 10y - 0.010672\cos 10y +$$
$$0.0081745\sin 11x\sin 11y + 0.00089551\sin 11x\cos 11y + 0.009311\cos 11x\cos 11y$$

$$(7.19)$$

反演场如图 7.10 所示,拟合率分别达 81% 和 79%。

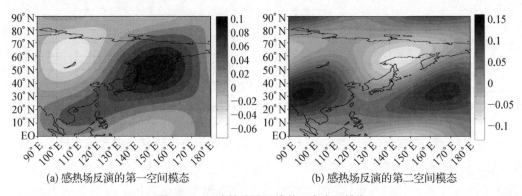

(a) 感热场反演的第一空间模态 (b) 感热场反演的第二空间模态

图 7.10 反演的感热场的前两个空间模态

从图中可以看出,Q_1 和 Q_2 的物理意义较为清楚:$Q_1 > 0$,表明东亚沿岸(包括日本、韩国)是正感热、东亚大陆是负感热,为东暖西冷型;$Q_1 < 0$,则东亚沿岸(含日本、韩国)是负感热、东亚大陆是正感热,为东冷西暖型;$Q_2 > 0$,表明东亚沿岸(包括日本、韩国)是弱负感热、中南半岛是弱正感热,为南暖北冷型;$Q_2 < 0$,东亚沿岸(包括日本、韩国)有弱正感热、中南半岛有弱负感热,为南冷北暖型。

将反演所得 Q_1,Q_2 带入常微动力方程中,进行相应的积分处理,得到考虑了感热场的空间结构信息的动力学方程如下:

$$\begin{cases} \dfrac{\mathrm{d}\psi_1(t)}{\mathrm{d}t} = 1.145 \times 10^{-3}\psi_1\psi_2 + 1.484 \times 10^{-3}\psi_1\psi_3 + 2.1335\psi_2\psi_3 + 2.07 \times 10^{-4}\,\bar{\beta}\psi_1 - \\ \qquad 3.347 \times 10^{-2}\,\bar{\beta}\psi_2 + 0.0588\,\bar{Q}(-0.4296 \times 10^{-2}f_1' - 0.1072 \times 10^{-2}f_2') - 17\bar{k}\psi_1 \\[2mm] \dfrac{\mathrm{d}\psi_2(t)}{\mathrm{d}t} = 0.05788\psi_1\psi_2 - 1.2357\psi_1\psi_3 - 0.08399\psi_2\psi_3 - 0.04058\,\bar{\beta}\psi_1 - 2.026 \times 10^{-5}\,\bar{\beta}\psi_2 - \\ \qquad 0.006480\,\bar{\beta}\psi_3 + 0.04\,\bar{Q}(-0.1097 \times 10^{-2}f_1' - 0.3004 \times 10^{-2}f_2') - 25\bar{k}\psi_2 \\[2mm] \dfrac{\mathrm{d}\psi_3(t)}{\mathrm{d}t} = -0.8733\psi_1\psi_2 + 0.1232\psi_1\psi_3 - 1.7298\psi_2\psi_3 - 0.09629\,\bar{\beta}\psi_1 - 2.635 \times 10^{-5}\,\bar{\beta}\psi_2 + \\ \qquad 0.01919\,\bar{\beta}\psi_3 + 0.125\,\bar{Q}(0.3983 \times 10^{-2}f_1' - 0.3080 \times 10^{-3}f_2') - 8\bar{k}\psi_3 \end{cases}$$

$$(7.20)$$

基于上述反演确定的动力学方程,分析讨论热力强迫作用下的副高变化机理。

7.8　副高强度与形态的分岔与突变——感热触发机制

对于副高等大尺度天气系统,当它们处于相对稳定的准定常状态时,其动力模式中的时间变化项为小值,这时上面的方程组左边项可视为零,由此得到描述副高形态和活动处于准定常情况下的平衡态方程组:

$$
\begin{cases}
1.145 \times 10^{-3}\psi_1\psi_2 + 1.484 \times 10^{-3}\psi_1\psi_3 + 2.1335\psi_2\psi_3 + 2.07 \times 10^{-4}\,\bar{\beta}\psi_1 - 3.347 \times \\
\quad 10^{-2}\,\bar{\beta}\psi_2 + 0.0588\,\bar{Q}(-0.4296 \times 10^{-2}f_1' - 0.1072 \times 10^{-2}f_2') - 17\bar{k}\psi_1 = 0 \\[4pt]
0.05788\psi_1\psi_2 - 1.2357\psi_1\psi_3 - 0.08399\psi_2\psi_3 - 0.04058\,\bar{\beta}\psi_1 - 2.026 \times 10^{-5}\,\bar{\beta}\psi_2 - \\
\quad 0.006480\,\bar{\beta}\psi_3 + 0.04\,\bar{Q}(-0.1097 \times 10^{-2}f_1' - 0.3004 \times 10^{-2}f_2') - 25\bar{k}\psi_2 = 0 \\[4pt]
-0.8733\psi_1\psi_2 + 0.1232\psi_1\psi_3 - 1.7298\psi_2\psi_3 - 0.09629\,\bar{\beta}\psi_1 - 2.635 \times 10^{-5}\,\bar{\beta}\psi_2 + \\
\quad 0.01919\,\bar{\beta}\psi_3 + 0.125\,\bar{Q}(0.3983 \times 10^{-2}f_1' - 0.3080 \times 10^{-3}f_2') - 8\bar{k}\psi_3 = 0
\end{cases}
$$

$$(7.21)$$

7.8.1　平衡态随热力参数 Q_1, Q_2, Q_3 的演变

讨论该平衡态系统的平衡点分布和变化可大致表现为副热带高压的准定常形态和状况随热力强迫的演变。采用数值求解的方法可求出上述平衡方程组平衡态随热力参数 f_1', f_2' 的演变情况。

（1）当 $f_1' = 500$，f_2' 从 1300 增加到 2000 时，ψ_1, ψ_2, ψ_3 随 f_2' 的变化如图 7.11 所示。

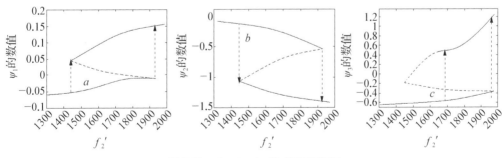

图7.11　ψ_1, ψ_2, ψ_3 随 f_2' 的演变图

由图 7.11 可知,平衡点 ψ_1 随着 f_2' 值的增大,在某临界点(图 7.11 中 a 点)出现跳跃突变,从一个稳定的低值平衡态跃升到了一个稳定的高值平衡态,在某参数区域(图中约 1450—1900)内,两个平衡态同时存在。对副高系统而言,从低位势模态跃升为高位势模态

的过程,在天气上可能表现为副高的一次突变或者跳跃。ψ_3 与 ψ_1 的情况比较类似(图 7.11 中 c 点),而 ψ_2 则相反,随着 f_2' 值的增大,ψ_2 从一个稳定高值平衡态跌降到了一个稳定的低值平衡态(图 7.11 中 b 点)。

(2)当 $f_2' = 200$,f_1' 从 0 增加到 110 时,ψ_1,ψ_2,ψ_3 随 f_1' 的变化如图 7.12 所示。

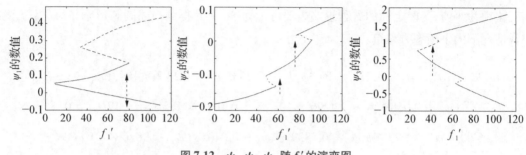

图 7.12 ψ_1,ψ_2,ψ_3 随 f_1' 的演变图

图 7.12 中平衡点 ψ_1 随 f_1' 改变情况与图 7.11 有类似之处,在一定范围(约 10 到 80 之间)有一个稳定的高值平衡态和一个稳定的低值平衡态同时存在(表明副高在某种热力强迫下存在两种形态,如副高双脊线形态),但随着 f_1' 的减小,两个平衡态最后汇合到一起。而 ψ_2 则呈现出随 f_1' 增加而不连续的跳跃现象(形如梅雨季节副高的北跳,但幅度较小);ψ_3 随 f_1' 的变化既有跳跃的特点,也在某热力参数范围内表现出位势场多形态(如副高双脊线)特征。上述分析表明,ψ 的三个平衡模态 ψ_1,ψ_2,ψ_3 随 f_1' 的变化表现出跳跃和多平衡态共存的特性。

7.8.2 感热强迫与副高位势场和流场的响应

对应于位势场平衡态解随热力参数变化所表现出的跳跃或多态特性,通过 EOF 的时空重构得到分岔前后的位势场平衡态对应的位势场和流场结构如图 7.13 所示。如取 $f_1' = 500$,$f_2' = 1400$ 时,对应于图 7.11 所示的分岔前状况,代回 $Q = Q_1 f_1' + Q_2 f_2'$,得到此时的感热场结构如图 7.13(a)所示,该感热场可大致表现出感热分布西高(东亚大陆高)、东低(东部海洋低),即春末至初夏的情况。对于该感热场的 850 hPa 流场和 500 hPa 位势场分别如图 7.13(b)和(c)所示。

图中可见,以北纬 20 度,东经 155 度为中心存在一个反气旋环流,位势场上则表现为在 5°N~20°N,130°E~150°E 区域有一个副热带高压。表明随着季节增暖,副热带高压开始在东亚地区热带海洋上空出现。上述较为理想化的大气平衡态模式可大致反映北半球春末、夏初热力强迫作用较弱、副热带高压脊线仍是单脊线的基本天气模型。

取 $f_1' = 500$,$f_2' = 1800$ 时,将其代回 $Q = Q_1 f_1' + Q_2 f_2'$,得到的感热场如图 7.14(a)所示,此时为西高(东亚大陆正感热)、东低(东部海洋上负感热)构型,但是感热强度比图 7.13(a)更强盛,该感热场分布大致可表现东亚地区盛夏季节的情况。其感热外强迫参数对应于图

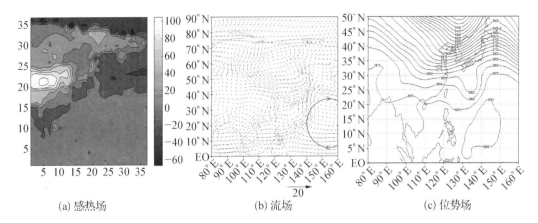

图 7.13　$f'_1=500$，$f'_2=1400$ 时对应的感热场及 850 hPa 流场和 500 hPa 位势场响应图

7.11 分岔后的状况，它所对应的位势场由单平衡态分叉后突变为了双平衡态，其中一个是低值平衡态，另一个为高值平衡态，相应的分岔后的流场和位势场分别如图 7.14(b)和7.14(c)所示。

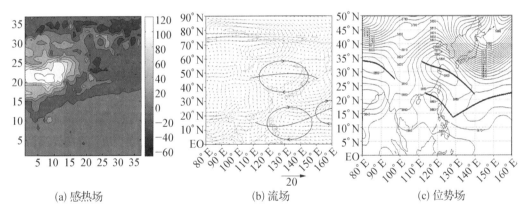

图 7.14　$f'_1=500$，$f'_2=1800$ 时对应的感热场及 850 hPa 流场和 500 hPa 位势场响应图

图中可见，以 15°N，120°～160°E 为中心存在两个反气旋环流，连成一线，另外在 45°N，110°～150°E 之间也存在着一个明显的反气旋环流；在其相应的位势场上清楚地呈现出南北两条副高脊线(图 7.14(c))，在东亚地区，北侧一条脊线位于 25°～35°N 附近，南侧的一条位于 15°～20°N 附近，表现出明显的副高双脊线现象。

上述分析表明，随着感热强迫作用和东—西向海陆热力差异的增加，当热力作用增加至临界值时，对应于位势流函数平衡态解出现的突变与分岔，副高活动可能表现在热带和副热带地区各维持一个独立的副高主体和脊线，这与何金海等发现的副高"双脊线"现象相吻合[9]。表明感热因子 f'_2 更多表现为突变因素，即北半球纬向海陆分布差异引起的感热强迫差异(夏季大陆加热、海洋相对冷却)，可能是导致副热带流场和位势场多元化复杂形态结构(包括副高"双脊线"现象)的一个重要因子。

同理,取 $f_1' = 45, f_2' = 200$ 时,对应于图 7.12 分岔前状况,代回 $Q = Q_1 f_1' + Q_2 f_2'$,得到此时感热场结构如图 7.15(a)所示,可大致表现为东亚大陆中、高纬地区感热较强、东部海洋地区感热偏弱的感热场结构特征。对应于该感热场的 850 hPa 流场和 500 hPa 位势场分别如图 7.15(b)和(c)所示。

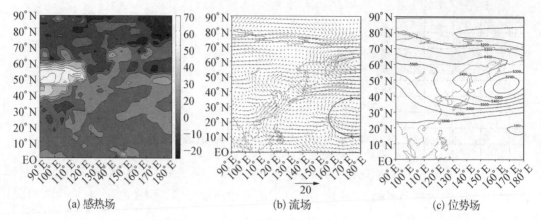

(a) 感热场   (b) 流场   (c) 位势场

图 7.15 $f_1' = 45, f_2' = 200$ 时对应的感热场及 850 hPa 流场和 500 hPa 位势场响应图

由图 7.15 可知,以 20°N,170°E 为中心存在一个反气旋环流,在位势场上表现为在 15°~20°N,170°~180°E 区域有一个弱的副热带高压。即随着季节增暖,副热带高压东伸至东亚地区热带海洋上空。上述较为理想的大气平衡态模式可大致反映北半球夏初热力强迫作用较弱、副热带高压尚未增强北抬至东亚大陆时的天气模态。

当取 $f_1' = 90, f_2' = 500$ 时,对应于图 7.12 中分岔后的状况,即位势场由低平衡态跃升到高平衡态,将其代回 $Q = Q_1 f_1' + Q_2 f_2'$,得到的感热场如图 7.16(a)所示,此时为西高(东亚大陆中高纬正感热)、东低(东部海洋上负感热)构型,但此时感热强度比突变之前更为强盛,该感热场分布大致可表现盛夏季节东西向热力差异显著时的情况,此时对应的突变后的流场和位势场如图 7.16(b)和(c)所示:

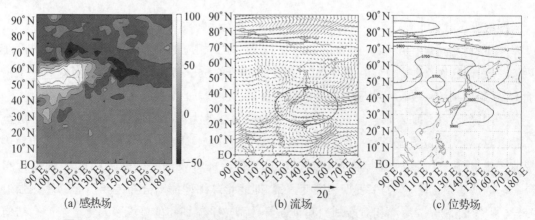

(a) 感热场   (b) 流场   (c) 位势场

图 7.16 $f_1' = 90, f_2' = 500$ 时对应的感热场及 850 hPa 流场和 500 hPa 位势场响应图

由图可知,以 30°N,140°E 为中心有一个明显的反气旋中心,位势场上则表现为 30°N 出现一个较强的副热带高压。与突变前图 7.15 相比较,副高强度和范围出现了明显的增强以及西伸与北抬,副高脊线快速从 20°N 北跳到 30°N 附近,同时副高脊线由之前的 165°～180°E 区域快速西伸至 130°～160°E 区域。

上述实验结果表明,影响北半球副热带地区夏季流场和位势场变化,尤其是副高中短期活动的外强迫源中,热力因子 f_1'(即太阳的季节性辐射加热)一般情况下主要引起副高的渐变或缓慢移动(这与许多研究结论相一致),但是它与东亚地区东—西向的感热分布(尤其是东—西向的感热差异)的组合作用,则可能是导致副高北跳和快速西伸等副高突变或副高环流异常的重要原因之一。

7.9　本章总结

本章提出了从实际资料场时间序列中使用 EOF 分解与遗传算法优化反演空间基函数的研究思想和方法途径。基于客观获取的空间基函数以及相应分离得到的常微非线性动力方程组,对感热强迫的副热带高压的动力学行为进行了分析和讨论。发现太阳辐射加热和纬向海陆热力差异是影响副热带地区位势和流场变化,从而导致副高强弱变化和中期进退活动的重要因素。前者以渐变为主,主要导致副热带地区流场和位势场的强度变化,但亦可导致副高形态和位置出现分裂或跃变;后者则更多表现出突变的特性,当其海、陆热力差异渐变至其临界值时,可导致副热带地区流场和位势场的强度以及形态的突变,引起副高位置的剧烈变动—副高跳跃。

除进一步证实了前人研究观点[1-4,10-11]外,也提出一些新的见解,如东亚副热带地区东—西向感热强度和结构分布以及东—西向热力差异,可能是导致副高流场和位势场出现多元复杂形态(包括副高双脊线现象)的诱因;太阳辐射感热效应和东亚大陆东—西向感热结构与热力差异的不同组合的共同作用,则可能是导致副高增强和西伸、北跳等突变的重要因子。

对于夏季东亚地区的副高中期进退和异常活动而言,本文的第 2 模态热力因子是主要的强迫项,它反映了夏季世界最大陆地——东亚大陆和最大海洋——太平洋之间的海、陆热力差异对太平洋副高中期活动的制约和影响,这个巨大的热力因素引导和制约着夏季西太平洋副高在东亚大陆的进退活动与异常变化。因此,研究和预测西太平洋副高的活动应深入挖掘东亚大陆以及西太平洋海域的热力状况、热力差异和热力结构配置,与西太平洋副高活动异常和突变的内在关联。由于本文模式比较简单,因此副高活动与变异的细节描述和进一步研究尚需结合数值模拟等手段。

参考文献

[1] 柳崇健,陶诗言.副热带高压北跳与月尖(CUSP)突变[J].中国科学(B 辑),1983,5:474-480.

［2］董步文,丑纪范.西太副高脊位置季节变化的实况分析和理论模拟[J].气象学报,46(3):361-363.1988.

［3］ZHANG R, YU Z H. Numerical and dynamical analyses of heat source forcing and restricting subtropical high activity[J]. Advances in Atmospheric Sciences, 2000,17(1):61-71.

［4］吕克利,徐银梓,谈哲敏.动力气象学[M].南京:南京大学出版社,1997.

［5］缪锦海,丁敏芳.热力强迫下大气平衡态的突变与季节变化、副高北跳[J].中国科学(B),1985,87-96.

［6］曹杰,黄荣辉,谢应齐,等.西太平洋副热带高压演变物理机制的研究[J].中国科学(D辑:地球科学),2002,32(8):659-666.

［7］吴洪宝,吴蕾.气候变率诊断和预测方法[M].北京:气象出版社,2005,2-32.

［8］玄光男,程润伟.遗传算法与工程优化[M].北京:清华大学出版社,2004,21-30.

［9］占瑞芬,李建平,何金海.西太副高双脊线及对1998年长江流域二度梅影响[J].气象学报,2004,62(3):294-307.

［10］张韧,史汉生,喻世华.西太平洋副热带高压非线性稳定性问题研究[J].大气科学,1995,19(6):687-700.

［11］张韧,史汉生.西太平洋副热带反气旋进退活动的非线性机理讨论[J].应用数学和力学,1999,20(4):418-426.

第八章　西太平洋副热带高压多层次非线性动力系统耦合和层次结构分析

8.1　引　　言

太平洋副热带高压的中心只能较为客观真实地反映副高的位置,而副高西边缘能够更清楚地反映副高在不同时间尺度下的变化,因此,在研究副高不同时间尺度下的变化时,主要着眼于西太平洋副高。对于西太副高的季节变率、年际变率、年代际变率特征已有许多的分析研究,但将三者结合起来研究的思想尚在少数。在 500 hPa 上,西太副高常年都有闭合中心,且中心基本在 $110°\sim180°E$,$10°\sim45°N$ 区域内。所以其位置基本不动,因此可以用西太副高的面积指数来反映西太副高的强度。

8.2　资料与方法

8.2.1　资料说明

利用美国国家环境预报中心(NCEP)提供的1960—2019 年 60 年间的 500 hPa 位势高度每日数据以及 1948—2019 年 72 年的 500 hPa 位势高度月平均数据。

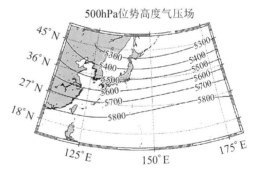

图 8.1　500 hPa 位势高度气压场

8.2.2　自回归模型(AR)

自回归模型(Autoregressive model,AR),是统计学中用来处理时间序列的方法之一,广泛应用于自然现象的预测上。在本文中用来处理 500 hPa 位势高度月平均数据的时间序列。其原理如下:

$$X_t = c + \sum_{i=1}^{p} \varphi_i X_{t-i} + \varepsilon_t \tag{8.1}$$

其中 c 是常数项,把 ε_t 假设为平均数等于 0,标准差等于 σ 的随机误差值,σ 被假设为对于任何的 t 都不变。其文字叙述为 X 的当期值等于一个或数个落后期的线性组合,加常数项和随机误差。

8.2.3　经验模态函数(EMD)

经验模态分解方法(Empirical Mode Decomposition，EMD)，在对实际信号进行时频分析时,其假设条件为信号由多个本征模态函数(Intrinsie Mode Function，IMF)或本征模态信号(Intrinsic Mode Signal，IMS)组成,如果IMS相互重叠,则形成复合信号,应用EMD方法可以将时间序列分解为多个IMF分量和趋势项,IMF分量代表不同特征尺度(频率)的数据序列,该数据序列可以是线性的也可以是非线性的。对于时间序列$x(t)$,EMD分解具体步骤如下：

首先,采用三次样条函数拟合序列$R(t)$的极大和极小值点,确定上、下包络线,并计算其均值p,则移除低频的新数据序列u可表示为

$$u = R(t) - p \tag{8.2}$$

对u重复以上过程k次,直至平均包络趋于零为止,所得数据记为u_k。

$$u_k = u_{k-p} - p_k \tag{8.3}$$

式中u_k、p_k为第k次计算的数据和均值,u_{k-1}为第$k-1$次计算数据。

设定计算限制标准差F,判断计算结果是否为IMF分量。在满足$u_k(n)$足够接近IMF的同时,控制分解次数,使得IMF分量保持原始信号中幅值调制的信息。

$$F = \sum_{k=1}^{N} \frac{|u_k(n) - u_{k-1}(n)|^2}{u_{k-1}^2(n)} \tag{8.4}$$

式中,N为序列长度。限差F的一般取值区间为$[0.2,0.3]$,当u_k满足限制条件时,可视为一个IMF分量,记为Y_L,代表了原始序列的高频成分,从原始序列$R(t)$中去除高频成分,得到新的差值序列：

$$b_l = R(t) - Y_l \tag{8.5}$$

b_l中包含较长的局部特征时间尺度信息,重复以上步骤,直至b_l中仅包含原始序列的趋势信息为止,依次得到$R(t)$的本征模态函数分量Y_1，Y_2，$\cdots$，Y_n和趋势项b_n。原始序列可表示为

$$R(t) = \sum_{j=1}^{n} Y_i + b_n \tag{8.6}$$

8.2.4　研究对象和具体方法

为了将不同时间尺度下的西太副高系统进行耦合,从而构建多层次非线性动力系统,需要从处理好的月平均数据中,在Matlab中运用自回归模型(AR)与经验模态函数(EMD)的工具箱来分离出西太副高的年际变率以及年代际变率,而对于西太副高的季节内变率则直接采用处理后的日间数据。这里要指出的是,所得到的数据存在缺测值,需要运用差分的方法,补出缺测值后再进行滤波。按照上述方法,最终可得到季节内、年际、年代际三个时间尺

度下的西太副高面积指数的时间序列,它们均为 288 个数据组。之所以在三个时间尺度下的西太副高系统中选取相同数量的数据组,是因为在构建多层次非线性动力系统时需要有相同的时间序列。这三个不同时间尺度的西太副高系统在动力系统中分别对应于 x、y、z 三个变量,从而进一步构成了随时间变化的多层次非线性动力系统。以下为自回归模型(AR)与经验模态函数(EMD)在 Matlab 中的使用方法:

自回归模型(AR):在 Matlab 中可以使用 lpc 函数非常容易地建立 AR 模型,① 创建原始数据;② 计算 AR 模型参数和预测误差;③ 将预测信号与原始信号进行对比,并查看预测误差。

经验模态函数(EMD):直接调用 Matlab 中的 EMD 函数可以得到 IMF1 至 IMF5 共 5 个分量,同时得到的还有残差值(residual)。

8.3　不同时间尺度下西太副高系统变率的分离与研究

8.3.1　副高面积指数的定义

由于副高面积指数的计算会受到诸多因素的影响:(1) 西界与北界的指数均需人工从月平均图上读出来,不便于计算;(2) 定义的指数对资料格式有依赖性,用菱形网格的资料与正方网格的资料所计算的指数有可能不同。如果所用资料存在系统性偏差,如 NCEP 500 hPa 月平均高度比国家气候中心的系统性偏低,就很难应用原定义,也不能直接从 NCEP 资料中读出副高的某些指数;又如用模式进行模拟时,由于模式平均与气候中心的观测平均有系统误差,也无法得到原定义下的副高指数。所以希望用一个比较简单的方法计算副高指数,对不同的资料都适用,且可以在模式中输出副高指数。例如,把副高指数改为用某些点的高度来定义时,无论新的序列与观测序列有什么样的系统误差,只需要对新序列本身求距平,即可判断副高指数的异常。

本文采用的副高面积指数的定义是[6]在 500 hPa 位势高度场上 110°~180°E,10°~45°N 的范围内,若其中的点位势高度大于 5840 gpm,则对这些点先求和再取平均,并且求其距平值,最终得到的这个值则定义为副高的面积指数。

8.3.2　副高系统的分离

根据该定义,对于 500 hPa 位势高度场月平均的数据,有 72 年 * 12 月共计 864 组数据,选取每年的 5 到 8 月份(副高显著的月份)计算其面积指数,可构成面积指数的时间序列,共有 288 个数据;对于 500 hPa 位势高度场日间的数据,选取 1981 年 5 到 8 月份(共 123 个数据)、1998 年 5 到 8 月份(共 123 个数据)、2018 年 5 月份以及 6 月份前 11 天(共 42 个数据)的数据来计算副高的面积指数,构成一组含有 288 个数据的数据组。

图 8.2 为夏季面积指数(日间数据)的时间序列,同样也有 288 个月份的数据。图 8.3 即

可反映出西太副高系统在季节内的变化规律,对于副高在年际、年代际上的变化规律,还需要对上述的数据进行滤波处理,具体则通过 Matlab 中自回归模型(AR)函数与经验模态(EMD)函数来实现。

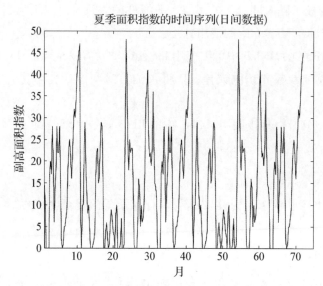

图 8.2　夏季面积指数的时间序列(日间数据)

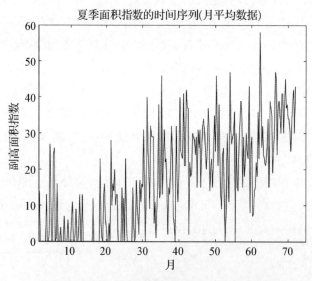

图 8.3　夏季面积指数的时间序列(月平均数据)

　　图 8.4 是在西太副高 500 hPa 位势高度场面积指数数据的基础上,通过自回归模型(AR)函数得到的西太副高面积指数关于年际变化的时间序列。西太副高在年际变率上主要存在着两个主导周期,分别为 2—3 年变率周期(具有相当正压结构,和印尼对流活动关系密切)和 3—5 年变率周期(具有斜压结构,和西北太平洋的冷 SSTA 以及大气负异常热源关系密切),这在图 8.4 中也可以明显看出。

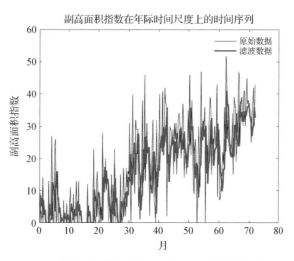

图 8.4　副高面积指数在年际时间尺度上的时间序列

　　而图 8.5 是在西太副高 500 hPa 位势高度场面积指数数据的基础上,通过经验模态 (EMD)函数得到的关于西太副高面积指数变化的 5 个经验模态,分别为 IMF1—IMF5。这里 需要指出的是选取 IMF5 来代表西太副高的年代际变率,是因为该模态下面积指数的变化规 律更符合实际情况中西太副高的年代际变化规律。

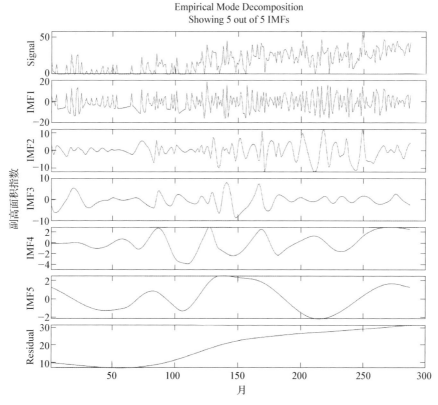

图 8.5　西太副高在 EMD 分解下的五个模态

基于上述 IMF5 绘制出的西太副高面积指数年代际变率的时间序列如图 8.6 所示,从图中可以看出西太副高有显著的年代际变化,主要存在 80 年和 40 年的年代际振荡,同时中国降水的年代际变率与副高的年代际变率存在着密切的关系。

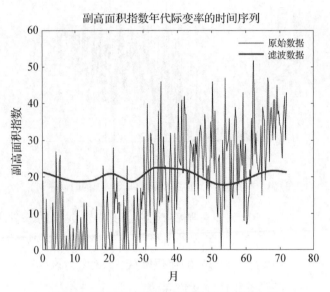

图 8.6　副高面积指数年代际变率的时间序列

8.4　动力系统的构建

近些年,对于动力系统的构建已经取得了诸多成果,并有很多学者将其运用于预报上。如曹洪兴等[1]提出利用界壳论来对大气进行预报;吕继强等[2]提出采用基于 EMD 分解的灰色 GM(1,N)自记忆模型来推演具有多重时间尺度的黄河径流量,并且具有较好的预报效果;张韧等[3]提出了基于动力系统重构思想和遗传算法,从观测资料中反演副高活动非线性动力模型的思想;黄建平等[4]提出了利用观测资料来反演非线性动力模型的思想;杨培才等[5]提出了复杂系统的层次耦合思想,指出在任何一个气候尺度层次上,都存在制约它的外部因子,这些因子也依赖于耦合系统,并与其他因子相互关联,耦合系统各子系统之间存在能量、动量和物质交换,外部系统产生的各种变化,在不同尺度层次上制约着气候过程,当这些变化或涨落达到一定程度时,可能导致气候过程平稳性的显著破坏,气候系统的层次结构使其复杂性远超混沌系统。本文在此思想上来考虑构建西太副高的多层次非线性动力系统,其他学者的研究往往单独着眼于副高的季节内变率、年际变率、年代际变率,但这样的考虑存在局限性,由于副高在三种不同时间尺度上的变化均可成为影响副高未来变化趋势的影响因子,所以如何将这三种影响因子结合起来,构建一个可预报的西太副高动力系统,是本文的一大难点。

在对西太副高三个子系统(年代际,年际,季节内)进行耦合时,将着重考虑如何将不同时间尺度的环流背景与副高动力系统合理结合起来构建副高多层次耦合系统,但不同子系统对于系统的影响程度不同,若要建立能准确预报西太平洋副热带高压天气的预报模型,关键在于不同子系统在系统中控制参数的确定,但不同时间尺度副高系统之间的能量、动量和物质交换过程以及物理机制尚需进一步研究。

本章节将在上一章的基础上主要根据复杂系统的层次耦合思想,并辅以灰色自记忆模型、基本反演等方法,来建立副热带高压多层次非线性动力模型。最后对此模型的层次结构进行分析,通过与实际天气和气候事实进行对比,来验证副热带高压多层次非线性动力模型的正确性。

8.4.1　研究对象与方法

（1）研究对象

用初步处理 500 hPa 位势高度场日间数据后得到的面积指数时间序列来代表西太副高的季节内变率;利用自回归模型（AR）方法处理 500 hPa 位势高度场月平均数据后得到的面积指数时间序列来代表西太副高的年际变率;利用经验模态函数（EMD）处理 500 hPa 位势高度场月平均数据后得到的面积指数时间序列来代表西太副高的年代际变率。将上述三个数据的时间序列作为自变量,从而构建动力系统。

（2）灰色自记忆模型

自记忆原理强调系统状态本身前后的联系,着重于研究系统自身演化规律,将外界影响因素视为一种外强迫,并在系统自身演化过程中体现与不同时频因子间的响应关系。灰色自记忆方程推导过程如下:

设 $y_0 = (y_0(1), y_0(2), \cdots, y_0(n))$ 为一数据序列,则影响因子序列可表示为

$$x_i^{(0)} = (x_i^{(0)}(1), x_i^{(0)}(2), \cdots, x_i^{(0)}(n)), i = 1, 2, 3, \cdots, m \tag{8.7}$$

新序列的变化趋势可以近似地用如下微分方程描述:

$$\frac{dy_{(1)}}{dt} = -ay_{(1)} + b_1 x_1^{(1)} + b_2 x_2^{(1)} + \cdots + b_n x_n^{(1)} \tag{8.8}$$

采用最小二乘法估计上式中的参数 $\dot{a} = [a, b_1, b_2, \cdots, b_m]T$,
求得时间响应函数为

$$\dot{y}_{(1)}(t+1) = (\dot{y}_{(0)}(1) - \frac{1}{a}\sum_{i=1}^{m} b_i x_i^{(1)}(t+1))e^{-ak} + \frac{1}{a}\sum_{i=1}^{m} b_i x_i^{(1)}(t+1) \tag{8.9}$$

假设时间集合 $T = [t_{-p}, t_{-p+1}, \cdots, t_0, \cdots, t_p]$,其中 t_0 为初始时刻。假设空间集合 $L = [r_\alpha, \cdots, r_i, \cdots, r_\beta]$,其中 r_i 为被考察的空间点。定义内积空间 $R2: T \times L$,从而演化微分方程

$$\frac{\partial y_i}{\partial t} = f_i(y_i, x_1, \cdots, x_m, t) \tag{8.10}$$

式中，f 称为系统动力核。在 Hilbert 空间中假设讨论的变量和函数皆连续、可微、可积，则记忆函数定义为

$$\beta(r_i, t) \in H \tag{8.11}$$

在内积空间中计算式（8.9）和（8.10），并在 t_0 至 t 区间求得加权积分，权重即为记忆函数。

$$\int_{t_0}^{t} \beta(r_i, t) \frac{\partial y_i}{\partial t} \mathrm{d}t = \int_{t_0}^{t} \beta(r_i, t) \frac{\partial y_i}{\partial t} f(y_i, x_1, \cdots, x_m, t) \mathrm{d}t \tag{8.12}$$

对于多个时次 t_i，$i = -p, -p+1, \cdots, 0, 1$，$t_0$ 为初始时刻，t_1 为预报时刻，p 为回溯阶，令

$$\beta_i \equiv \beta(r_i, t), y_i \equiv y(t_i), y_i^n \equiv y_i(t_n), t_0 < t_n < t,$$

可以得到 p 阶自记忆方程的简化形式为

$$y_1 = \frac{1}{\beta} \Big[\beta_{-p} y_{-p} + \sum_{i=-p}^{0} y_i^n (\beta_{i+1} - \beta_i) + \int_{t_{-p}}^{t_1} \beta(\rho) f(\rho) \mathrm{d}\rho \Big] \tag{8.13}$$

实际中，通常取其离散形式

$$y_1 = \frac{1}{\beta_0 + \beta_1} \sum_{i=-p}^{0} \beta_i y_i (t_0 + i\Delta t) + \frac{1}{\beta_1} \sum_{i=-p}^{0} \beta_i f_i \Delta t \tag{8.14}$$

8.4.2　复杂系统层次耦合思想

在大气预报中，我们的气候预测理论往往是建立在平稳性假定的基础上，但实际大气中气候的变化是一个典型的非平稳系统，理论与现实的偏差导致了气候预测水平无法达到一个新的高度。要想有新的突破，则必须让理论上的研究更加接近实际，但这也意味着研究难度的大幅度增加。

为了描述像气候这样一些复杂系统的动力学结构，我们提出了"层次"的概念。可以将气候看成由多个系统组成，不同的系统处于不同的层次，这些系统存在高低之分。其中高层系统控制低层系统并且对气候的变化起决定性作用。在不同系统的相互作用中，往往高层系统对低层系统的作用占主导地位，反之则作用较小，往往会被忽略。所以说，高层次子系统所具有的能量或动量要远远大于低层次子系统，两者无论是在时间尺度上还是在空间尺度上，都是无法放在相同地位进行比拟的。下面以一个两层系统为例，分别为高层次系统与低层次系统，按照下式相互联系在一起：

$$r_{k+1} = \mu r_k (1 - r_k/a) \, (k = 0, 1 \cdots, n) \tag{8.15}$$

$$(r_k \in [0, a]; \mu \in [0, 4]; a \text{ 为给定的常数})$$

$$\begin{cases} \dot{x} = \sigma x + \sigma y \\ \dot{y} = r(t)x - y - xz \\ \dot{z} = xy - bz \end{cases} \qquad (8.16)$$

$(\sigma = 10; b = 8/3; r(t) = r_k, t_k \leqslant t \leqslant t_{k+1}, t_0 = 0, t_{k+1} = t_k + T; k = 0, 1, \cdots, n; T \text{ 为设定常数})$

从式中可以看出两个系统通过参数 r 相互联系。高层次系统映射通过改变参数 r 单向控制低层次系统。在结果上,高层次系统的输出值 r 对应于一个混沌解,它的值在3.2—29.2之间变化。相应地,低层次系统的变化则介于完全不同的定态与混沌态之间,它们永不重复,也不会给出任何不变的状态分布。正因为两个系统输出值的无规律变化,所以该两层系统为一非平稳系统。气候系统的层次结构,它的复杂性远远超过混沌系统,所以对这样的系统进行研究,其在理论上的意义也大大超出了气候系统本身。

8.4.3 基本反演方法

设系统的状态 q, q 随着时间发生改变,它的物理规律可表示为

$$\frac{\mathrm{d}q_1}{\mathrm{d}t} = f_1(q_1, q_2, \cdots, q_n), i = 1, 2, \cdots, n \qquad (8.17)$$

函数 f_1 为 $q_1, q_2, \cdots, q_n$ 的一般非线性函数,其中状态变量的个数为 n。

函数 $f_1(q_1, q_2, \cdots, q_n)$ 的具体形式是未知的,但从(8.17)中可以得到一系列特解,故可将(8.17)式写成差分形式

$$\frac{q_1^{|z+1|\Delta t} - q_1^{|z-1|\Delta t}}{2\Delta t} = f_1(q_1^{|j\Delta t|}, q_2^{|j\Delta t|}, \cdots, q_n^{|j\Delta t|}), j = 2, 3, \cdots, m-1 \qquad (8.18)$$

设 $f_1(q_1, q_2, \cdots, q_n)$ 中有 G_K 项和相应的 P_K 个参数 $(k = 1, 2, \cdots, K)$,设获取到的数据资料能够组成 $M(M = m-2)$ 个方程,写成向量和矩阵形式为

$$\boldsymbol{D} = \boldsymbol{GP} \qquad (8.19)$$

其中

$$\boldsymbol{D} = \begin{pmatrix} d_1 \\ d_2 \\ \vdots \\ d_M \end{pmatrix} = \begin{pmatrix} \dfrac{q_1^{3\Delta t} - q_1^{\Delta t}}{2\Delta t} \\ \dfrac{q_1^{4\Delta t} - q_1^{2\Delta t}}{2\Delta t} \\ \vdots \\ \dfrac{q_1^{m\Delta t} - q_1^{(M-2)\Delta t}}{2\Delta t} \end{pmatrix}$$

$$G = \begin{pmatrix} G_{11} & G_{12} & \cdots & G_{1K} \\ G_{21} & G_{22} & \cdots & G_{2K} \\ \vdots & \vdots & \cdots & \vdots \\ G_{M1} & G_{M2} & \cdots & G_{Mk} \end{pmatrix}, P = \begin{pmatrix} P_1 \\ P_2 \\ \vdots \\ P_k \end{pmatrix}$$

G 为 $M \times K$ 阶矩阵,它是由非线性多项式变量用实测资料求得。在(8.19)式中,只有向量 P 为未知,向量 D 与向量 G 均为已知。对于给定的一个向量 D,要求一个向量使(8.19)式满足。对 P 而言,(8.19)式正好是一个线性系统。可以用经典的最小二乘法估计,即使残差平方和

$$S = (D - GP)^T(D - GP) \tag{8.20}$$

取极小值,以获得参数 P,T 表示转置。按最小二乘准则,可得

$$G^T GP = G^T D \tag{8.21}$$

此时,如果 $G^T G$ 是非奇异矩阵,则可得

$$P = (G^T G)^{-1} G^T D \tag{8.22}$$

当方程(8.22)中的 G 为奇异矩阵或接近奇异矩阵时,会存在较大误差,利用反演的方法可有效降低误差。

首先计算 $G^T G$,这是一个 K 阶实对称矩阵,特征值都是实数,并且有 K 个线性无关(而且是正交)的特征向量,记特征值为 $|\lambda_1| \geqslant |\lambda_2| \geqslant \cdots |\lambda_L|$。

设有 L 个不为零的特征值,而 $K-L$ 个特征值为零(或接近于零)。相应于此 L 个特征值标准化的特征向量可组成一个矩阵 U_L,则

$$U_L = \begin{pmatrix} U_{11} & \cdots & U_{1L} \\ \vdots & \cdots & \vdots \\ U_{K1} & \cdots & U_{KL} \end{pmatrix} \tag{8.23}$$

这里

$$U_l = (U_{1i}, U_{2i}, \cdots, U_{Ki})^T, i = 1, 2, \cdots, L$$

是对应于 λ_1 的特征向量。再计算 V_L

$$V_L = \frac{1}{\lambda_n} G U_l = (V_{1i}, V_{2i}, \cdots, V_{Mi})^T \tag{8.24}$$

可得矩阵

$$V_L = \begin{pmatrix} V_{11} & \cdots & V_{1L} \\ \vdots & \cdots & \vdots \\ V_{M1} & \cdots & V_{ML} \end{pmatrix} \tag{8.25}$$

由特征值组成的对角矩阵记为 $\boldsymbol{\Lambda}_L$，有

$$\boldsymbol{\Lambda}_L = \begin{pmatrix} \lambda_1 & 0 & \cdots & 0 \\ 0 & \lambda_2 & \cdots & 0 \\ \cdots & \cdots & \cdots & \cdots \\ 0 & 0 & \cdots & \lambda_L \end{pmatrix} \tag{8.26}$$

则可得到矩阵

$$\boldsymbol{H} = \boldsymbol{U}_L \boldsymbol{\Lambda}^{-1} \boldsymbol{V}_L^t \tag{8.27}$$

于是由

$$\boldsymbol{P} = \boldsymbol{HD} \tag{8.28}$$

可得出参数 P。计算其相对贡献大小，剔除那些对系统演变没有作用或是作用很小的无关项，最后得到所要反演的方程组。

8.4.4　动力系统方程参数的求解

动力系统的构建需以一方程组为基础进行，本文是在 Lorenz 方程的基础上进行反演，基础的 Lorenz 方程如下：

$$\begin{cases} \dfrac{\mathrm{d}X}{\mathrm{d}t} = \sigma Y - \sigma X \\[2mm] \dfrac{\mathrm{d}Y}{\mathrm{d}t} = rX - Y - XZ \\[2mm] \dfrac{\mathrm{d}Z}{\mathrm{d}t} = XY - bZ \end{cases} \tag{8.29}$$

其中 $\sigma = 10, r = 28, b = 8/3$。

基于(8.4.3)节中提到的动力模型重构方法与思想以及 500 hPa 位势高度的数据，可以反演得到描述副高活动位势场的非线性动力模型参数，通过计算比较模型中各项对系统的相对方差贡献，剔除对模型影响较小的虚假项。

本文将要进行反演的系统为

$$\begin{cases} \dfrac{\mathrm{d}X}{\mathrm{d}t} = a_1 X + a_2 Y + a_3 Z + a_4 X^2 + a_5 Y^2 + a_6 Z^2 + a_7 XY + a_8 XZ + a_9 YZ \\[2mm] \dfrac{\mathrm{d}Y}{\mathrm{d}t} = b_1 X + b_2 Y + b_3 Z + b_4 X^2 + b_5 Y^2 + b_6 Z^2 + b_7 XY + b_8 XZ + b_9 YZ \\[2mm] \dfrac{\mathrm{d}Z}{\mathrm{d}t} = c_1 X + c_2 Y + c_3 Z + c_4 X^2 + c_5 Y^2 + c_6 Z^2 + c_7 XY + c_8 XZ + c_9 YZ \end{cases} \tag{8.30}$$

以上方程即为本文要构建的动力系统所需求解的方程组，其中 X 对应为面积指数季节

内变化的数据,Y 对应为面积指数年际变化的数据,Z 对应为面积指数年代际变化的数据,对于 a_1、b_1、c_1 等 27 个参数的求解,可通过 Matlab 编程来实现。具体过程如下:

三个不同时间尺度下(季节内、年际、年代际)的副高面积指数数据均含有 288 组数据,取其中前 250 组数据作为训练样本,来确定方程组的参数,在 Matlab 中运行后求解到 a_1、b_1、c_1 等 27 参数分别如表 8.1 所示。

表 8.1　参数表

系数	a_1	a_2	a_3	a_4	a_5	a_6	a_7	a_8	a_9
数值	0.053	0.163	−0.069	3.29×10^{-4}	3.92×10^{-4}	6.06×10^{-3}	-6.21×10^{-3}	-9.1×10^{-4}	-8.56×10^{-3}
系数	b_1	b_2	b_3	b_4	b_5	b_6	b_7	b_8	b_9
数值	−0.018	-6.13×10^{-3}	0.075	1.76×10^{-4}	-1.17×10^{-3}	-3.16×10^{-3}	8.56×10^{-5}	6.11×10^{-4}	1.35×10^{-3}
系数	c_1	c_2	c_3	c_4	c_5	c_6	c_7	c_8	c_9
数值	9.17×10^{-3}	1.75×10^{-3}	0.055	-2.15×10^{-5}	-1.2×10^{-4}	-2.79×10^{-3}	8.87×10^{-6}	-3.9×10^{-4}	-6.88×10^{-5}

将上表中的数据带回原方程,即可得到一个多层次非线性动力系统。通过该动力系统,可以达到预报的目的。

8.4.5　动力系统的检验

为了检验该动力系统预报的准确性,本文将从 5 个月的预报(短期预报)、10 个月的预报(中期预报)和 15 个月的预报(长期预报)三个方面来进行检验,并且通过计算相对误差以及相关系数来验证该动力系统是否能初步达到预报的精度。

相对误差:相对误差指的是测量所造成的绝对误差与被测量(约定)真值之比乘以 100% 所得的数值。一般来说,相对误差更能反映测量的可信程度。

相关系数:相关关系是一种非确定性的关系,相关系数是研究变量之间线性相关程度的量。其定义式为

$$r(a,b) = \frac{Cov(a,b)}{\sqrt{Var[a]Var[b]}} \tag{8.31}$$

在 Matlab 中可用 corrcoef 函数计算。

具体过程如下:通过前面得到的方程组,以面积指数季节内变化的数据作为 x,以面积指数年际变化的数据作为 y,以面积指数年代际变化的数据作为 z。x,y,z 均含有 288 个数据,以每组数据中的第 250 个数据作为初始值 λ_0(前 250 个数据为训练样本,根据预报要求以第 250 个数据为初始值,预报后面的值),即

$$\lambda_0 = \left[x(250), y(250), z(250) \right] \tag{8.32}$$

确定初始值后,分别绘图进行短、中、长期预报,将预报值与真实值进行比对,计算出每个值的相对误差和整体的相关系数,从而反映预报的准确性。

(1) 动力系统的短期预报

图 8.7 是通过前面建立的动力系统(式(8.30)),对西太副高面积指数在季节内时间尺度上的数据进行短期预报(五个月)的结果,副高面积指数大约在 10 到 20 之间,整体呈现上升的趋势。从图中可以看出预测数据与原始数据基本相近,1 月以后的面积指数数据存在一个小的突变,在预测该数据时,误差会大于其他数据。

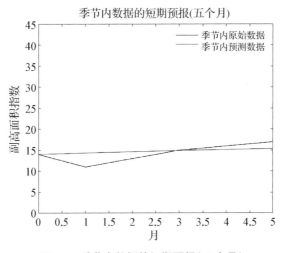

图 8.7　季节内数据的短期预报(五个月)

计算所有数据的相对误差及相关系数(如表 8.2 所示),得到平均相对误差为 0.10352,相关系数为 0.768。其相对误差小于 0.3,相关系数大于 0.6,在预报上属于可接受范围,同时也具有较好的准确性。

表 8.2　季节内数据在短期预报中的相对误差与相关系数

相对误差	0.2314	0.1096	0.0090	0.0589	0.1087
平均相对误差	0.10352				
相关系数	0.768				

图 8.8 为西太副高面积指数在年际时间尺度上的数据进行短期预报(五个月)的结果。副高面积指数大约在 20 到 50 之间,整体呈现下降的趋势。从图中可以看出预测数据与原始数据基本相近,2 到 4 月的面积指数数据斜率增大,在预测 2 月至 5 月数据时,误差开始增大。

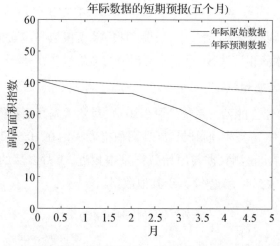

图 8.8　年际数据的短期预报(五个月)

　　计算所有数据的相对误差及相关系数(如表 8.3 所示),得到平均相对误差为 0.20944,相关系数为 0.9593。其相对误差在 0.3 以内,相关系数大于 0.6,在预报上属于可接受范围,同时也具有较好的准确性。这里可以发现年际数据的预测在相关系数上明显高于季节内数据的预测。

表 8.3　年际数据在短期预报中的相对误差与相关系数

相对误差	0.0887	0.0695	0.1756	0.3609	0.3525
平均相对误差	0.20944				
相关系数	0.9593				

　　图 8.9 为西太副高面积指数在年代际时间尺度上的数据进行短期预报(五个月)的结果。副高面积指数大约在 20 到 25 之间,整体呈现平稳的趋势。从图中可以看出预测数据与原始数据差异不大,这是因为副高系统在年代际尺度上的变化是微小的,不易观测到。

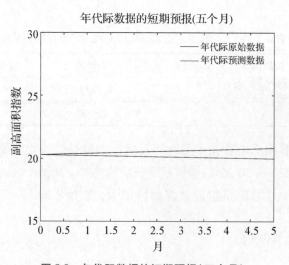

图 8.9　年代际数据的短期预报(五个月)

　　计算所有数据的相对误差及相关系数(如表 8.4 所示),得到平均相对误差为 0.02424,相关系数为 0.9884。其相对误差小于 0.3,相关系数大于 0.6,在预报上属于可接受范围。同时也可以看出,在短期预报中,年代际数据的相对误差在三个时间尺度中最小,且相关系数最大,其预报效果最好。

表 8.4　年代际数据在短期预报中的相对误差与相关系数

相对误差	0.0090	0.0153	0.0252	0.0321	0.0396
平均相对误差	0.02424				
相关系数	0.9884				

(2) 动力系统的中期预报

　　图 8.10 为西太副高面积指数在季节内时间尺度上的数据进行中期预报(十个月)的结果。副高面积指数大约在 10 到 20 之间,整体呈现平缓上升的趋势,但变化过程中存在着高低变化。从图中也可以看出预测数据与原始数据总体差异不大,但在 1 月与 7 月后的数据上存在一个突变,这同时也导致误差的增大,预报效果下降。

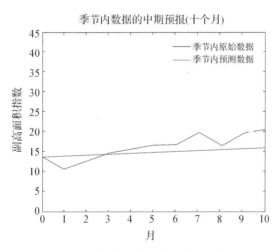

图 8.10　季节内数据的中期预报(十个月)

　　计算所有数据的相对误差及相关系数(如表 8.5 所示),得到平均相对误差为 0.14968,相关系数为 0.9018。其相对误差小于 0.3,相关系数大于 0.6,在预报上属于可接受范围,同时也具有较好的准确性。

表 8.5　季节内数据在中期预报中的相对误差与相关系数

相对误差	0.2314	0.1096	0.00690	0.0589	0.1087
	0.0942	0.2721	0.0699	0.2469	0.2982
平均相对误差	0.14968				
相关系数	0.9018				

图 8.11 为西太副高面积指数在年际时间尺度上的数据进行中期预报(十个月)的结果。副高面积指数大约在 20 到 40 之间,整体呈现下降的趋势,但变化过程中存在着高低的变化。从图中可以看出年际预测数据与原始数据相对于季节内数据的预测差异更大,总体来说变化的斜率更大,且斜率的变化明显,导致预报效果的下降。

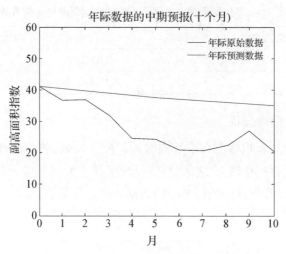

图 8.11 年际数据的中期预报(十个月)

计算所有数据的相对误差及相关系数(如表 8.6 所示),得到平均相对误差为 0.29556,相关系数为 0.8881。其相对误差依然小于 0.3,相关系数大于 0.6,虽然相对误差偏大,但依然在可接受的预报效果范围之内。

表 8.6 年际数据在中期预报中的相对误差与相关系数

相对误差	0.0887	0.0695	0.1756	0.3609	0.3525
	0.4362	0.4331	0.3858	0.2457	0.4076
平均相对误差	0.29556				
相关系数	0.8881				

图 8.12 为西太副高面积指数在年代际时间尺度上的数据进行中期预报(十个月)的结果。副高面积指数大约在 20 到 25 之间,整体呈现平稳的趋势。从图中可以看出预测数据与原始数据差异不大,这是因为副高系统在年代际尺度上的变化本就是微小的。

计算所有数据的相对误差及相关系数(如表 8.7 所示),得到平均相对误差为 0.0394,相关系数为 0.9862。其相对误差小于 0.3,相关系数大于 0.6,在预报上属于可接受范围,同时具有很高的准确性。同时也可以看出,在中期预报中,年代际数据的相对误差在三个时间尺度中是最小的,且相关系数最大,其预报效果最好。

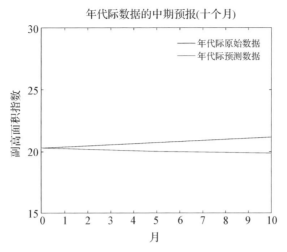

图 8.12　年代际数据的中期预报(十个月)

表 8.7　年代际数据在中期预报中的相对误差与相关系数

相对误差	0.0090	0.0153	0.0252	0.0321	0.0396
	0.0436	0.0491	0.0543	0.0609	0.0649
平均相对误差	0.0394				
相关系数	0.9862				

（3）动力系统的长期预报

图 8.13 为西太副高面积指数在季节内时间尺度上的数据进行长期预报(十五个月)的结果。副高面积指数大约在 5 到 30 之间,整体呈现上升的趋势,但变化过程中还存在着高低变化。从图中可以看出预测数据与原始数据总体差异不大,但在 11 月与 14 月后的数据上存在一个大的突变,导致误差增大,预报效果下降。

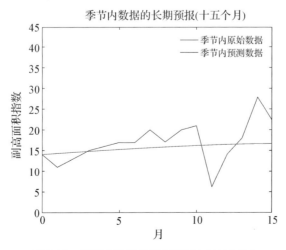

图 8.13　季节内数据的长期预报(十五个月)

　　计算所有数据的相对误差及相关系数(如表8.8所示),得到平均相对误差为0.2250,相关系数为0.4642。其相对误差在0.3以内,但相关系数却小于0.6,预报效果较为不理想,这主要是因为数据上产生大的突变所导致,即该动力系统对数据产生了大的突变时,预报效果会大大下降。

表 8.8　季节内数据在长期预报中的相对误差与相关系数

	0.2314	0.1096	0.00690	0.0589	0.1087
相对误差	0.0942	0.2721	0.0699	0.2469	0.2982
	0.6318	0.1466	0.0909	0.6883	0.3207
平均相对误差	0.2250				
相关系数	0.4642				

　　图8.14为西太副高面积指数在年际时间尺度上的数据进行长期预报(十五个月)的结果。副高面积指数大约在20到40之间,整体呈现下降的趋势,但变化过程中还存在着高低变化。从图中可以看出预测数据总体偏大于原始数据,并且原始数据的变化明显,这从斜率的变化中可以看出,所以预报效果相对较差。

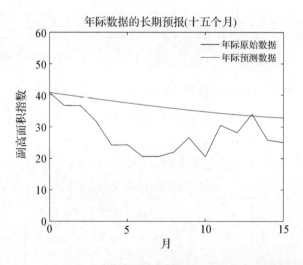

图 8.14　年际数据的长期预报(十五个月)

　　计算所有数据的相对误差及相关系数(如表8.9所示),得到平均相对误差为0.24724,相关系数为0.5194。其相对误差在0.3以内,相关系数小于0.6,预报效果较为不理想,这同样也是因为数据上产生大的突变所导致,更加印证了该动力系统对于预报突变数据时的局限性。

表 8.9　年际数据在长期预报中的相对误差与相关系数

相对误差	0.0887	0.0695	0.1756	0.3609	0.3525
	0.4362	0.4331	0.3858	0.2457	0.4076
	0.1132	0.1695	0.0155	0.2203	0.2345
平均相对误差	0.24724				
相关系数	0.5194				

　　图 8.15 为西太副高面积指数在年代际时间尺度上的数据进行长期预报(十五个月)的结果。副高面积指数大约在 20 到 25 之间,整体呈现缓慢上升的趋势。从图中可以看出预测数据与原始数据差异不大,这是因为副高系统在年代际尺度上的变化本就是微小的。

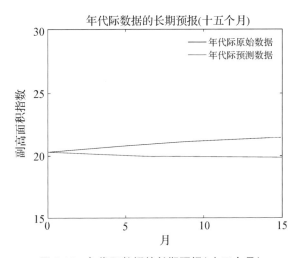

图 8.15　年代际数据的长期预报(十五个月)

　　计算所有数据的相对误差及相关系数(如表 8.10 所示),得到平均相对误差为 0.0516,相关系数为 0.9722。其相对误差小于 0.3,相关系数大于 0.6,在预报上属于可接受范围,同时具有很高的准确性。同时也可以看出,在长期预报中,年代际数据的相对误差在三个时间尺度中是最小的,且相关系数最大,其预报效果最好。

表 8.10　年代际数据在长期预报中的相对误差与相关系数

相对误差	0.0090	0.0153	0.0252	0.0321	0.0396
	0.0436	0.0491	0.0543	0.0609	0.0649
	0.0702	0.0733	0.0748	0.0792	0.0820
平均相对误差	0.0516				
相关系数	0.9722				

8.4.6　小结

（1）从表 8.11 与表 8.12 中可以看出，相对误差和相关系数随着预报时限的增加而增大，即预报效果随预报时限的增加而下降，其中 5 个月的短期预报效果最好，10 个月的预报效果也不错，到了 15 个月预报效果明显下降，但是相关系数差不多为 0.5，相对误差小于 35%，依然属于可接受的范围。

（2）根据表 8.11 与表 8.12，对三个不同时间尺度的面积指数预报效果进行比较，从总体上来看，在不同时间尺度上均有较好的预报效果，其中年代际预报效果最好，这是因为年代际突变比较少，比较平稳，所以即使 15 个月，预报效果也最好；而对于年际与季节内来说，预报效果主要取决于突变的情况，突变剧烈的预报效果下降明显，而突变不明显的，依然具有较好的预报效果。本文所构建的动力系统对于突变的敏感度尚还不够，不能很好地对突变的数据进行预报，在这方面依然还有着很大的改进空间。

（3）该动力系统之所以对于突变的反应不够灵敏，是因为在利用反演方法求解方程参数时基于最小二乘准则，该准则对于突变数据的预报有局限之处，从图中也可以明显看出，预报的曲线均为单一变化的直线，没有办法较好地反映出预报值的高低变化，在这方面，还存在着很大的改进空间，如采用遗传算法等改进预报效果。

（4）本论文目前只侧重于将不同时间尺度的环流背景与副高动力系统合理结合起来构建副高多层次耦合系统，但对于这些不同时间尺度副高系统之间的能量、动量和物质交换过程以及物理机制方面的分析还较少。有待于进一步的研究与探讨，从而深化对副高系统动力特性和非平稳行为以及副高异常活动本质的认识。

表 8.11　不同时间尺度系统在预报中的相对误差

	短期预报	中期预报	长期预报	平均值
季节内	0.1035	0.1497	0.2250	0.1594
年　际	0.2094	0.2956	0.2472	0.2507
年代际	0.0242	0.0394	0.0516	0.0384
平均值	0.1124	0.1615	0.1746	

表 8.12　不同时间尺度系统在预报中的相关系数

	短期预报	中期预报	长期预报	平均值
季节内	0.7680	0.9018	0.4642	0.7113
年　际	0.9593	0.8881	0.5194	0.7889
年代际	0.9884	0.9862	0.9722	0.9823
平均值	0.9052	0.9254	0.6519	

8.5　本章总结

8.5.1　本章工作总结

由于副高系统的非线性、副高变化的非平稳性、副高影响因子的多样性和副高动力机理的复杂性,使得副高研究的难度很大,副高活动异常和形态变异等问题的物理本质至今尚未彻底弄清。副高活动与变异不是孤立的,是与不同时空尺度环流背景密切关联和耦合互动的。目前副高研究较多考虑副高与东亚季风环流、中高纬环流以及高层南亚高压环流等不同空间尺度系统的相互影响,如何将不同时间尺度(年代际,年际和季节内等)的副高系统耦合起来考虑,是副高研究有待深入探索的科学问题,也是当前副高研究的空白。为此,本章在前期工作基础之上,针对目前副高研究中存在的上述重难点问题,进一步深入开展副高活动与多层次系统耦合、非线性动力系统重构,以及在此基础之上的副高活动与变异非平稳行为分析和非线性机理探索。该项研究工作既有科学意义、也有实用价值,更有重要的社会意义。

本章借鉴复杂系统的层次耦合思想,着重考虑如何将不同时间尺度的环流背景与副高动力系统合理结合起来构建副高多层次耦合系统,揭示这些不同时间尺度副高系统之间的能量、动量和物质交换过程和物理机制,进而深化对副高系统动力特性和非平稳行为以及副高异常活动本质的认识,这也是本章开展的创新探索和研究内容。基于非平稳复杂系统的思想,本章提出了将三种不同时间尺度的副高系统联系起来构建副高动力系统的研究思路,从而达到对副高系统进行预报的目的。

如图 8.16 所示,本章具体完成的工作有:(1) 数据处理。首先从西太副高面积指数入手,因为面积指数是用来反映副高强度的一种参数,对美国国家环境预报中心(NCEP)提供的 1960—2019 年 60 年间的 500 hPa 位势高度每日数据,以及 1948—2019 年 72 年的 500 hPa位势高度月平均数据重构西太副高的面积指数,选取其中副高显著的月份资料重新组合出面积指数的时间序列。在此基础上,利用滤波与经验模态函数(EMD)的方法,分别分离出西太副高面积指数在三种时间尺度上的时间序列,通过绘图发现西太副高系统在季节内与年际变化是显著的,同时具有一定的周期性,但到了年代际尺度上,变化平缓,从多年的资料研究角度来看,依然具有一定的变化规律,存在一定的变化周期。(2) 动力系统的构建。在第一步的基础上根据复杂系统的层次耦合思想,并参考灰色自记忆模型等基本反演方法,来建立副热带高压多层次非线性动力模型。(3) 动力系统的检验与分析。将动力系统预报的结果与实际天气和气候事实进行对比,验证副热带高压多层次非线性动力模型的正确性。为检验其预报的准确性,分别进行短期预报(五个月)、中期预报(十个月)以及长期预报(十五个月),将预报值与原始数据比对,计算其相对误差与相关系数,从而来检验预报是否具有可信度,如表 8.11 与 8.12 所示。结果表明预报效果随预报时限的增加而下降;对三个不同时

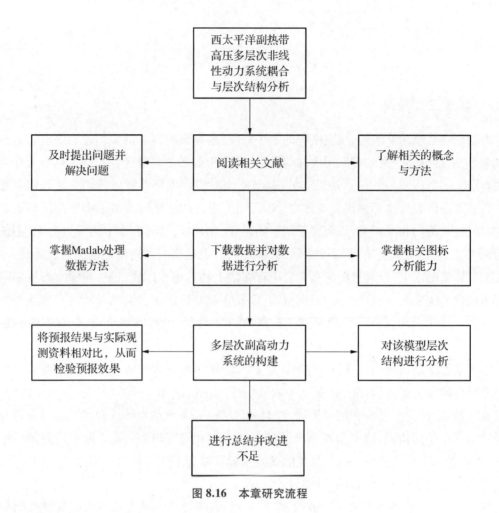

图 8.16　本章研究流程

间尺度的面积指数预报效果进行比较,年代际预报效果最好,因为年代际突变比较少,比较平稳。即使过了 15 个月,预报效果也最好,而对于年际与季节内来说,预报效果主要取决于突变的情况,突变剧烈的预报效果明显下降;而突变不明显的,依然具有较好的预报效果。

综上所述,本章对于副高的研究,重点在于开展了副高多层次动力系统的建立与分析。但对于该系统动力特性的分析以及非平稳行为讨论等方面还有待创新探索。若能将系统的构建与机理的研究相结合,从影响副高的众多影响因子中检测优选,那么对于副高的研究则可以更深入一步。

8.5.2　创新之处

前人对副高季节内,年际和年代际的异常变化均有研究,围绕副高季节内异常活动的动力机制也开展过深入的研究探索,将副高模型的平衡态稳定性分析和分岔、突变等动力行为结合起来讨论,也取得了一些有益的结果。但这些研究通常是将不同时间尺度的副高活动分开研究考虑的,由于不同时间尺度的副高系统并不是孤立的,彼此之间存在着内在关联和相互制约,研究副高季节内异常活动不能脱离其年际和年代际的气候背景。将多时间尺度的副高系统(年代际,年际,季节内)与气候背景系统耦合起来综合考虑尚属副高研究的创新思路。

本章对于西太平洋副热带高压的研究正是基于非平稳复杂系统的层次耦合思想,从而建立副热带高压多层次非线性动力模型以达到对于西太副高天气的预测。通过引入复杂系统的层次耦合思想使得建立的副热带高压多层次非线性动力模型更加符合实际的天气情况,该模型的建立能更加准确地预报西太平洋副热带高压的天气状况并且更接近真实状况。如果这个模型后续进一步发展,必将建立一个更适用于西太副高研究及其天气预测的系统。

参考文献

[1] 曹鸿兴,封国林.界壳论及其应用[J].气象科技进展,2016,6(1):54-57.

[2] 吕继强,沈冰,邵年华,等.黄河径流长期演化模式与 EMD 灰色自记忆模型[J].水力发电学报,2012,31(3):25-30.

[3] 张韧,洪梅,刘科峰,等.基于副热带高压异常活动个例的动力模型重构与变异特性剖析[J].地球科学进展,2014,29(11):1250-1261.

[4] 黄建平,衣育红.利用观测资料反演非线性动力模型[J].中国科学(B 辑 化学 生命科学 地学),1991,3:331-336.

[5] 杨培才,卞建春,王革丽,等.气候系统的层次结构和非平稳行为:复杂系统预测问题探讨[J].科学通报,2003,13:1470-1476.

第 三 篇

基于人工智能的副高中长期预测研究

第 三 篇

基于人工智能的副高中长期预测研究

第九章　模糊聚类与遗传优化的副高诊断预测

9.1　引　　言

　　西太平洋副高作为东亚夏季风系统的重要成员,与东亚夏季风系统成员之间存在着相互作用、互为反馈的相关性。西太副高异常与东亚夏季风活动的异常经常相伴随,导致了长江流域出现洪涝和干旱灾害。弄清副高与东亚夏季风系统成员关联的天气事实和变化规律,对预测副高活动具有十分重要的意义。黄荣辉等[1]的研究强调了热带西太平洋对流对副高活动的影响;喻世华等[2]研究指出,副高在东亚副热带地区的活动与东亚大陆季风雨带和南海季风槽雨带关系密切,强对流降水凝结潜热的热力强迫作用对副高有明显的反馈作用;张韧[3-4]基于变分原理和不稳定理论从系统能量角度论证了上述观点,提出了东亚雨带和季风槽雨带及环流分布影响副高稳定性的动力机理和能量判据,随后用小波包分解重构方法讨论了印度洋和南海地区的夏季风活动对西太副高的影响,揭示了两者之间的一些相关特性[5-6]。

　　上述研究多是针对副高与夏季风系统中某些重要因子进行分析讨论,由于副高活动受多种因子的共同影响制约,彼此共处于非线性系统之中,因此,讨论副高与有限的季风系统因子之间的相互作用,用单个因子讨论结果的累加来替代多因子的作用是有缺陷或是不完整的。

　　针对上述问题,本文通过统计分析,选择了多个显著的季风影响因子,将其构成高维特征空间映射点集,随后引入遗传算法、模糊 C 均值聚类和模糊减法聚类等方法,取其优势互补的研究思想,通过对季风影响因子的特征空间聚类和映射落区判别,实现了副高强度的聚类判别以及诊断预测。

9.2　研究资料与影响因子选择

9.2.1　研究资料与影响因子

　　本文所用研究资料为 NCEP/NCAR 提供的 2.5°×2.5°网格 10 年平均逐候再分析资料,包括 1958—1967、1968—1977、1978—1987 以及 1988—1997 年四个时间段 10 年平均的逐候再分析资料,每个时段序列长度为 73 候。参照中央气象台副高面积指数的定义[7]计算了上述四个时段之和时间序列(计 4×73 = 292 候)的副高面积指数,并选择上述相同时段序列中若干重要区域夏季风系统要素格点平均值作为候选因子。

　　通过将若干影响因子与副高面积指数作时滞相关分析,在相关性显著的条件下,基于预报目的考虑,选择超前副高面积指数1候的11个因子作为初始影响因子。

（1）马斯克林冷高强度指数（A）:[40°~60°E,15°~25°S]区域范围内的海平面气压格点平均值;

（2）澳大利亚冷高强度指数（B）:[120°~140°E,15°~25°S]区域范围内的海平面气压格点平均值;

（3）中南半岛感热通量（C1）:[95°~110°E,10°~20°S]区域范围内的感热通量格点平均值;

（4）索马里低空急流（D）:[40°~50°E,5°S~5°N]区域范围内850 hPa经向风格点平均值;

（5）南海低空急流 E1:[100°~110°E,5°S~5°N]区域范围内的850 hPa经向风格点平均值;

（6）印度季风潜热通量 FLH:[70°~85°E,10°~20°N]区域范围内的潜热通量;

（7）印度季风 OLR 指标 FULW:[70°~85°E,10°~20°N]区域范围内的外逸长波辐射 OLR 格点平均值;

（8）江淮梅雨对流降水率（M）:[110°~125°E,25°~35°N]区域范围内对流降水率（MCP）;

（9）青藏高压活动指数（XZ）:200 hPa 位势高度[95°~105°E,25°~30°N]—[75°~95°E,25°~30°N]范围格点平均值;

（10）孟加拉湾纬向风环流指数（J1U）:[80°~100°E,0°~20°N]区域范围内的 J1U = U850—U200 格点平均值;

（11）孟加拉湾经向风环流指数（J1V）:[80°~100°E,0°~20°N]区域范围内的 J1V = V850—V200 格点平均值。

上述初始影响因子与副高面积指数的时滞相关分析结果如表9.1所示。

表 9.1　各初始影响因子与副高面积指数的时滞相关分析

副高面积指数 SI	显著相关（0.01 置信水平）	极值
马斯克林高压 A	−1—0 候正相关显著（>0.65）	0 候时达到 0.694
澳大利亚高压 B	−4—−2 候正相关显著（>0.5）	−3 候时达到 0.559
中南半岛感热 C1	−2—0 候负相关显著（>−0.5）	−1 候时达到−0.518
索马里低空急流指标 D	−1—0 候正相关显著（>0.6）	0 候时达到 0.720
南海低空急流指标 E1	−2—0 候正相关显著（>0.6）	−1 候时达到 0.671
印度季风(潜热通量)FLH	−1—0 候正相关显著（>0.6）	0 候时达到 0.644
印度季风(OLR)FULW	0—1 候负相关显著（>−0.6）	0 候时达到−0.684
江淮梅雨(降水量)MCP	−1—0 候正相关显著（>0.65）	0 候时达到 0.677
青藏高压 XZ(东部型)	−1—1 候负相关显著（>−0.69）	0 候时达到−0.764
孟加拉湾纬向季风环流 J1U	−1—1 候正相关显著（>0.8）	0 候时达到 0.942
孟加拉湾经向季风环流 J1V	−1—1 候正相关显著（>0.8）	0 候时达到 0.915

考虑到20世纪70年代末—80年代初大气环流与副高系统存在较明显的年代际突

变[5]，为便于分析对比，我们将 1958—1997 年资料分为 1958—1977 前二十年和 1978—1997 后二十年两段来分别进行处理，将 1958—1977 前 20 年时段的副高面积指数划分成以下五类：异常偏弱 A1（面积指数 0—40）、偏弱 A2（面积指数 41—80）、正常 A3（面积指数 81—120）、偏强 A4（面积指数 121—160）、异常偏强 A5（面积指数 161—200）。1978 年以后的副高面积指数有增强的变化趋势[5]，故 1978—1997 后二十年时段的副高面积指数参照以上标准，每段数值做适当放大后予以划分。

上述 11 个影响因子与副高面积指数存在较好时滞相关性，但能否有效诊断和区分不同强度的副高面积指数尚需要作进一步的统计分析，为此我们针对不同强度的副高面积指数，分别制作上述 11 个影响因子的统计线箱图，以选择能够较好区分和判别不同副高面积指数情况的季风影响因子。

9.2.2　影响因子的聚类选择

分别进行 1958—1977 年期间前述 11 个初始季风影响因子与 5 类副高面积指数的统计箱线图分析（图略）。从资料可知样本总数是 145，图中盒子中间的线为样本中位数，分别表示 5 类副高面积指数的统计中值，盒子的上底和下底间为内四分位间距，盒子上下的两条线分别为样本的 25% 和 75% 分位数，表示中值附近 50% 样本的分布域；虚线贯穿盒子上下，表明样本其余部分（野值例外）。

从图中可以看出，对马斯克林高压（A）来说，A1、A2、A3 三类副高强度与 A4、A5 两类副高强度基本没有交叉，可以完全区分开；A1、A2、A3 三类副高强度之间虽有部分重合，但中位数相对独立，故亦有一定程度的可分性，A4、A5 情况类似，故马斯克林高压（A）可以较好区分 5 类不同强度的副高面积指数，选其为聚类分析因子。图中所示的青藏高压东部型因子（XZ）亦有类似情况，能较好区分 5 类副高强度指数（尤其是 A2、A3、A4 三类），亦选其为聚类分析因子。图中的江淮梅雨对流降水率（MCP）在 A1、A2、A3 三类副高强度之间存在明显重合现象，很难区分，不适合做聚类分析因子，故予剔除。同理，孟加拉湾经圈环流因子（J1V）对应的 5 类副高强度之间亦存在较明显的重合现象，不适宜做聚类分析因子，也予以剔除。

基于上述类似的分析判别原则，通过统计箱线图分析，最后选取得到 7 个较好的季风影响因子：马斯克林高压、澳大利亚高压、中南半岛感热、索马里急流 D、印度季风 OLR 值、青藏高压东部型、孟加拉湾纬圈环流指数。

对 1978—1997 后 20 年的影响因子，通过相同的方法分析，亦可找到能够较好区分 5 类副高强度的 7 个季风因子：马斯克林高压、澳大利亚高压、中南半岛感热、南海低空急流、印度季风 OLR 值、孟加拉湾纬圈环流指数、孟加拉湾经圈环流指数。

9.2.3　FCM-GA 聚类思想和映射分析

（1）基本思想

采用上述 7 个季风影响因子构成 7 维特征空间，分别将 5 类副高强度对应的季风影响因子的 7 维样本序列点集进行特征空间投影,然后进行聚类分析,以划分出各类副高强度对应的高维季风影响样本点集在特征空间中的投影映射域,进而实现对副高强度的划分。针对不同聚类方法存在的优缺点,我们基于以下综合优化方法思路进行聚类分析。

模糊 C 均值聚类(Fuzzy C-Means,FCM)是一种局部搜索和目标逼近能力强、应用广泛的聚类算法。由于各类强度的副高面积指数之间并无严格的界限,加上观测资料本身存在不可避免的一些误差,因此 FCM 算法及其隶属度概念,适宜刻画和描述副高指数分类的上述模糊特征。但 FCM 方法存在两个固有缺点:迭代收敛过程中的误差局部极小和聚类结果对初值敏感;遗传算法(Genetic Algorithm,GA)是一种基于生物自然选择与自然遗传机理的全局优化算法,具有全局搜索优势,但其局部优化能力有限。因此,FCM 与 GA 算法存在很好的优势互补。但是,无论 FCM 算法还是 GA 算法,都需要预先人为给出聚类数目,这既缺乏充分的客观性,也不利于副高指数强度的自动分类实现。为此可以借助于模糊减法聚类(Fuzzy Subtractive Clustering,FSC),该方法将每个数据点均作为可能的聚类中心,根据该数据点周围的样本数据点密度来估算该点作为聚类中心的可能性,第一个聚类中心选出后,继续采用类似方法选择下一个聚类中心,直到所有剩余数据点作为聚类中心的可能性低于某一阈值。减法聚类的上述思想使其适宜实时副高强度聚类数的客观估算,但由于 FSC 只是单次判别算法,用它来搜索和逼近各聚类中心的最佳位置,效果并不好。

综合 FCM、GA 和 FSC 方法各自的优势和缺点,我们提出如下技术途径和解决方案:首先用 FSC 方法客观估算出各类强度的副高面积指数样本在特征空间中的聚类数,之后利用遗传算法全局搜索优势进行聚类分析,确定出具有较好全局结构特性的聚类结果,随后利用FCM 局部寻优特性对 GA 聚类结果进行局部调整优化,最后得出副高面积指数综合优化聚类结果,以及各类副高强度对应的季风影响因子在特征空间中的映射区域,以此作为副高强度分类的判据。模糊 C 均值聚类、遗传算法和模糊减法聚类均是成熟可靠的计算方法,其算法原理可参考相关的文献专著,在此不再赘述。

(2)映射分析

以 1959—1977 二十年 5 类副高面积指数及其对应的 7 维季风影响因子的样本点集进行聚类映射分析。由于副高活动的复杂性与观测资料误差,各类副高面积指数对应影响因子的高维样本点在特征聚类空间中的投影分布表现得较为散乱,影响因子样本点集若未经处理就汇集映射于同一特征空间,则各类投影点将交叉重叠,变得杂乱无章,根本无法进行聚类分析(图略)。

为此,我们基于(1)节所述的方法思路,首先对各类副高面积指数样本作独立聚类分析,在此基础上将各类副高指数独立的聚类结果进行集成并作必要的分割处理,最后得到 7 维特征空间中各类副高面积指数分别对应的特征隶属区域(每类副高强度可以有多个独立的特征隶属区域),并以影响因子在特征空间中投影点的落区位置属性作为副高强度划分的依据。

第一阶段:先对各类副高面积指数的影响因子样本在 7 维特征空间中的投影点集单独进行

聚类,找出其空间分布特征,确定各类副高指数的影响因子样本在特征空间中的聚类中心和隶属范围,并通过设定适当临界隶属度,将远离聚类中心的疏散点作为噪声去除。具体实施步骤:

① 先对 7 维特征空间中的影响因子样本数据进行模糊减法聚类,客观确定出聚类中心数目。经减法聚类确定的每类副高强度对应的影响因子的聚类数均为 2 类,即每类副高强度对应的影响因子在 7 维特征空间中均有两个聚类中心和隶属映射区域。

② 引入遗传算法(GA)分别对每类副高强度的影响因子样本进行聚类中心搜索,确定出各聚类中心对应的隶属范围,通过设定适当的临界隶属度,滤除边远零散点。遗传算法的聚类结果从全局意义上较好地找出以及确定了每类副高强度的聚类中心和隶属范围,但聚类结果的局部效果仍有待改进完善。

③ 采用模糊 C 均值聚类(FCM)方法对 GA 的聚类结果进行局部调整,即用 GA 确定的聚类中心替代常规 FCM 算法中随机产生的初始聚类中心,再作进一步的 FCM 聚类优化。

经上述步骤处理后,可得到 5 类副高强度各自对应的高维特征空间中影响因子的聚类中心和隶属域分布。显然,这些独立特征空间中的聚类中心和隶属区域尚不能用于实况副高面积指数的判别划分,必须将它们放入同一特征空间中集成,并作必要界定和分割处理后方可用作聚类分析判据。

第二阶段:将上述 5 类副高强度对应的 5 个独立特征空间以及空间中的聚类中心和隶属域合并于同一特征空间,旨在最终界定和分割出每类副高强度在同一高维特征空间中各自的类属区域范围。为便于直观显示,每类副高强度对应的聚类中心和隶属域分别被分解为若干三维图像表示。

经上述步骤综合处理后的结果表明,高维特征空间中,5 类副高强度的聚类中心位置彼此相互分离,各类副高强度的隶属域基本处于相对独立的位置(图 9.1—图 9.4),表明所选的影响因子能够较好地甄别和区分 5 类副高强度,所建立的特征空间聚类结果具有较好的代表性和可分性。

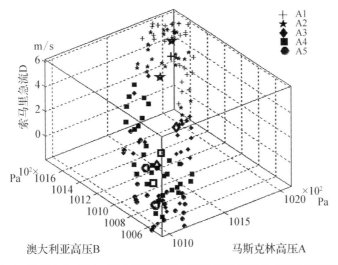

图 9.1　马斯克林高压—澳大利亚高压—索马里急流三维特征空间聚类图

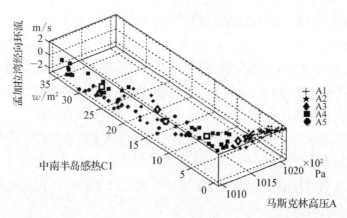

图 9.2　马斯克林高压—中南半岛感热—孟加拉湾经向环流三维特征空间聚类图

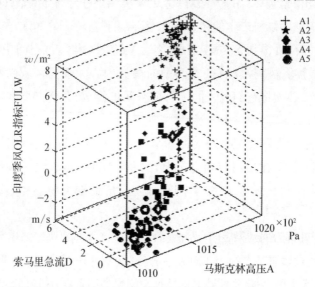

图 9.3　马斯克林高压—索马里急流—印度季风 OLR 指标 FULW 三维特征空间聚类图

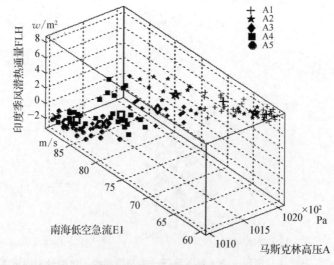

图 9.4　马斯克林高压—南海低空急流—印度季风潜热通量 FLH 三维特征空间聚类图

对 7 个影响因子组合可以得到 13 幅类似图 9.1—9.4 的三维聚类图(其余 9 幅略),经同样步骤处理的 1978—1997 后二十年资料可以得到 12 幅类似的聚类图(图略)。经以上两个阶段处理后所得的 7 维特征空间的聚类中心和隶属区域,即可作为实际副高面积指数强度划分的判据。

9.2.4 基于综合聚类的副高活动预测

为检测和验证所建特征空间聚类模型的副高分类预报效果,我们将 1958—1977 年和 1978—1997 年两个时段每类副高强度的影响因子样本分别带回相应的特征空间分类模型进行判别,以检验模型的分类效果,由于每类副高强度对应的季风影响因子均超前副高 1 候,因此判别结果有 1 候的预报意义。具体判别步骤:选择副高最弱的 31 候(分别对应的是第 1—3,7—8,10,12—16,20—22,24,66,72—84,95—96 候;也就是对应于 1958—1967 年的 1 月 1 日—1 月 15 日,1958—1967 年的 1 月 31 日—2 月 9 日,1958—1967 年的 2 月 16 日—2 月 19 日,1958—1967 年的 2 月 24 日—3 月 21 日,1958—1967 年的 4 月 5 日—4 月 19 日,1958—1967 年的 4 月 26 日—4 月 30 日,1958—1967 年的 11 月 22 日—11 月 26 日,1958—1967 年的 12 月 22 日,1968—1977 年的 2 月 24 日,1968—1977 年的 12 月 16 日—12 月 25 日)和副高最强的 13 候(分别对应的是第 38—39,44—45,107—108,111,116,118—121,127 候;也就是对应于 1958—1967 年的 7 月 4 日—7 月 13 日,1958—1967 年的 8 月 1 日—8 月 10 日,1968—1977 年的 5 月 14 日—5 月 23 日,1968—1977 年的 6 月 4 日—6 月 8 日,1968—1977 年的 6 月 29 日—7 月 3 日,1968—1977 年的 7 月 8 日—7 月 27 日,1968—1977 年的 8 月 21 日—8 月 25 日)7 个影响因子的时间序列,构成 7 维特征点序列并映射投影到特征聚类空间,通过判断该特征映射点在特征聚类空间中落区位置的属性,即可判定相应的副高强度类别,进而实现对副高面积指数的诊断预测。

表 9.2 是 1958—1977 年样本所建的副高聚类模型的判别效果。表中五种强度类型的副高面积指数判别正确率均大于 60%,特别是最弱和最强两种类型的副高判别准确率更是高于 80%。上述结果表明,该时段模型的副高判别预报效果是准确可行的。

表 9.2 1958—1977 年时段模型的判别拟合效果比较

判别值 实际值	最弱	较弱	正常	较强	最强	判定的正确率
最弱	25	5	1	0	0	80.6%
较弱	4	25	1	3	0	75.8%
正常	1	3	16	5	0	64%
较强	0	0	5	31	7	72.1%
最强	0	0	0	2	11	84.6%

1978—1997 年样本所建聚类判别模型的副高判别预报准确率均大于 70%,其中最弱类型副高判别效果达到 100%,总体判别预报效果优于 1958—1977 年聚类判别模型的副高分类效果(表 9.3)。

表 9.3　1978—1997 年时段模型的判别拟合效果比较

判别值 / 实际值	最弱	较弱	正常	较强	最强	判定的正确率
最弱	9	0	0	0	0	100%
较弱	5	34	5	0	0	77.3%
正常	0	4	21	1	1	77.7%
较强	0	0	4	33	4	80.5%
最强	0	0	0	3	21	87.5%

为进一步验证所建聚类模型的副高分类效果,我们将 1978—1997 年样本序列代入 1958—1977 年样本所建的分类模型进行预报判别。结果表明,模型对最强和最弱两种极端情况的副高面积指数的判别预报效果依然很好,属性判别基本正确,只有个别最弱/最强的样本被误判为较弱/较强(图略)。实验判别结果如表 9.4 所示,平均判别正确率大于 70%,但略低于同期分类模型的判别准确率(表 9.3)。

表 9.4　1958—1977 年时段模型的独立样本判别效果比较

判别值 / 实际值	最弱	较弱	正常	较强	最强	判定的正确率
最弱	7	2	0	0	0	77.8%
较弱	6	33	5	0	0	75%
正常	0	4	20	2	1	74.1%
较强	0	0	4	32	5	78%
最强	0	0	0	3	21	87.5%

将 1958—1977 年的样本代入 1978—1997 年样本所建的判别模型中进行判别试验。判别结果尽管略低于同期模型的拟合效果(表 9.2),但平均判别准确率大于 60%(表 9.5),仍然有较好的适用性和有效性。

表 9.5　1978—1997 年时段模型的独立样本判别效果比较

判别值 / 实际值	最弱	较弱	正常	较强	最强	判定的正确率
最弱	26	2	3	0	0	83.9%
较弱	6	22	5	0	0	66.7%
正常	1	4	15	4	1	60%
较强	0	0	5	31	7	72.1%
最强	0	0	0	3	10	76.9%

9.3 基于模糊系统的西太平洋副高与东亚夏季风系统的关联性分析和动力模型反演预报

西太平洋副高是东亚夏季风系统的重要成员,它与季风环流相互作用、互为反馈,共处于非线性系统之中,其异常活动经常导致我国江淮流域出现洪涝和干旱灾害。如1998年8月的长江流域特大洪涝灾害就是由于副高的异常南落所致,2006年盛夏重庆、川东地区出现的持续高温伏旱天气以及2007年7月淮河流域普降暴雨也是由于季节内副高持续偏北偏西的结果,2008年1月10日以来发生在我国南方的大范围持续性低温雨雪冰冻极端天气灾害也与副高异常偏强偏北,并多次向西伸展的反常行为有关。这些灾害均是由副高的异常活动所致,因此关于副高的研究历来被气象学家们所重视[8]。

西太平洋副高是高度非线性的动力系统,它的发展演变和异常活动通常是夏季风系统中众多因子通过非线性过程共同制约。前人对此做了大量的研究,如张庆云等[9]指出夏季副高脊线的二次北跳与赤道对流向北移动及低层赤道西风二次北跳关系密切;徐海明等[10-11]认为孟加拉湾对流的增强发展,一方面中断西太平洋—南海周边的对流活跃,同时又促使副高西部脊西伸增强;任荣彩等[12]的研究认为副高中短期变异的热力和动力机制与南亚高压异常活动和中高纬度环流异常都有着密切的关系;张韧等分别对季风降水、太阳辐射加热和季风槽降水对流凝结潜热等热力因素,对副高稳定性和形态变化的影响进行了诊断分析和研究[3,13];对东—西太平洋副高的遥相关等现象开展了分析和动力机理的讨论[14]。但是到目前为止,对副高这样的复杂天气系统,仍然很难准确弄清到底是哪些因子影响它,这些因子之间存在着怎样的非线性关系,以及不同因子对副高系统影响程度的大小等。如何从有限的观测资料中客观有效地提取出副高异常的主要夏季风影响因子[6],以及将观测资料中定性经验规则和隐含映射关系等进行提炼和归纳,升华成为定量控制系统与诊断预测模式,模糊系统方法提供了一条简捷而又有效的途径。由于自适应网络模糊推理系统(Adaptive-Netwook-Based Fuzzy Inference System,ANFIS)具有容错性、自适应学习和非线性等特性,因此适合模拟和研究副热带高压等动力学问题。本文首先用模糊系统ANFIS模型,讨论副高异常的2010年夏季风系统主要成员对副热带高压异常的影响和贡献,找出其影响最显著的三个因子分别是马斯克林冷高指数,印度季风潜热通量,青藏高压活动指数。

在副高与季风系统的诊断事实基础上,如何建立"精确"的副高及夏季风影响因子的非线性动力模型(非线性微分方程组)是进一步要考虑的问题。每一年副高的季节性转换都不同,副高异常进退与形态突变又是一个极为复杂的过程,因此,建立"精确"的副高及影响因子的非线性动力模型非常困难,而从实际年份副高及夏季风影响因子的时间序列资料中反演副高及其影响因子的动力学模型,是对副高形态变异进行机理研究和异常活动动力延伸预报的有益探索。张韧等[16]针对反演过程计算量偏大、误差和局部收敛等问题,利用遗传算法改进了模型参数的寻优效率;开展了副高指数的非线性动力预报模型重构的研究和应用[16];但是由于副高是一个复杂的系统,影响制约因素众多,所以建模要素的单一化制约了模型的合理性和健壮性。因此,本文基于前面所揭示的关于副高与季风系统的诊断事实,选取副高以及与之密切相关的马斯克林冷高指数、印度季风潜热通量和青藏高压活动指数,运用遗传算法和动力模型反演相结合的方法对副高及其影响因子的非线性动力模型反演以及模型参数优化,克服了建模要素单一化的问题,最后进行动力延伸预报实验。

9.3.1　资料与方法

（1）资料说明

利用美国国家环境预报中心（NCEP）和国家大气研究中心（NCAR）提供的 2010 年 5—10 月逐日的再分析资料。包括:（1）850 hPa、200 hPa 水平风场和位势高度场,500 hPa 位势高度场,海平面气压场资料,分辨率为 2.5°×2.5°;（2）地表感热和对流降水率资料的高斯网格资料;（3）NOAA 卫星观测的外逸长波辐射（OLR）资料。

（2）ANFIS 模糊推理系统

自适应网络模糊推理系统可以通过自适应和训练,实现在传统模糊系统中依靠经验调整隶属函数来提高逼近效率和减小误差。以复合式学习为基础,分别运用梯度下降法和最小二乘法来识别线性和非线性的参数,进而建立一系列"IF…THEN…"规则的模糊推理系统（图 9.5）。

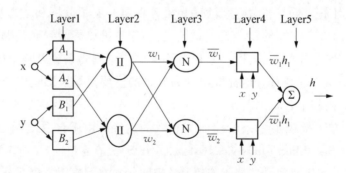

图 9.5　ANFIS 模糊系统结构图

并且逐渐调配出合适的隶属函数来满足模糊推理的输入和输出关系,基本意义如下:

Rule1: If x is A_1 and y is B_1, then $h_1 = p_1 x + q_1 y + r_1$;

Rule2: If x is A_2 and y is B_2, then $h_2 = p_2 x + q_2 y + r_2$;

其中 A_i,B_i 是隶属度函数映射值; x,y 为模糊推理系统的假设及训练输入; p_i,q_i,r_i 是模糊推理结论, $i=1,2$。采用加权平均法非模糊化,这样模糊推理的输出是 $h = \dfrac{w_1}{w_1+w_2} h_1 + \dfrac{w_2}{w_1+w_2} h_2$, w_i 是第 i 个节点的输出权重。模糊推理系统则表现成 Takagi-Sugeno 形式:

$$h = \overline{w}_1 h_1 + \overline{w}_2 h_2 = (\overline{w}_1 x)p_1 + (\overline{w}_1 y)q_1 + (\overline{w}_1)r_1 + (\overline{w}_2 x)p_2 + (\overline{w}_2 y)q_2 + (\overline{w}_2)r_2 \qquad (9.1)$$

在复合式学习过程中,由于前提和推理参数已经解耦(decoupled),并且 ANFIS 又是放射性的网络,所以其学习效率比神经网络要高。对于进一步的模糊逼近和信号去噪方面的知识,这里就不再详细阐述,具体可见相关文献[17-18]。

9.3.2　异常活动年份的副高强度的影响因子检测分析

（1）2010 年夏季副高活动的基本事实

不同年份的副高季节内变化与平均状况相比会有很大出入,特别是一些年份出现的副高"异常"活动经常造成东亚地区副热带环流异常和我国的极端天气事件。基于此,我们先对典型副高活动个例进行筛选和分析。2010 年是副高活动异常较为突出的年份,该年从 5 月开始到 9 月,副高面积指数均在均值以上,且在 7 到 8 月达到近 10 年来的最大峰值。正是由于副高强度的这种异常,造成了 2010 年我国气候异常,全年气温偏高,降水偏多,极端高温和强降水事件发生频繁。特别是 6 月至 8 月间出现的有气象记录以来最为强大的西太平洋副热带高压,直接造成了华南、江南、江淮、东北和西北东部出现罕见的暴雨洪涝灾害;5 月至 7 月华南、江南遭受 14 轮暴雨袭击,7 月中旬至 9 月上旬北方和西部地区遭受 10 轮暴雨袭击。因此,本文选取 2010 年夏季副高异常变化过程作为典型案例来分析其副高增强与季风系统成员的关联性。

（2）时滞相关分析

为了进一步揭示 2010 年的亚洲夏季风系统成员和副高的相关特征,本章研究对象采用中央气象台[7]定义的表征副高范围和强度形态的副高面积指数(SI),即在 2.5°×2.5° 网格的 500 hPa 位势高度图上,10°N 向北,110°E~180°E 的范围以内,平均位势高度大于 588 dagpm 的网格点数。其值越大,所代表的副高范围越广或者强度越大。

夏季风系统成员较多,与副高关系密切的因子也多。考虑到复杂性,首先将这些因子与副高面积指数进行时滞相关分析。筛选出其中相关性最好的 5 个因子进一步研究。分别是

（1）马斯克林冷高强度指数(MH):[40°~60°E,25°~35°S]区域范围海平面气压格点的平均值;

（2）索马里低空急流(D):[40°~50°E,5°S~5°N]区域范围 850 hPa 经向风格点平均值;

（3）印度季风潜热通量(FLH):[70°~85°E,10°~20°N]区域范围潜热通量;

（4）青藏高压活动指数(XZ):[95°~105°E,25°~30°N]—[75°~95°E,25°~30°N] 范围 200 hPa 位势高度格点平均值;

（5）孟加拉湾经向风环流指数(J1V):[80°~100°E,0~20°N]区域范围内 J1V = V850—V200 格点平均值;

其与副高面积指数(SI)的时滞相关结果如表 9.6 所示。

表 9.6　5 个主要影响因子与副高面积指数的时滞相关分析表

序号	夏季风系统主要成员	最大相关系数(时间)
1	马斯克林高压(MH)	0.85(8d)
2	索马里低空急流指标 D	0.90(6d)
3	印度季风(潜热通量)FLH	0.87(4d)
4	青藏高压 XZ(东部型)	−0.86(−2d)
5	孟加拉湾经向季风环流 J1V	0.91(2d)

（注:时延天数中正数表示季风成员变化超前副高面积指数变化;负数表示滞后）

从表中可以看出,相关性最好的五个因子与副高面积指数的相关系数均能达到 0.85 以上。南半球马斯克林高压在早期就对副高增强产生影响,两者关系十分密切,而且是正相关,这与前人所做的研究基本一致[19]。索马里低空急流指标(D),印度季风(潜热通量)FLH、青藏高压 XZ(东部型)以及孟加拉湾经向季风环流 J1V 与副高强度关系密切,与前人做的研究也是基本相符的[20-21]。

（3）副高与夏季风系统的模糊推理系统映射特征

ANFIS 利用一个有 2^N 个规则的 Sugeno-FIS(Fuzzy Inference System)来训练输入数据,其中 N 是输入数据的维数(一般 $N < 7$)。模糊系统训练后以 FIS 矩阵形式返回。本文采用由 5 个输入和 1 个输出网络构成的 ANFIS 模糊推理系统。模型的训练建立以及推理仿真均用 Matlab 语言,在 Fuzzy Toolbox 的仿真环境中实现。根据上节时滞相关的分析结果,分别将超前 8 天的马斯克林冷高强度指数(MH)、超前 6 天的索马里低空急流指标 D、超前 4 天的印度季风(潜热通量)FLH、滞后 2 天的青藏高压 XZ(东部型)以及孟加拉湾经向季风环流 J1V 作为 5 个输入数据集,而副高面积指数(SI)作为 1 个输出数据集用于训练（副高面积指数的训练时段为 2010 年 5 月 1 号到 10 月 31 日,共 184 天）。经过 250 次训练迭代之后,到达指定的误差量级(10^{-2}),建立起五个影响因子与副热带高压面积指数的模糊推理系统和模糊映射关系。(为便于绘图和比较,计算中的马斯克林冷高强度指数(MH)取距平值且统一除以 1000,索马里低空急流 D 取距平值且统一除以 10,印度季风(潜热通量)FLH 取距平值且统一除以 100,青藏高压 XZ(东部型)取距平值且统一除以 10,孟加拉湾经向季风环流 J1V 取距平值且统一除以 10,而副高面积指数(SI)距平值已统一除以 200)建立的模糊推理系统为一个多维系统,为了显示方便,本文取其不同的 3 维剖面来进行分析和比较,一共有 10 个三维剖面,这里举其中最有代表性的 4 个三维面来分析。

图 9.6 是超前 8 天的 MH 和超前 6 天的 D 与 SI 之间的输入、输出映射关系,图中 input1、input2 分别是超前 6 天的 D 和超前 8 天的 MH 输入,output 为滞后的 SI 输出。从图中可以明显看出,只要提前 8 天的马斯克林高压增强爆发(正距平),无论提前 6 天的索马里低空急流增强爆发或者减弱(正距平或者负距平),副高都会增强爆发(正距平),如图 A、B 点。如果提前 8 天的马斯克林高压很弱(负距平),无论提前 6 天的索马里低空急流是很强还是很弱

（正距平或者负距平），副高强度都会很弱（负距平），如图 C、D 点。所以就影响副高强度而言，马斯克林高压比索马里低空急流更显著。

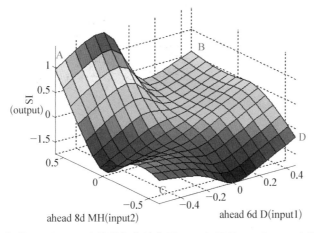

图 9.6　超前 8 天（input2）的马斯克林高压 MH 和超前 6 天（input1）的索马里低空急流 D 与副热带高压面积指数 SI（output）的模糊推理映射

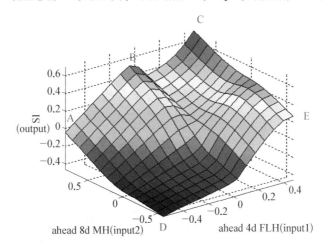

图 9.7　超前 8 天（input2）的马斯克林高压 MH 和超前 4 天（input1）的印度季风（潜热通量）FLH 与副热带高压面积指数 SI（output）的模糊推理映射

与图 9.6 不相同，从图 9.7 中可以看出，当提前 8 天的马斯克林高压增强爆发（正距平），这时如果提前 4 天的印度季风潜热通量很弱（负距平），副高此时强度变化不大，不会增强爆发（在 0 值附近），如图 A 点。随着提前 4 天的印度季风潜热通量从最小负距平增大到 0 再继续增大到最大正距平，相应的副高强度也会出现一个有意思的变化，从 0 增大，再忽然降到 0，再继续增大，直到达到副高的强度最高点（最大正距平），如图 B、C 点。提前 8 天的马斯克林高压很弱（负距平），如果提前 4 天的印度季风潜热通量相应也很弱（负距平），那么副高强度也会很弱（负距平），如图 D 点。但如果提前 4 天的印度季风潜热通量增强爆发（正距平），则有可能抵消马斯克林高压对副高的作用，使副高强度恢复正常，如图 E 点。所以，就影响副高强度而言，马斯克林高压与印度季风潜热通量都比较显著，需要共同作用对副高的影响效果才明显。

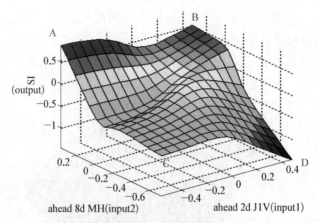

图 9.8 超前 8 天(input2)的马斯克林高压 MH 和超前 2 天(input1)的孟加拉湾经向
季风环流 J1V 与副热带高压面积指数 SI(output)的模糊推理映射

与图 9.6 索马里低空急流情况比较类似,从图 9.8 中可以看出,只要提前 8 天的马斯克林高压增强爆发(正距平),无论提前 2 天的孟加拉湾经向季风环流是否增强爆发或者减弱(正距平或者负距平),副高都会增强爆发(正距平),如图 A、B 点。与图 9.6 不同的是,程度变化不大。如果提前 8 天的马斯克林高压很弱(负距平),无论提前 2 天的孟加拉湾经向环流很强还是很弱(正距平或者负距平),副高强度都会很弱(负距平),如图 C、D 点。但与图 9.6 不同的是,随着孟加拉湾经向季风环流逐渐增大,副高强度反而越来越弱,但综合起来,对于影响副高强度而言,马斯克林高压比孟加拉湾经向季风环流更显著。

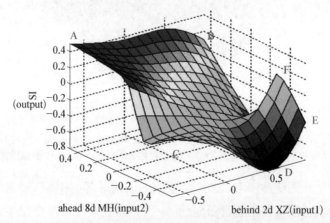

图 9.9 超前 8 天(input2)的马斯克林高压 MH 和滞后 2 天(input1)的青藏高压
XZ(东部型)与副热带高压面积指数 SI(output)的模糊推理映射

从图 9.9 中可以看出,由于青藏高压与副高是负相关,所以当提前 8 天的马斯克林高压增强爆发(正距平),而相对应的青藏高压处于最低气压控制(负距平最大)时,副高强度的增强爆发最明显,如图 A 点。当青藏高压处于最高气压控制(正距平最大)时,虽然副高强度也较大,但增强爆发并不明显,如图 B 点。如果提前 8 天的马斯克林高压很弱,则随着滞后 2 天的青藏高压从最小负距平增大到 0 再继续增大到最大正距平,相应的副高强度距平值也会出现一个变化,从 0 减小到最小值,再继续增大,如图 C、D、E、F 点。但滞后 2 天的青藏高压达到最大正距平时,副高强度距平值可能会出现两种结果,一种是回到 0 附近,也就是回归正常;还有一种仍然很小,也就是副高强度仍然很弱。所以,就影响副高强度而言,马斯克林高压与青藏高压都比较显著,影响的方面不同(一个正相关,一个负相关),需要共同作用对副高的影响效果才明显。

其他 6 个三维剖面也与前面的 4 幅图类似,由于篇幅关系,这里就不再详细描述,综合比较所有的模糊推理映射结果,分析可知,马斯克林高压 MH、印度季风潜热通量 FLH、青藏高压东部型 XZ 相较其他两个因子而言,对于 2010 年副高强度的影响更加显著。

上面推理映射特征大致反映了 2010 年的副热带高压与五个夏季风相关因子之间对应关系的基本事实和主要特征,由于该模糊推理系统的建立是完全基于五个夏季风相关因子指数与副高面积指数对应的时间序列数据集合,因而是比较客观可信的。

9.3.3　异常活动年份的副高及其相关因子的非线性动力模型反演

Takens 在其重构相空间理论中对从观测资料时间序列中重构动力系统的基本思想予以严格的证明和阐述,认为系统中任一分量的演变是由于其互相作用的其他分量所决定,因此这些相关分量的信息都可以隐含在任一分量发展过程之中[22]。这样,能够从有限的观测数据时间序列中反演重构出系统演变的动力学模型。为此,在前面对于异常年份检测诊断出马斯克林高压 MH、印度季风潜热通量 FLH、青藏高压东部型 XZ 对副高强度影响最为显著的基础上,本文拟用副高面积指数、马斯克林冷高强度指数、印度季风潜热通量和青藏高压东部型这四个时间序列,通过动力系统反演思想和模型参数优化途径,反演重构异常活动年份的副高及其相关因子的动力预报模型。

(1) 动力模型的重构思想

设任意一个非线性的系统随时间变化的物理规律为如下形式:

$$\frac{\mathrm{d}q_i}{\mathrm{d}t} = f_i(q_1, q_2, \cdots, q_i, \cdots, q_N), \quad i = 1, 2, \cdots, N \tag{9.2}$$

其中,f_i 为 $q_1, q_2, \cdots, q_i, \cdots, q_N$ 个变量组成的广义非线性函数,N 为其中变量的个数。上式的差分形式可表示为

$$\frac{q_i^{(j+1)\Delta t} - q_i^{(j-1)\Delta t}}{2\Delta t} = f_i(q_1^{j\Delta t}, q_2^{j\Delta t}, \cdots, q_i^{j\Delta t}, \cdots, q_N^{j\Delta t}), \quad j = 2, 3, \cdots, M-1 \tag{9.3}$$

其中,M 是所观测到资料的时间序列大小,从观测数据中可以通过反演和计算获取模型的参数和系统的结构。$f_i(q_1^{j\Delta t}, q_2^{j\Delta t}, \cdots, q_i^{j\Delta t}, \cdots, q_N^{j\Delta t})$ 为未知非线性函数,设 $f_i(q_1^{j\Delta t}, q_2^{j\Delta t}, \cdots, q_i^{j\Delta t}, \cdots, q_N^{j\Delta t})$ 由 G_{jk} 个包含变量 q_i 的函数展开项和对应的 P_{ik} 个参数 $(i = 1, 2, \cdots, N; j = 1, 2, \cdots, M; k = 1, 2, \cdots, K)$ 组成,即

$$f_i(q_1, q_2, \cdots, q_n) = \sum_{k=1}^{K} G_{jk} P_{ik}, \text{方程}(9.3)\text{的矩阵形式可表示为 } \boldsymbol{D} = \boldsymbol{GP},\text{其中}$$

$$D = \begin{Bmatrix} d_1 \\ d_2 \\ \cdots \\ d_M \end{Bmatrix} = \begin{Bmatrix} \dfrac{q_i^{3\Delta t} - q_i^{\Delta t}}{2\Delta t} \\ \dfrac{q_i^{4\Delta t} - q_i^{2\Delta t}}{2\Delta t} \\ \cdots \\ \dfrac{q_i^{M\Delta t} - q_i^{(M-2)\Delta t}}{2\Delta t} \end{Bmatrix}, G = \begin{Bmatrix} G_{11} & G_{12} & \cdots & G_{1K} \\ G_{21} & G_{22} & \cdots & G_{2,K} \\ \vdots & \vdots & & \vdots \\ G_{M1} & G_{M2} & \cdots & G_{M,K} \end{Bmatrix}, P = \begin{Bmatrix} P_{i1} \\ P_{i2} \\ \cdots \\ P_{iK} \end{Bmatrix} \qquad (9.4)$$

可通过实际数据的反演来确定前面叙述的未知方程组的系数项,也就是已知向量 D,来求得一个向量 P,可以满足上式。从 q_i 的角度来看,上式是一个非线性的系统,但从另外一个角度,即 P 的角度看(也就是认为 P 是未知数),这则是一个线性的系统,用最小二乘法来估计,这样可以让残差平方和 $S = (D - GP)^T (D - GP)$ 达到最小,进一步得到正则方程 $G^T G P = G^T D$。

因为 $G^T G$ 是奇异矩阵,所以可求出其特征向量与特征值,除去其中值为 0 的点,特征矩阵 U_L 将由余下的 $\lambda_1, \lambda_2, \cdots, \lambda_i$ 组成的对角矩阵 Λ_k 和相对应的特征向量组成。

$V_L = \dfrac{G U_i}{\lambda_i}, H = U_L \Lambda^{-1} V_L^t$,继续求得 $P = HD$,最终得到参数 P。

用前面叙述的方法,便可将非线性动力系统中的各个未知系数反演出来,进一步得到与观测数据对应的非线性动力方程组。

(2) 基于遗传算法搜索的副高及其相关因子的动力模型反演

普遍的参数估计方法(如最小二乘法和邻域搜索法等)都是单向搜索参数空间,需要将整个参数空间遍历一遍,效率较低,且由于依赖初始解和局限于误差梯度收敛的速度,参数的估计容易陷入局部的最优解、而并不是全局的最优解[23]。近年来发展起来的遗传算法是一种得到广泛应用的优化仿生方法,其优点在于并行计算能力和全局搜索效率,因此具有较好的误差收敛速度和参数优化能力。为此,本文拟以 T_1, T_2, T_3, T_4 表征选定的副高面积指数、马斯克林冷高强度指数、印度季风潜热通量指数和青藏高压东部型指数为时间序列,引入遗传算法进行动力模型重构和模型参数优化。

模型反演途径是基于上一节的基本思想,以残差平方和 $S = (D - GP)^T (D - GP)$ 最小为约束,同时模型参数种群(多解)和并行方式在参数空间中作最优参数搜索。设如下形式广义的二阶非线性常微方程组为拟反演重构的动力学模型,副高面积指数选择的时间是 2010 年 5 月 1 日至 7 月 31 日;马斯克林冷高强度指数由前面的分析可知,提前 8 天相关性最好,所以选择 2010 年 4 月 23 日至 7 月 23 日;同样印度季风潜热通量提前 4 天相关性最好,选择 2010 年 4 月 27 日至 7 月 27 日;青藏高压东部型滞后 2 天相关性最好,选择 2010 年 5 月 3 日至 8 月 2 日。

这四个时间序列的总长都是 92 天,将这四个时间序列作为模型输出的"期望数据",来进行模型参数的优化反演。

$$\begin{cases}
\dfrac{\mathrm{d}T_1}{\mathrm{d}t} = a_1 T_1 + a_2 T_2 + a_3 T_3 + a_4 T_4 + a_5 T_1^2 + a_6 T_2^2 + a_7 T_3^2 + a_8 T_4^2 + a_9 T_1 T_2 + \\
\qquad\quad a_{10} T_1 T_3 + a_{11} T_1 T_4 + a_{12} T_2 T_3 + a_{13} T_2 T_4 + a_{14} T_3 T_4 \\
\dfrac{\mathrm{d}T_2}{\mathrm{d}t} = b_1 T_1 + b_2 T_2 + b_3 T_3 + b_4 T_4 + b_5 T_1^2 + b_6 T_2^2 + b_7 T_3^2 + b_8 T_4^2 + b_9 T_1 T_2 + \\
\qquad\quad b_{10} T_1 T_3 + b_{11} T_1 T_4 + b_{12} T_2 T_3 + b_{13} T_2 T_4 + b_{14} T_3 T_4 \\
\dfrac{\mathrm{d}T_3}{\mathrm{d}t} = c_1 T_1 + c_2 T_2 + c_3 T_3 + c_4 T_4 + c_5 T_1^2 + c_6 T_2^2 + c_7 T_3^2 + c_8 T_4^2 + c_9 T_1 T_2 + \\
\qquad\quad c_{10} T_1 T_3 + c_{11} T_1 T_4 + c_{12} T_2 T_3 + c_{13} T_2 T_4 + c_{14} T_3 T_4 \\
\dfrac{\mathrm{d}T_4}{\mathrm{d}t} = d_1 T_1 + d_2 T_2 + d_3 T_3 + d_4 T_4 + d_5 T_1^2 + d_6 T_2^2 + d_7 T_3^2 + d_8 T_4^2 + d_9 T_1 T_2 + \\
\qquad\quad d_{10} T_1 T_3 + d_{11} T_1 T_4 + d_{12} T_2 T_3 + d_{13} T_2 T_4 + d_{14} T_3 T_4
\end{cases} \tag{9.5}$$

设上述方程组中的参数矩阵 $\boldsymbol{P} = [a_1, a_2, \cdots, a_9; b_1, b_2, \cdots, b_9; c_1, c_2, \cdots, c_9]$ 为种群,残差平方和 $S = (\boldsymbol{D} - \boldsymbol{GP})^T (\boldsymbol{D} - \boldsymbol{GP})$ 为目标函数值,遗传个体适应值取 $l_i = \dfrac{1}{S}$,总的适应值是 $L = \sum_{i=1}^{n} l_i$,具体的遗传操作步骤包括编码和种群生成、种群的适应度估算、父本选择、遗传交叉与基因变异等,计算原理以及详细说明可参考相关文献[24-25],此处不再赘述。计算取迭代步长为 1 天,经 45 次左右遗传操作的优化搜索,可迅速收敛于目标适应值,反演得到动力学方程组各项优化参数。剔除量级系数极小的较弱项后,可以反演得到如下副高面积指数及其相关因子指数时间序列的非线性动力模型。所得反演方程如下所示:

$$\begin{cases}
\dfrac{\mathrm{d}T_1}{\mathrm{d}t} = -27.6498 T_1 + 0.0086 T_2 - 8.5884 \times 10^{-8} T_2^2 + 2.7297 \times 10^{-4} T_1 T_2 + \\
\qquad\quad 1.3376 \times 10^{-5} T_2 T_3 \\
\dfrac{\mathrm{d}T_2}{\mathrm{d}t} = 320.4070 T_1 - 0.0389 T_2 - 48.2412^3 T_3 + 131.0975 T_4 + 4.0568 \times \\
\qquad\quad 10^{-7} T_2^2 - 0.0033 T_1 T_2 + 4.6539 \times 10^{-4} T_2 T_3 - 0.0013 T_2 T_4 \\
\dfrac{\mathrm{d}T_3}{\mathrm{d}t} = -33.3558 T_1 + 3.4796 T_3 - 10.7552 T_4 + 3.0873 \times 10^{-4} T_1 T_2 - \\
\qquad\quad 3.3682 \times 10^{-5} T_2 T_3 + 1.047 \times 10^{-4} T_2 T_4 \\
\dfrac{\mathrm{d}T_4}{\mathrm{d}t} = 0.1235 T_2 + 19.1364 T_4 + 0.0258 T_1^2 + 0.0025 T_3^2 + 0.0016 T_4^2 + \\
\qquad\quad 0.0093 T_1 T_4 + 7.7674 \times 10^{-5} T_3 T_4
\end{cases} \tag{9.6}$$

对其进行拟合检验,其中副高面积指数和印度季风潜热通量的时间序列拟合效果比较好,达到 0.9045 和 0.8977,而马斯克林冷高强度指数和青藏高压东部型的时间序列拟合效果稍微弱一些,相关系数是 0.8432 和 0.8651,但也达到了 0.8 以上。

9.3.4　副高及其相关因子的非线性建模预报实验

为检验上述模型的实际预测效果,选用未参加反演建模时段(2010 年 8 月 1 日—2010 年 9 月 5 日)的副高面积指数、马斯克林冷高强度指数、印度潜热通量指数和青藏高压东部型的时间序列来检验模型的预报效果。取 2010 年 8 月 1 日的副高面积指数、7 月 24 日的马斯克林冷高强度指数(超前 8 天)、7 月 28 日的印度潜热通量指数(超前 4 天)和 8 月 3 日的青藏高压东部型(滞后 2 天)的值作为初值,代入以上非线性动力模型方程组,进行模型的数值积分运算,得到 2010 年 8 月 1 日至 2010 年 9 月 5 日共 35 天的副高面积指数数值积分预测结果,如图9.10(a)所示。而其他三个因子的 35 天数值积分预测结果也如图 9.10(b)、(c)、(d)所示。由于篇幅关系,这里把 15,25,35 天的短、中、长期预报效果集中于一幅图中表示。

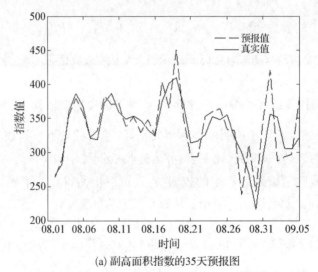

(a) 副高面积指数的35天预报图

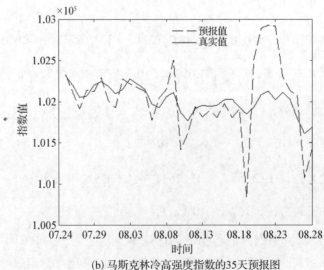

(b) 马斯克林冷高强度指数的35天预报图

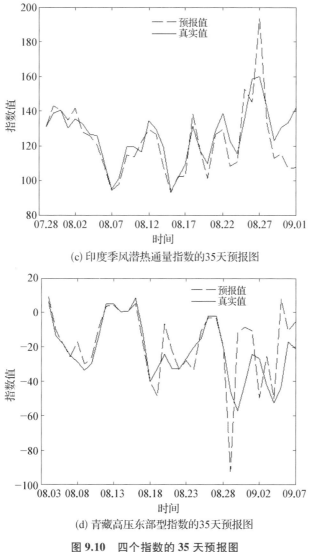

(c) 印度季风潜热通量指数的35天预报图

(d) 青藏高压东部型指数的35天预报图

图 9.10　四个指数的 35 天预报图

　　从图 9.10(a) 中可以看出,副高面积指数的预报效果很好,在前 15 天,不仅趋势预报准确,相关系数达到 0.9762,而且预报值与真实值之间的相对误差很小,只有 2.12%。在 15—25 天时,趋势预报准确,相关系数达到 0.9146,误差不大,是 3.76%。在接近 25 天时,误差增大,但是在 25—35 天时,趋势预报还很准确,高峰和低谷都预报了出来,相关系数为 0.8861,预报发散也不厉害,只有 9 月 1 号和 2 号的高峰值预报略为偏大一些,其余值预报都较为准确,35天内的误差也较好的控制在 5.24%。而从图 9.10(b)、(c)、(d) 这三幅图中可以看出,马斯克林冷高强度指数、印度季风潜热通量指数和青藏高压东部型指数也与副高面积指数类似,预报效果在 25 天之内,趋势预报很好,都在 0.85 以上,预报值与真实值的误差也都控制在 6% 以内。但是 25 天以后,这三个因子较副高面积指数而言其发散程度增加(这与数值积分后期易发散的特性有关),误差也增大,基本达到了 10%—15% 左右。特别是图 9.10(b) 的马斯克林冷高强度指数在 25 天之后发散更为明显,这可能是与其量级相较其他几个指数比较大有关。而印度潜热通量相较其他 2 个因子,25 天后发散不是很明显,这与前面拟合时印度潜热通量的拟合效果较好是相吻合的。

综合图 9.10 的四幅图可以看出,副高面积指数、马斯克林冷高强度指数、印度潜热通量指数和青藏高压东部型指数虽然长期预报会有发散现象,但是在 25 天以内的中短期预报效果还是很好的,误差基本不超过 7%,也很好地将指数的变化趋势预报了出来。

9.4　本章总结

针对传统聚类方法存在的缺点,本章采用了模糊 C 均值聚类(FCM)、遗传算法(GA)和模糊减法聚类(FSC)优势互补的思想方法,得到高维特征空间中各类副高面积指数强度的优化聚类中心和隶属区域判据。实际应用时,通过计算和判断 7 个季风影响因子映射点在特征聚类空间中的落区位置类属,即可确定其所对应的副高面积指数强度类别,进而实现副高面积指数强度的自动分类。实验结果表明,本文提出的副高分类判别预报思想和算法模型能较为客观准确地分析判别副高面积指数的强度类型,判别结果与实际情况基本相符,对分析和诊断、预测副高活动具有参考应用意义。此外,本文方法途径还可应用于建立副高脊点和副高脊线等其他副高指数的分类判别模型,具有较好的普适性和实用性。

基于模糊系统的检测分析与普通基于频率结构等滤波方法并不相同,本文利用模糊推理识别和逼近具体影响因子而产生扰动或贡献,进而有针对性地滤去其生成的干扰。因此,这种方法能够针对性地分析和检测出不同影响因子对大气或海洋系统变化及异常所起的作用或影响程度。本文正是利用模糊系统的容错性、自适应学习和非线性等优越性,讨论副高异常的 2010 年夏季风主要成员对副热带高压异常的贡献和影响,找出了对 2010 年副高异常作用最显著的三个因子:马斯克林高压、印度季风潜热通量、青藏高压东部型。

在此基础上,针对东亚夏季风环流演变与副热带高压活动极为复杂,动力模型难以准确建立的情况,提出用遗传算法从 2010 年实际观测资料中反演重构副高面积指数与三个显著因子动力模型的方法途径,客观合理地反演重构了副高面积指数与东亚夏季风影响因子的非线性动力模型,并进一步做了动力延伸预报实验。实验结果表明副高面积指数预报效果最好,不仅趋势预报准确,而且 35 天内的误差也较好地控制在 5.24%。马斯克林冷高强度指数、印度潜热通量指数和青藏高压东部型虽然长期预报(25 天以后)会有发散现象,但是在 25 天以内的中短期预报效果较好,误差基本不超过 7%,也很好预报了指数的变化趋势。但是在一些低谷值和高峰值的预报上仍然还有欠缺,这是下一步的工作方向。对比可以看出,反演模型的可操作性及预报时效明显优于常规统计预报方法(比如神经网络等)[25-26],为复杂的天气气候系统(尤其是无法获取其"精确"动力模型)的动力学研究及诊断预测提供了新的途径。

此外,本文模型在预报实验时,只需要提供动力方程组的初始值,不必像神经网络与统计回归预报那样提供众多的预报因子;模型亦可提供多个时效的预报,无须像统计方法需要建立多个的时效预报模型。因此,反演动力-统计预报模型的方法兼具了统计预报与数值预报方法的众多优点。

参考文献

[1] 黄荣辉,李维京.夏季热带西太平洋上空的热源异常对东亚上空副热带高压的影响及其物理机制.大气科学,1989,特刊:107－116.

[2] 喻世华,杨维武.副热带季风环流圈特征及其与东亚夏季环流的关系[J].应用气象学报,1991,2(3):242－247.

[3] 张韧,史汉生,喻世华.西太平洋副热带高压非线性稳定性问题研究[J].大气科学,1995,19(6):687－700.

[4] 张韧,史汉生,沙文钰.夏季东亚副热带反气旋进退的非线性机理讨论[J].应用数学和力学,1999,20(4):418－426.

[5] 张韧,余志豪,蒋全荣,等.南海夏季风活动与季内副高形态和西伸[J].热带气象学报,2003,2:113－121.

[6] 张韧,何金海,董兆俊,等.南亚夏季风影响西太副高活动的小波包能量诊断[J].热带气象学报,2004,2:113－121.

[7] 中央气象台长期预报组.长期天气预报技术经验总结(附录)[M].北京:气象出版社,1976,5－6.

[8] 黄露,何金海,卢楚翰.关于西太平洋副热带高压研究的回顾与展望[J].干旱气象,2012,30(2):255－260.

[9] 张庆云,陶诗言.夏季西太平洋副热带高压北跳及异常的研究[J].气象学报,1999,57(5):539－548.

[10] 徐海明,何金海,周兵.江淮入梅前后大气环流的演变特征和西太平洋副高北跳西伸的可能机制[J].应用气象学报,2001,12(2):150－158.

[11] 许晓林,徐海明,司东.华南6月持续性致洪暴雨与孟加拉湾对流异常活跃的关系[J].南京气象学院学报,2007,4:463－471.

[12] 任荣彩,吴国雄.1998年夏季副热带高压的短期结构特征及形成机制[J].气象学报,2003,61(2):180－195.

[13] ZHANG R, YU Z H. Numerical dynamical analyses of heat source forcing and restricting subtropical high activity[J]. Advance in Atmospheric Science, 2000, 17(1):61－71.

[14] 张韧,王继光,余志豪,等.Rossby 惯性重力孤立波与东、西太平洋副高活动的遥相关[J].应用数学和力学,2002,23(7):707－714.

[15] 张韧,洪梅,孙照渤,等.经验正交函数与遗传算法结合的副热带高压位势场非线性模型反演[J].应用数学与力学,2006,27(12):1439－1446.

[16] 张韧,洪梅,王辉赞,等.基于遗传算法优化的 ENSO 指数的动力预报模型反演[J].地球物理学报,2008,51(5):1346－1353.

[17] ZADEH L A. Fuzzy Sets[J]. Information and Control, 1965,8(3):338－353.

[18] TAKAGI T, SUGEON M. Fuzzy identification of systems and its application to modeling and Control[J]. IEEE Transactions on systems, Man, and Cybernetics, 1985,15(1):116-132.

[19] 薛峰,王会军,何金海.马斯克林高压和澳大利亚高压的年际变化及其对东亚夏季风降水的影响[J].科学通报,2003,3:287-291.

[20] 王会军,薛峰.索马里急流的年际变化及其对半球间水汽输送和东亚夏季降水的影响[J].地球物理学报,2003,1:18-25.

[21] 余丹丹,张韧,洪梅,等.亚洲夏季风系统成员与西太平洋副高的相关特征分析[J].热带气象学报,2007,1:78-84.

[22] TAKENS F. Detecting strange attractors in fluid turbulence. Lecture Notes in Mathematics, 1981, 898(2):366-381.

[23] 王凌.智能优化算法及其应用[J].北京:清华大学出版社,2001.132.

[24] 王小平,曹立明.遗传算法理论应用与软件实现[M].西安:西安交通大学出版社,2003.176.

[25] 刘科峰,张韧,洪梅,等.基于递阶遗传算法优化的副热带高压 BP 神经网络预报模型[C].2007 年中国智能自动化会议论文集,2007:895-899.

[26] 邹立维,周天军,吴波,等.GAMIL CliPAS 试验对夏季西太平洋副高的预测[J].大气科学,2009,33(5):959 970.

第十章　混合递阶遗传—径向基网络副高预报优化

10.1　引　　言

径向基函数神经网络(Radial Basis Function Neyral Network，RBFNN)由于具有非线逼近能力强、网络结构简单、学习速度快等优点,被广泛应用于函数逼近、模式识别、预测和控制等[1]领域。然而对于有效地确定 RBF 神经网络的结构和参数仍然没有系统的规律可循。在 RBF 神经网络中需要确定的参数有隐层节点数、隐层节点的中心参数和宽度、隐层到输出层的连接权值。这些参数,特别是中心参数的选取对网络的函数逼近能力具有很大影响,不恰当地选取这些参数会使网络收敛速度变慢甚至会造成网络发散,如何确定这些参数一直以来都是 RBF 网络研究的焦点问题。

目前大气科学中也开展了一些用遗传算法优化神经网络权值和结构的研究[2],但大部分研究局限于 BP 网络,因此本文尝试采用混合递阶遗传算法(Hyrid hierarchy genetic algorithms,HHGA)优化径向基网络结构和参数的方法,进行西太副高的预报优化研究。

10.2　径向基函数网络的数学模型

径向基网络(RBF)与人的视觉信息处理系统的原理相似,其中的隐单元传输函数所选取的核函数类似于视觉神经系统中视细胞与神经节之间的耦合函数,也就是"感受野"。它是视觉细胞对外界激励产生反应而接收信息所涉及的视网膜范围。满足径向对称分布,且只对视野范围内的输入产生响应。

径向基函数网络是将输入矢量扩展到或预处理到高维空间中的神经网络学习方法。RBF 神经网络结构类似于多层感知器(Multilayer Perceptron，MLP),属于多层静态前向网络的范畴,是一种三层前向网络。输入层由信号源结点组成;第二层为隐含层,单元数视所描述的问题而定;第三层为输出层,它对输入模式的作用做出响应。

构成 RBF 网络的基本思想:用 RBF 函数作为隐层神经元的"基"构成隐含层空间,这样就可将输入矢量直接映射到隐空间。当 RBF 函数的中心确定后,这种映射关系也就确定了。而隐含层空间到输出层空间的映射是线性的,即网络的输出是隐层神经元输出的线性加权和,此处的权为网络的可调参数。由此可见,网络由输入到输出的映射是非线性的,而网络对可调参数而言是线性的。这样网络的权就可由线性方程组解出或用 RLS(递推最小二乘)方法递推计算,从而大大加快了学习速度,避免局部极小问题。

输入样本 $X = [x_1, x_2, \cdots, x_N]^T$，将具有 N 个隐层神经元的 RBF 网络的输出层对隐层基函数的输出进行线性加权组合，并增加一个偏移量 b_0，则网络映射输出为

$$f(x) = \sum_{i=1}^{N} w_i \varPhi_i(x) \tag{10.1}$$

式中 $i = 1, 2, \cdots, M, M$ 为隐节点个数；

$\quad$ $X \in \mathbf{R}^N$ 为输入矢量；

$\quad$ w_i 为输出层神经元和隐层第 i 个节点之间的连接权；

$\quad$ $\varPhi_i(x)$ 为隐层第 i 个节点的归一化输出；

其中的 $\varPhi_i(x)$ 一般取为高斯函数：

$$\varPhi(\parallel X - C_i \parallel) = \exp\left(\frac{\parallel X - C_i \parallel^2}{2\sigma_i^2}\right) \tag{10.2}$$

式中的 σ_i 称为高斯函数的宽度，决定着高斯函数的形状，也决定了该中心点对应基函数的作用范围。

由上式可见 RBF 神经网络是通过非线性基函数组合来实现 $\mathbf{R}^N \to \mathbf{R}^M$ 的非线性映射。隐节点输出值的范围在 0—1 之间，对于与基函数中心 C_i 的径向距离相等的输入，隐节点产生相同的输出，隐层神经元的变换作用也可以看作是对输入数据进行特征提取。

10.3　RBF 网络的混合递阶遗传优化

10.3.1　混合递阶遗传算法

递阶遗传算法是根据生物染色体的层次结构提出的。它的染色体由两部分构成：①控制基因；②参数基因。控制基因由二进制数构成，每一位对应一个隐层神经元，控制基因若为"0"，表示该位置隐层节点不存在。若为"1"，表示该位置对应的隐层节点存在。对隐层神经元相关的中心参数和扩展参数 (σ_i, c_i) 以及对应的输出层权值 w_i，按实数编码得到参数基因。控制基因若为"0"，则其控制的参数基因解码后为 0，表示与该节点有关的参数和权值不存在。若为"1"，直接解码其控制的参数基因得到相应的中心参数、扩展参数和连接权。其训练径向基神经网络递阶染色体设计如图 10.1 所示。

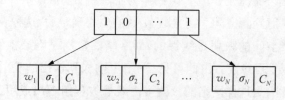

图 10.1　递阶遗传算法训练径向基神经网络的递阶染色体结构

虽然递阶遗传算法的径向基神经网络能够根据样本数据确定径向基神经网络的结构和参数,但在学习过程中,算法的收敛速度较慢。分析径向基神经网络的结构可知,径向基神经网络输出层为线性神经元,其权值可以采用最小二乘法求取。而基于递阶遗传算法的径向基神经网络学习算法将输出层神经元的连接权放到染色体中用遗传算法进行搜索,忽略了径向基神经网络的这一特点。另外,从遗传算法的角度来看,在进行编码时,必须遵循这样的原则:编码中的信息不应当超出表示可行解必需的信息。但就递阶遗传算法的编码而言,其参数基因编码信息中包含了冗余的信息,这大大降低了遗传算法的搜索效率。

为此,本文将递阶遗传算法与最小二乘法相结合,采用基于混合递阶遗传算法优化径向基神经网络。在混合递阶遗传算法中,染色体编码只包含隐层神经元的参数信息,即中心参数和扩展参数,而不包含输出层的权值信息(输出层权值是通过最小二乘法来确定的)。其染色体的编码如图 10.2 所示。

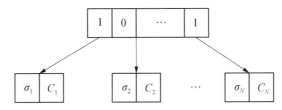

图 10.2　混合递阶遗传算法训练径向基神经网络递阶染色体结构

混合递阶遗传算法在优化径向基神经网络过程中,将优化问题的解空间 Θ 分解成为两个子空间 $\Theta_1 = \{n_c, C, \sigma\}$ 和 $\Theta_2 = \{w\}$ 进行设计。与递阶遗传径向基神经网络学习算法相比,一方面保留了递阶遗传算法训练径向基神经网络的优点,在确定神经网络结构的同时确定隐层神经元的参数,利用遗传算法的隐含并行性对解空间进行多点搜索,在全局范围内进行参数寻优。另一方面,混合递阶遗传算法减少了染色体参数数量。输出层权值由最小二乘法确定,递阶遗传算法只对隐层参数寻优。极大地提高了递阶遗传算法训练径向基网络的效率,使递阶遗传算法优点能够真正发挥出来。

10.3.2　算法设计与操作

(1)采用二进制对控制基因进行编码,在初始化时预设一个最大隐层节点数 N(本文取 $N = 2 \times IN + 10$, IN 为 RBF 网络输入节点的个数),则隐层编码为一长为 N 的 0、1 二进制码串,对径向基网络的神经元中心和宽度两个参数分别采用实数编码,则参数基因是长为 $N \times (IN + 1) + 2$ 的实数码串。

(2)在二值空间中随机生成控制基因种群,在中心参数和扩展参数的搜索空间 $[-2, 2]$,中心参数和扩展参数学习率的搜索空间 $[0.001, 0.005]$ 随机生成参数基因种群,种群大小取为 60。

(3)计算当前群体中所有遗传个体的适应度时,首先确定控制基因中为 1 的编码位置,进而确定隐层神经元的个数及其对应参数基因中相应位置的中心和宽度参数值。输入训练样本集中的训练样本,然后将训练样本集中的测试样本输入训练好的网络模型,按照适应度函数计算每个遗传个体的适应度。本文采用如下的适应度函数:

$$f = \frac{1}{k}\left(\sum_{i=1}^{k} \frac{1}{m} \sum_{j=1}^{m} \left| \frac{\hat{y}_j - y_j}{y_j} \right| \right) \tag{10.3}$$

其中 k(本文取 $k = 10$)为交叉检验的折数。m 为 k-折交叉检验中检验样本的个数。y_j 为训练集中的期望值,$\hat{y}_j$ 为混合递阶遗传神经网络模型的输出值。f 越小,个体的适应值越小。

(4)根据个体的适应度,对群体进行交叉和变异操作。控制基因采用单点交叉和离散变异,参数基因采用混合交叉和实值变异。本文取控制基因和参数基因的交叉概率为 0.8,变异概率为 0.0009。

(5)反复进行(3)和(4),每进行一次,群体就进化一代,一直进化到第 T 代(T 为总进化代数,本文 $T = 30$)。

(6)最终进化到 T 代时,全部进化结果结束。

(7)利用解码后的 RBF 网络信息(RBF 网络隐层神经元的个数、中心参数、扩展参数以及学习率)构建 RBF 网络,输入训练样本训练网络,然后输入检验样本进行预报。

10.4　应用实验及结果分析

10.4.1　实验资料

研究资料为美国国家预报中心(NECP)和美国国家大气研究中心(NCAR)提供的 1995—2005(11 年)年夏季月份(每年 5 月 1 日—8 月 31 日)共计 1353 天的 500 hPa 位势高度场、200 hPa 高度场、海平面气压场、850 hPa 风场、200 hPa 风场潜热、感热通量场序列逐日再分析资料。预报优化对象和模型训练目标为 500 hPa 位势场计算所得的逐日副高形态指数(面积指数、脊线指数、西脊点指数)。亚洲夏季风系统各成员指标:

(1)马斯克林冷高强度指数:

[40°E~60°E,25°~35°S]区域范围内的海平面气压格点平均值。

(2)澳大利亚冷高强度指数:

[120°E~140°E,15°~35°S]区域范围内的海平面气压格点平均值。

(3)北半球感热作用指标:

中南半岛:[95°E~110°E,10°~20°S]区域范围内的感热通量格点平均值;

印度半岛:[75°E~80°E,10°~20°S]区域范围内的感热通量格点平均值。

(4)索马里低空急流指数:

[40°E~50°E,5°S~5°N]区域范围内的 850 hPa 经向风格点平均值。

（5）南海低空急流指标：

E1：［100°E~110°E,5°S~5°N］区域范围内的 850 hPa 经向风格点平均值；

E2：［120°E~130°E,5°S~5°N］区域范围内的 850 hPa 经向风格点平均值。

（6）印度季风活动指标：

［70°E~85°E,10°~20°N］区域范围内的 850 hPa 经向风、纬向风、潜热通量。

（7）南海、东亚季风活动指标：

［105°E~120°E,10°~20°N］区域范围内的 850 hPa 经向风、纬向风、潜热通量。

（8）青藏高压活动指标：

青藏高压正常位置：［75°E~95°E,25°~30°N］区域范围内的 200 hPa 位势高度格点平均值；

青藏高压偏东位置：［95°E~105°E,25°~30°N］区域范围内的 200 hPa 位势高度格点平均值；

青藏高压偏西位置：［65°E~75°E,25°~30°N］区域范围内的 200 hPa 位势高度格点平均值。

（9）季风环流指数：

孟加拉湾地区纬向季风环流指数、经向季风环流指数：

［80°E~100°E,0°~20°N］区域范围内的 du＝u850—u200、dv＝v850—v200 格点平均值。

南海地区纬向季风环流指数、经向季风环流指数：

［100°E~120°E,0°~20°N］区域范围内的 du＝u850—u200；dv＝v850—v200 格点平均值。

印度半岛地区纬向季风环流指数、经向季风环流指数：

［60°E~80°E,0°~20°N］区域范围内的 du＝u850—u200、dv＝v850—v200 格点平均值。

（10）东西向环流指标：

青藏高压东西向环流指标：

［140°E~160°E,30°N］区域范围内的 200 hPa 纬向风格点平均值；

太平洋副高信风环流指标：

［140°E~160°E,15°N］区域范围内的 850 hPa 纬向风格点平均值。

（11）江淮梅雨指标：

［110°E~125°E,25°N~35°N］区域范围内的潜热通量（MLH）。

（12）纬向风指数：

［20°N~25°N,121°E~126°E］区域内 500 hPa 高度场的平均值。

根据时滞 1 天、3 天、5 天的格点相关分析结果,然后用基于逐步回归的最优子集回归方法,最终选取如表 10.1、表 10.2、表 10.3 中带星号的预报因子和副高面积指数,分别构建副高面积指数 1 天、3 天、5 天的遗传 RBF 网络的预报优化模型;选取如表 10.4、表 10.5、表 10.6 中带星号的预报因子和副高脊线指数,构建副高脊线指数 1 天、3 天、5 天的遗传 RBF 网络的预报优化模型;选取如表 10.7、表 10.8、表 10.9 中带星号的预报因子和副高西脊点指数,构建副高西脊点指数 1 天、3 天、5 天的遗传 RBF 网络的预报优化模型。

表 10.1　时滞 1 天全部可能回归的最优子集 $(m=15)$ 及相应的 $\overline{R}$、σ^2 和 S_p

	最优子集	$R \times 10^{-1}$	$\overline{R} \times 10^{-1}$	σ^2	$S_p \times 10^{-4}$
1	x_{32}	7.335	7.309	4.378	3.02
2	$x_{26}\ x_{32}$	7.579	7.531	4.068	2.83
3	$x_8\ x_{27}\ x_{32}$	7.667	7.598	3.975	2.78
4	$x_8\ x_{26}\ x_{27}\ x_{32}$	7.760	7.672	3.868	2.73
5	$x_8\ x_{26}\ x_{27}\ x_{32}\ x_{35}$	7.811	7.703	3.823	2.72 *
6	$x_8\ x_{19}\ x_{26}\ x_{27}\ x_{32}\ x_{35}$	7.838	7.709	3.814	2.74
7	$x_7\ x_8\ x_{19}\ x_{26}\ x_{27}\ x_{32}\ x_{35}$	7.861	7.710	3.813	2.77
8	$x_7\ x_8\ x_{19}\ x_{26}\ x_{27}\ x_{32}\ x_{34}\ x_{35}$ *	7.883	7.711 *	3.811 *	2.79
9	$x_5\ x_7\ x_8\ x_{21}\ x_{26}\ x_{27}\ x_{32}\ x_{34}\ x_{35}$	7.900	7.707	3.817	2.81
10	$x_1\ x_5\ x_7\ x_8\ x_{21}\ x_{26}\ x_{27}\ x_{32}\ x_{34}\ x_{35}$	7.921	7.706	3.819	2.85
11	$x_1\ x_5\ x_7\ x_8\ x_{19}\ x_{21}\ x_{26}\ x_{27}\ x_{32}\ x_{34}\ x_{35}$	7.935	7.698	3.831	2.88
12	$x_1\ x_5\ x_7\ x_8\ x_9\ x_{21}\ x_{26}\ x_{27}\ x_{29}\ x_{32}\ x_{34}\ x_{35}$	7.948	7.689	3.843	2.92
13	$x_1\ x_5\ x_7\ x_8\ x_9\ x_{19}\ x_{21}\ x_{26}\ x_{27}\ x_{29}\ x_{32}\ x_{34}\ x_{35}$	7.958	7.676	3.863	2.96
14	$x_1\ x_5\ x_7\ x_8\ x_9\ x_{19}\ x_{21}\ x_{26}\ x_{27}\ x_{28}\ x_{29}\ x_{32}\ x_{34}\ x_{35}$	7.971	7.666	3.878	2.99
15	$x_1\ x_5\ x_7\ x_8\ x_9\ x_{15}\ x_{19}\ x_{21}\ x_{26}\ x_{27}\ x_{28}\ x_{29}\ x_{32}\ x_{34}\ x_{35}$	7.976	7.646	3.907	3.04

表 10.2　时滞 3 天全部可能回归的最优子集 $(m=15)$ 及相应的 $\overline{R}$、σ^2 和 S_p

	最优子集	$R \times 10^{-1}$	$\overline{R} \times 10^{-1}$	σ^2	$S_p \times 10^{-4}$
1	x_{27}	2.896	2.759	8.808	6.27
2	$x_{16}\ x_{26}$	3.789	3.591	8.304	5.96
3	$x_{16}\ x_{26}\ x_{27}$	4.053	3.777	8.173	5.92
4	$x_{16}\ x_{26}\ x_{27}\ x_{35}$	4.236	3.885	8.093	5.91 *
5	$x_7\ x_{16}\ x_{26}\ x_{27}\ x_{35}$	4.369	3.942	8.052	5.93
6	$x_7\ x_{19}\ x_{16}\ x_{26}\ x_{27}\ x_{35}$	4.473	3.970	8.032	5.97
7	$x_7\ x_9\ x_{16}\ x_{26}\ x_{27}\ x_{31}\ x_{35}$ *	4.557	3.977 *	8.026 *	6.02
8	$x_7\ x_9\ x_{16}\ x_{26}\ x_{27}\ x_{31}\ x_{33}\ x_{35}$	4.611	3.948	8.049	6.09
9	$x_7\ x_9\ x_{15}\ x_{16}\ x_{17}\ x_{26}\ x_{27}\ x_{31}\ x_{33}\ x_{35}$	4.692	3.954	8.048	6.15
10	$x_7\ x_9\ x_{15}\ x_{16}\ x_{17}\ x_{26}\ x_{27}\ x_{31}\ x_{33}\ x_{35}$	4.771	3.959	8.043	6.20
11	$x_7\ x_9\ x_{15}\ x_{17}\ x_{21}\ x_{23}\ x_{26}\ x_{27}\ x_{31}\ x_{33}\ x_{35}$	4.829	3.938	8.059	6.27
12	$x_7\ x_9\ x_{12}\ x_{15}\ x_{17}\ x_{21}\ x_{23}\ x_{26}\ x_{27}\ x_{31}\ x_{33}\ x_{35}$	4.884	3.914	8.078	6.35
13	$x_7\ x_9\ x_{12}\ x_{15}\ x_{17}\ x_{21}\ x_{23}\ x_{24}\ x_{26}\ x_{31}\ x_{33}\ x_{35}$	4.921	3.863	8.115	6.44
14	$x_7\ x_9\ x_{12}\ x_{15}\ x_{17}\ x_{20}\ x_{21}\ x_{23}\ x_{24}\ x_{26}\ x_{27}\ x_{31}\ x_{35}$	4.954	3.805	8.157	6.53
15	$x_7\ x_9\ x_{12}\ x_{15}\ x_{16}\ x_{17}\ x_{20}\ x_{21}\ x_{23}\ x_{24}\ x_{26}\ x_{27}\ x_{31}\ x_{33}\ x_{35}$	4.979	3.734	8.208	6.64

表 10.3　时滞 5 天全部可能回归的最优子集($m=14$)及相应的 $\overline{R}$、σ^2 和 S_p

	最优子集	$R \times 10^{-1}$	$\overline{R} \times 10^{-1}$	σ^2	$S_p \times 10^{-4}$
1	x_{32}	3.467	3.356	8.566	6.31
2	$x_{28}\ x_{32}$	3.812	3.612	8.393	6.24*
3	$x_{28}\ x_{32}\ x_{33}$	3.908	3.612	8.393	6.29
4	$x_{23}\ x_{28}\ x_{32}\ x_{34}$ *	4.046	3.662*	8.358*	6.32
5	$x_{23}\ x_{28}\ x_{32}\ x_{34}\ x_{35}$	4.133	3.658	8.359	6.38
6	$x_{23}\ x_{24}\ x_{26}\ x_{28}\ x_{32}\ x_{34}$	4.197	3.628	8.381	6.46
7	$x_{23}\ x_{24}\ x_{26}\ x_{28}\ x_{32}\ x_{34}\ x_{35}$	4.269	3.608	8.395	6.53
8	$x_{22}\ x_{23}\ x_{24}\ x_{26}\ x_{28}\ x_{32}\ x_{34}\ x_{35}$	4.329	3.575	8.418	6.61
9	$x_{22}\ x_{23}\ x_{24}\ x_{26}\ x_{28}\ x_{32}\ x_{33}\ x_{34}\ x_{35}$	4.384	3.534	8.446	6.68
10	$x_{15}\ x_{17}\ x_{21}\ x_{23}\ x_{24}\ x_{26}\ x_{29}\ x_{32}\ x_{34}\ x_{35}$	4.398	3.435	8.513	6.81
11	$x_{15}\ x_{17}\ x_{21}\ x_{23}\ x_{24}\ x_{26}\ x_{29}\ x_{32}\ x_{33}\ x_{34}\ x_{35}$	4.461	3.405	8.534	6.89
12	$x_{15}\ x_{17}\ x_{21}\ x_{23}\ x_{24}\ x_{26}\ x_{29}\ x_{32}\ x_{33}\ x_{34}\ x_{35}$	4.494	3.329	8.583	6.99
13	$x_{15}\ x_{17}\ x_{21}\ x_{23}\ x_{24}\ x_{26}\ x_{28}\ x_{29}\ x_{32}\ x_{33}\ x_{34}\ x_{35}$	4.514	3.228	8.646	7.11
14	$x_5\ x_{15}\ x_{17}\ x_{21}\ x_{22}\ x_{23}\ x_{24}\ x_{26}\ x_{28}\ x_{29}\ x_{32}\ x_{33}\ x_{34}\ x_{35}$	4.543	3.139	8.701	7.23

表 10.4　时滞 1 天全部可能回归的最优子集($m=14$)及相应的 $\overline{R}$、σ^2 和 S_p

	最优子集	$R \times 10^{-1}$	$\overline{R} \times 10^{-1}$	σ^2	$S_p \times 10^{-4}$
1	x_{26}	7.508	7.483	3.969	2.7338
2	$x_{26}\ x_{35}$	7.298	7.888	3.408	2.3675
3	$x_8\ x_{26}\ x_{35}$	8.042	7.986	3.268	2.2894
4	$x_8\ x_{12}\ x_{26}\ x_{35}$	8.190	8.052	3.173	2.2417
5	$x_8\ x_{26}\ x_{33}\ x_{35}\ x_{36}$	8.259	8.103	3.099	2.209
6	$x_8\ x_{12}\ x_{26}\ x_{33}\ x_{35}\ x_{36}$	8.292	8.158	3.020	2.1716
7	$x_7\ x_8\ x_{12}\ x_{26}\ x_{33}\ x_{35}\ x_{36}$	8.317	8.176	2.993	2.1723
8	$x_7\ x_8\ x_{12}\ x_{15}\ x_{26}\ x_{33}\ x_{35}\ x_{36}$	8.345	8.184	2.983	2.1833
9	$x_7\ x_8\ x_{12}\ x_{15}\ x_{19}\ x_{26}\ x_{33}\ x_{35}\ x_{36}$ *	8.352	8.198*	2.965*	2.1894
10	$x_7\ x_8\ x_{12}\ x_{15}\ x_{19}\ x_{24}\ x_{26}\ x_{33}\ x_{35}\ x_{36}$	8.356	8.188	2.979	2.2205
11	$x_7\ x_8\ x_{12}\ x_{15}\ x_{19}\ x_{24}\ x_{26}\ x_{33}\ x_{34}\ x_{35}\ x_{36}$	8.362	8.174	2.999	2.2558
12	$x_7\ x_8\ x_{12}\ x_{15}\ x_{19}\ x_{23}\ x_{24}\ x_{26}\ x_{33}\ x_{34}\ x_{35}\ x_{36}$	8.367	8.161	3.019	2.2909
13	$x_7\ x_8\ x_{12}\ x_{15}\ x_{19}\ x_{23}\ x_{24}\ x_{26}\ x_{28}\ x_{33}\ x_{34}\ x_{35}\ x_{36}$	8.371	8.148	3.037	2.3264
14	$x_7\ x_8\ x_{12}\ x_{15}\ x_{19}\ x_{23}\ x_{24}\ x_{26}\ x_{28}\ x_{29}\ x_{33}\ x_{34}\ x_{35}\ x_{36}$	8.345	8.134	3.057	2.364

表 10.5　时滞 3 天全部可能回归的最优子集 $(m=14)$ 及相应的 $\bar{R}$、σ^2 和 S_p

	最优子集	$R \times 10^{-1}$	$\bar{R} \times 10^{-1}$	σ^2	$S_p \times 10^{-4}$
1	x_{26}	6.475	6.437	5.370	3.82
2	$x_8\ x_{26}$	7.066	7.005	4.669	3.35
3	$x_8\ x_{26}\ x_{36}$	7.143	7.054	4.607	3.34
4	$x_8\ x_{26}\ x_{33}\ x_{36}$	7.229	7.114	4.530	3.31
5	$x_8\ x_{26}\ x_{33}\ x_{35}\ x_{36}$	7.354	7.215	4.397	3.24 *
6	$x_2\ x_8\ x_{26}\ x_{33}\ x_{35}\ x_{36}$	7.389	7.225	4.385	3.26
7	$x_2\ x_8\ x_{26}\ x_{32}\ x_{33}\ x_{35}\ x_{36}$ *	7.436	7.246 *	4.356 *	3.27
8	$x_2\ x_8\ x_{12}\ x_{26}\ x_{32}\ x_{33}\ x_{35}\ x_{36}$	7.456	7.239	4.366	3.31
9	$x_2\ x_6\ x_8\ x_{12}\ x_{26}\ x_{32}\ x_{33}\ x_{35}\ x_{36}$	7.481	7.236	4.369	3.34
10	$x_2\ x_6\ x_8\ x_{12}\ x_{24}\ x_{26}\ x_{32}\ x_{33}\ x_{35}\ x_{36}$	7.505	7.234	4.372	3.37
11	$x_2\ x_6\ x_8\ x_{12}\ x_{19}\ x_{24}\ x_{26}\ x_{32}\ x_{33}\ x_{35}\ x_{36}$	7.528	7.229	4.379	3.41
12	$x_2\ x_6\ x_8\ x_{12}\ x_{15}\ x_{19}\ x_{24}\ x_{26}\ x_{32}\ x_{33}\ x_{35}\ x_{36}$	7.559	7.233	4.374	3.44
13	$x_2\ x_6\ x_8\ x_{12}\ x_{13}\ x_{15}\ x_{19}\ x_{24}\ x_{26}\ x_{32}\ x_{33}\ x_{35}\ x_{36}$	7.560	7.205	4.412	3.50
14	$x_2\ x_6\ x_8\ x_{10}\ x_{12}\ x_{13}\ x_{15}\ x_{19}\ x_{24}\ x_{26}\ x_{32}\ x_{33}\ x_{35}\ x_{36}$	7.574	7.189	4.434	3.55

表 10.6　时滞 5 天全部可能回归的最优子集 $(m=11)$ 及相应的 $\bar{R}$、σ^2 和 S_p

	最优子集	$R \times 10^{-1}$	$\bar{R} \times 10^{-1}$	σ^2	$S_p \times 10^{-4}$
1	x_{31}	6.449	6.411	5.487	4.04
2	$x_{19}\ x_{26}$	6.700	6.629	5.223	3.88
3	$x_{19}\ x_{26}\ x_{31}$	6.834	6.730	5.096	3.82 *
4	$x_{19}\ x_{26}\ x_{31}\ x_{36}$	6.889	6.754	5.067	3.83
5	$x_2\ x_{19}\ x_{26}\ x_{31}\ x_{32}$	6.953	6.786	5.026	3.84
6	$x_6\ x_{19}\ x_{26}\ x_{31}\ x_{33}\ x_{36}$	6.989	6.788	5.024	3.87
7	$x_2\ x_6\ x_{19}\ x_{24}\ x_{26}\ x_{31}\ x_{32}$	7.036	6.803	5.003	3.89
8	$x_2\ x_6\ x_{19}\ x_{26}\ x_{31}\ x_{32}\ x_{33}\ x_{36}$	7.073	6.808	4.998	3.92
9	$x_2\ x_6\ x_{19}\ x_{24}\ x_{26}\ x_{31}\ x_{32}\ x_{33}\ x_{36}$ *	7.105	6.809 *	4.997 *	3.96
10	$x_2\ x_5\ x_6\ x_{19}\ x_{24}\ x_{26}\ x_{31}\ x_{32}\ x_{33}\ x_{36}$	7.111	6.778	5.036	4.03
11	$x_2\ x_5\ x_6\ x_{19}\ x_{24}\ x_{26}\ x_{27}\ x_{31}\ x_{32}\ x_{33}\ x_{36}$	7.111	6.741	5.083	4.10

表 10.7　时滞 1 天全部可能回归的最优子集 ($m=15$) 及相应的 $\bar{R}$、σ^2 和 S_p

	最优子集	$R \times 10^{-1}$	$\bar{R} \times 10^{-1}$	σ^2	$S_p \times 10^{-4}$
1	x_{29}	6.376	6.338	5.820	4.01
2	$x_{26}x_{29}$	6.649	6.578	5.521	3.84*
3	$x_{24}x_{26}x_{29}$	6.681	6.575	5.527	3.87
4	$x_{15}x_{17}x_{26}x_{29}$	6.739	6.599	5.491	3.88
5	$x_{15}x_{17}x_{26}x_{29}x_{31}$	6.759	6.584	5.511	3.93
6	$x_{15}x_{17}x_{26}x_{29}x_{31}x_{32}$*	6.805	6.596*	5.496*	3.95
7	$x_{15}x_{17}x_{24}x_{26}x_{29}x_{31}x_{32}$	6.817	6.571	5.529	4.01
8	$x_{10}x_{15}x_{17}x_{24}x_{26}x_{29}x_{31}x_{32}$	6.823	6.539	5.568	4.08
9	$x_{15}x_{16}x_{17}x_{21}x_{24}x_{26}x_{29}x_{31}x_{32}$	6.830	6.509	5.607	4.14
10	$x_7x_{15}x_{16}x_{17}x_{21}x_{24}x_{26}x_{29}x_{31}x_{32}$	6.837	6.477	5.648	4.21
11	$x_7x_{10}x_{15}x_{16}x_{17}x_{21}x_{24}x_{26}x_{29}x_{31}x_{32}$	6.844	6.444	5.690	4.28
12	$x_7x_8x_{10}x_{15}x_{16}x_{17}x_{21}x_{24}x_{26}x_{29}x_{31}x_{32}$	6.849	6.409	5.734	4.35
13	$x_7x_8x_9x_{10}x_{15}x_{16}x_{17}x_{21}x_{24}x_{26}x_{29}x_{31}x_{32}$	6.855	6.372	5.778	4.43
14	$x_7x_8x_9x_{10}x_{15}x_{16}x_{17}x_{20}x_{21}x_{24}x_{26}x_{29}x_{31}x_{32}$	6.858	6.333	5.827	4.51
15	$x_7x_8x_9x_{10}x_{11}x_{15}x_{16}x_{17}x_{20}x_{21}x_{24}x_{26}x_{29}x_{31}x_{32}$	6.858	6.288	5.881	4.59

表 10.8　时滞 3 天全部可能回归的最优子集 ($m=10$) 及相应的 $\bar{R}$、σ^2 和 S_p

	最优子集	$R \times 10^{-1}$	$\bar{R} \times 10^{-1}$	σ^2	$S_p \times 10^{-4}$
1	x_{29}	3.353	3.239	8.849	6.30
2	$x_{12}\ x_{29}$	3.629	3.418	8.733	6.27
3	$x_{16}\ x_{29}\ x_{31}$	4.040	3.763	8.491	6.15*
4	$x_7\ x_{16}\ x_{29}\ x_{31}$	4.203	3.846	8.431	6.16
5	$x_7\ x_{14}\ x_{16}\ x_{29}\ x_{31}$*	4.268	3.854*	8.431*	6.23
6	$x_7\ x_{12}\ x_{14}\ x_{16}\ x_{29}\ x_{31}$	4.305	3.769	8.489	6.32
7	$x_7\ x_{10}\ x_{13}\ x_{14}\ x_{16}\ x_{29}\ x_{31}$	4.339	3.709	8.533	6.41
8	$x_7\ x_{10}\ x_{12}\ x_{13}\ x_{14}\ x_{16}\ x_{29}\ x_{31}$	4.380	3.6557	8.572	6.49
9	$x_7\ x_{10}\ x_{12}\ x_{13}\ x_{14}\ x_{16}\ x_{28}\ x_{29}\ x_{31}$	4.406	3.5804	8.625	6.59
10	$x_7\ x_{10}\ x_{12}\ x_{13}\ x_{14}\ x_{16}\ x_{24}\ x_{29}\ x_{31}$	4.417	3.4821	8.693	6.71

表 10.9　时滞 5 天全部可能回归的最优子集($m=11$)及相应的 $\bar{R}$、σ^2 和 S_p

	最优子集	$R \times 10^{-1}$	$\bar{R} \times 10^{-1}$	σ^2	$S_p \times 10^{-4}$
1	x_{29}	3.098	2.969	9.144	6.74
2	$x_{16}\ x_{26}$	3.444	3.214	8.992	6.68
3	$x_{16}\ x_{29}\ x_{31}$	3.833	3.528	8.784	6.59
4	$x_{16}\ x_{26}\ x_{29}\ x_{31}$	3.985	3.592	8.737	6.61
5	$x_{16}\ x_{23}\ x_{26}\ x_{29}\ x_{31}$	4.132	3.657	8.688	6.63
6	$x_6\ x_{16}\ x_{23}\ x_{26}\ x_{29}\ x_{31}$ *	4.211	3.665 *	8.688 *	6.70
7	$x_6\ x_{12}\ x_{16}\ x_{23}\ x_{26}\ x_{29}\ x_{31}$	4.248	3.582	8.744	6.79
8	$x_6\ x_{12}\ x_{16}\ x_{20}\ x_{23}\ x_{26}\ x_{29}\ x_{31}$	4.278	3.508	8.795	6.90
9	$x_7\ x_{10}\ x_{12}\ x_{13}\ x_{14}\ x_{16}\ x_{28}\ x_{29}\ x_{31}$	4.295	3.414	8.860	7.02
10	$x_7\ x_{10}\ x_{12}\ x_{13}\ x_{14}\ x_{16}\ x_{24}\ x_{28}\ x_{29}\ x_{31}$	4.312	3.315	8.928	7.14
11	$x_6\ x_7\ x_8\ x_{12}\ x_{16}\ x_{20}\ x_{23}\ x_{26}\ x_{28}\ x_{29}\ x_{31}$	4.322	3.199	9.004	7.27

　　为便于模型建立和预报结果的比较,将数据资料分为两部分:第一部分用于模型建立和拟合测试,所取数据为 1995—2003 年夏季(5 月 1 日至 8 月 31 日)共 1107 天;在建立模型的过程中,采用 k-折交叉检验方法,本文取 $k=10$。第二部分资料不参与建模,主要用于模型独立预报检验和预报效果评估,资料范围为 2003—2005 年夏季(5 月 1 日至 8 月 31 日)共 246 天。

10.4.2　面积指数的预报结果

　　图 10.3、图 10.5、图 10.7 分别给出了 1 天、3 天、5 天副高面积指数经过 30 次迭代后种群目标函数均值、最优解及 HHGA‐RBF 网络隐节点个数的变化曲线。从图中我们可以看出解的收敛速度比较快,经过 30 代的遗传操作基本上趋于收敛。图 10.4、图 10.6、图 10.8 给出了混合递阶遗传 RBF 网络的预报结果。从预报结果来看,1 天的预报结果与真实结果的相关系数为 0.7489,平均绝对误差为 22.01,比较理想。虽然细节上有些出入,但副高面积指数的整体变化趋势还是比较吻合的。3 天、5 天的预报效果不是很理想。为了说明混合递阶遗传 RBF 网络的优势,本文用同样的预报因子建立了递阶遗传 RBF 网络的预报模型,其结果见表 10.10。表中 lrw 表示权值学习率,lrc 表示中心参数学习率,lrs 表示扩展参数学习率,R 表示相关系数,MAE 表示平均绝对误差。由于混合递阶遗传径向基网络的权值由最小二乘法求得,故不存在权值学习率。通过上面的比较可以看出,无论从搜索效率还是从预报结果来看,混合递阶遗传径相基网络均优于递阶遗传 RBF 网络。

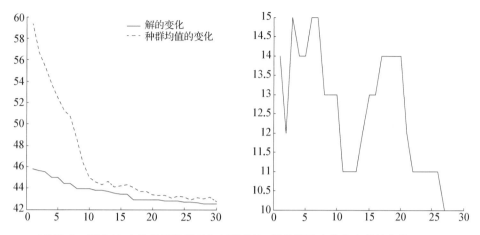

图 10.3　经过 30 次迭代后种群目标函数均值、最优解及隐节点个数的变化(1 天)

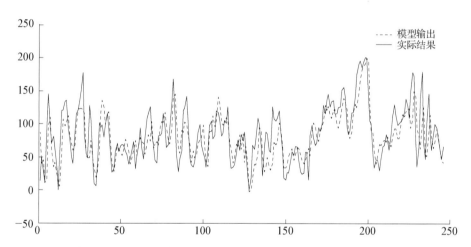

图 10.4　1 天面积指数的预报结果(点线:预报值,实线:实际值)

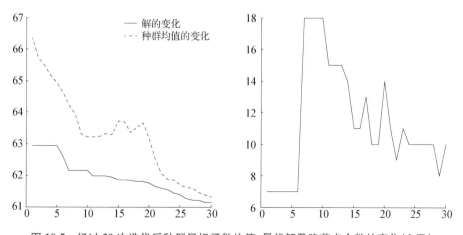

图 10.5　经过 30 次迭代后种群目标函数均值、最优解及隐节点个数的变化(3 天)

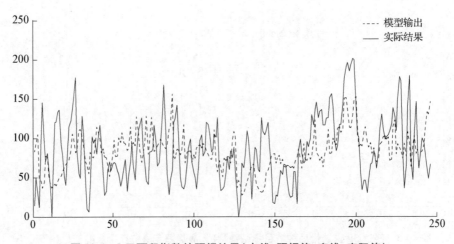

图 10.6　3 天面积指数的预报结果（点线：预报值，实线：实际值）

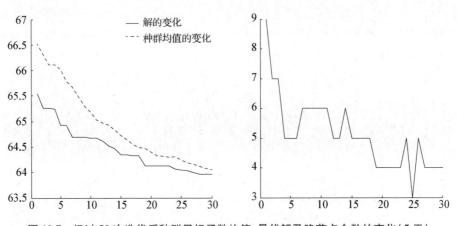

图 10.7　经过 30 次迭代后种群目标函数均值、最优解及隐节点个数的变化（5 天）

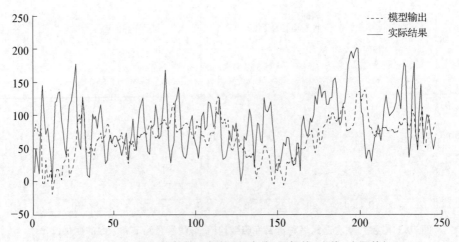

图 10.8　5 天面积指数的预报结果（点线：预报值，实线：实际值）

表 10.10　递阶遗传 RBF 网络和混合递阶遗传 RBF 网络的参数信息及预报结果

	1 day		3 day		5 day	
	HGA—RBF	HHGA—RBF	HGA—RBF	HHGA—RBF	HGA—RBF	HHGA—RBF
lrw	0.0050		0.0017		0.0047	
lrc	0.0041	0.0046	0.0016	0.0025	0.0041	0.0036
lrs	0.0046	0.0045	0.0030	0.0032	0.0038	0.0025
R	0.7489	0.7503	0.3405	0.3612	0.2949	0.2960
MAE	22.1979	22.0154	32.865	32.022	33.551	32.023

10.4.3　副高脊线指数的预报结果

图 10.9、图 10.11、图 10.13 分别给出了 1 天、3 天、5 天副高脊线指数经过 30 次迭代后种群目标函数均值、最优解及 HHGA－RBF 网络隐节点个数的变化曲线。从图中我们可以看出解的收敛速度比较快,经过 30 次迭代的遗传操作基本上趋于收敛。图 10.10、图 10.12、图 10.14给出了混合递阶遗传 RBF 网络的预报结果。从预报结果来看,1 天预报结果与实际结果的相关系数达到了 0.8265,5 天预报结果与实际结果的相关系数高于 0.6,预报结果比较理想。为了说明混合递阶遗传 RBF 网络的优势,本文用同样的预报因子建立了递阶遗传 RBF 网络的预报模型,其结果见表 10.11。从结果中可以看出混合递阶遗传 RBF 网络预报两个评价指标(平均绝对误差和相关系数)均优于递阶遗传 RBF 网络。

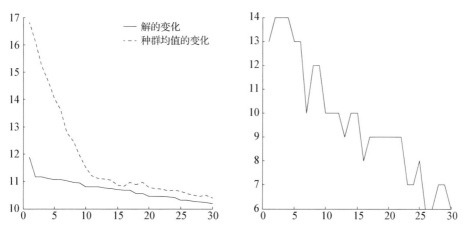

图 10.9　经过 30 次迭代后种群目标函数均值、最优解及隐节点个数的变化(1 天)

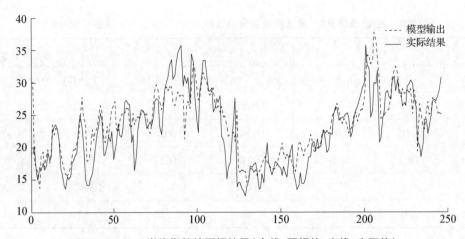

图 10.10　1 天脊线指数的预报结果（点线：预报值，实线：实际值）

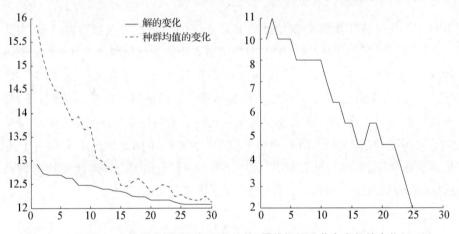

图 10.11　经过 30 次迭代后种群目标函数均值、最优解及隐节点个数的变化（3 天）

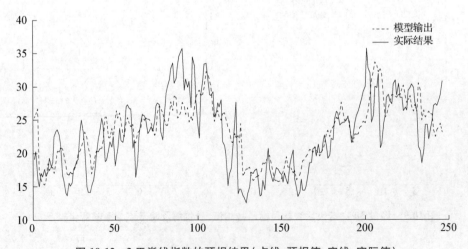

图 10.12　3 天脊线指数的预报结果（点线：预报值，实线：实际值）

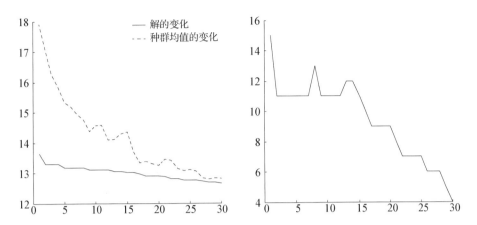

图 10.13　经过 **30** 次迭代后种群目标函数均值、最优解及隐节点个数的变化(**5** 天)

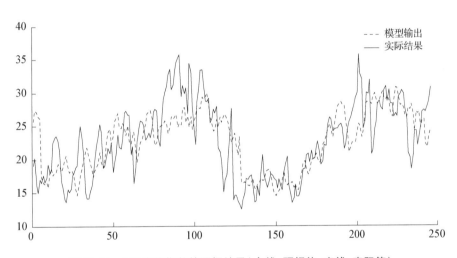

图 10.14　**5** 天脊线指数的预报结果(点线:预报值,实线:实际值)

表 10.11　递阶遗传 **RBF** 网络和混合递阶遗传 **RBF** 网络的参数信息及预报结果

	1 day		3 day		5 day	
	HGA—RBF	HHGA—RBF	HGA—RBF	HHGA—RBF	HGA—RBF	HHGA—RBF
lrw	0.0033		0.0043		0.0011	
lrc	0.0031	0.0036	0.0045	0.0038	0.0049	0.0042
lrs	0.0046	0.0039	0.0045	0.0043	0.0048	0.0040
R	0.8265	0.8503	0.7349	0.7400	0.6577	0.6710
MAE	2.4527	2.2554	2.9460	2.9320	3.3459	3.2655

10.4.4 副高西脊点指数的预报结果

图 10.15、图 10.17、图 10.19 分别给出了 1 天、3 天、5 天副高西脊点指数经过 30 次迭代后种群目标函数均值、最优解及隐节点个数的变化曲线。从图中我们也可以看出解的收敛速度比较快,经过 30 次迭代的遗传操作基本上趋于收敛。图 10.16、图 10.18、图 10.20 给出了递阶遗传 RBF 网络的预报结果。从预报结果来看,1 天的预报结果与真实结果的相关系数仅为 0.5162,3 天预报结果与真实结果的相关系数为 0.1605,这表明副高东进西退的变化异常复杂。尽管如此,我们仍然比较了混合递阶遗传 RBF 网络和递阶遗传 RBF 网络的预报结果,见表 10.12。通过比较可以看出,混合递阶遗传 RBF 网络的预报结果优于递阶遗传 RBF 网络。

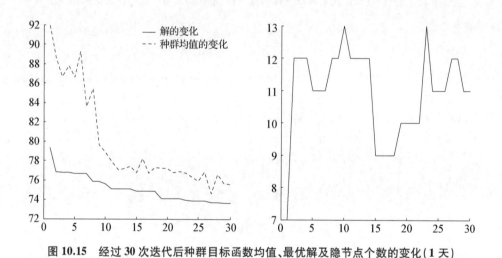

图 10.15　经过 30 次迭代后种群目标函数均值、最优解及隐节点个数的变化(1 天)

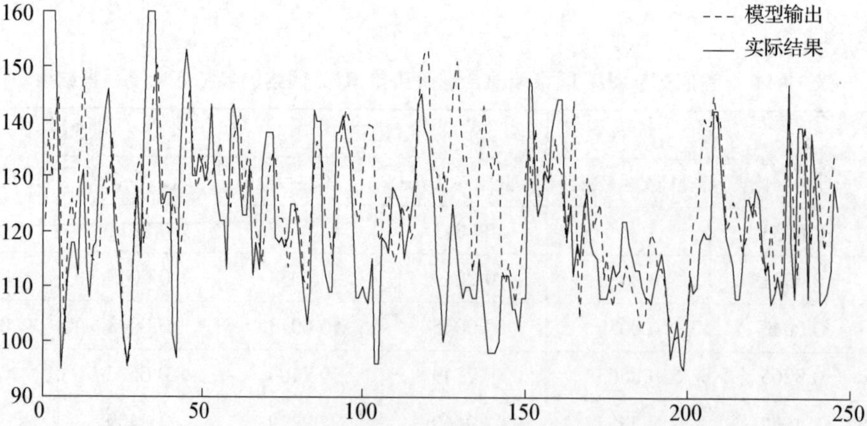

图 10.16　1 天西脊点指数的预报结果(点线:预报值,实线:实际值)

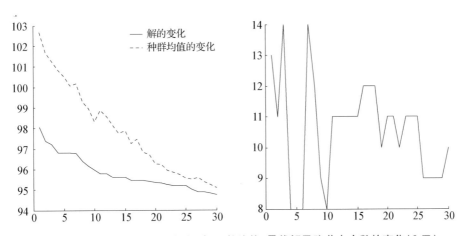

图 10.17　经过 **30** 次迭代后种群目标函数均值、最优解及隐节点个数的变化（**3 天**）

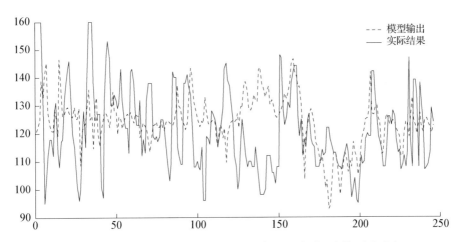

图 10.18　**3** 天西脊点指数的预报结果（点线：预报值，实线：实际值）

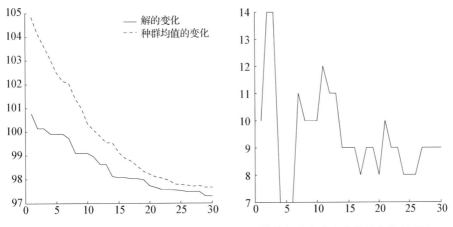

图 10.19　经过 **30** 次迭代后种群目标函数均值、最优解及隐节点个数的变化（**5 天**）

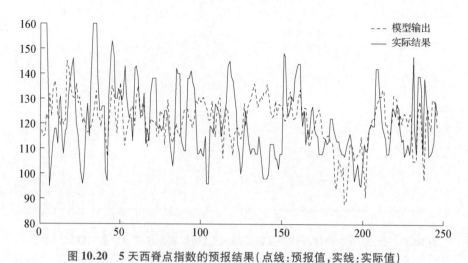

图 10.20　5 天西脊点指数的预报结果（点线：预报值，实线：实际值）

表 10.12　递阶遗传 RBF 网络和混合递阶遗传 RBF 网络的参数信息及预报结果

	1 day		3 day		5 day	
	HGA—RBF	HHGA—RBF	HGA—RBF	HHGA—RBF	HGA—RBF	HHGA—RBF
lrw	0.0045		0.0014		0.0035	
lrc	0.0048	0.0040	0.0024	0.0032	0.0035	0.0041
lrs	0.0048	0.0042	0.0050	0.0041	0.0048	0.0045
R	0.5162	0.5203	0.1453	0.1605	0.1572	0.2003
MAE	10.413	10.3123	12.7700	12.562	12.8055	12.3023

10.5　本章总结

　　径向基函数神经网络（RBFNN）由于具有非线性逼近能力强、网络结构简单、学习速度快等优点被广泛应用。然而有效确定 RBF 神经网络的结构和参数缺乏系统理论指导，仍无规律可循。大多情况下采用试凑法来选择网络结构和参数，不仅效率低且难以客观评价网络结构是否较优。针对 RBF 网络模型的参数和结构难以客观确定的问题，引入遗传算法全局寻优和并行计算优势，进行了 RBF 网络模型结构与参数的遗传优化研究和算法模型设计。基于递阶遗传算法的 RBF 网络算法能够客观确定 RBF 网络的结构和参数，但在学习过程中，算法的收敛速度较慢。分析 RBF 网络结构可知，RBF 网络输出层为线性神经元，可以采用最小二乘进行设计。而基于递阶遗传算法的 RBF 网络学习算法将输出层神经元的连接权放到染色体中用遗传算法进行搜索，忽略了 RBF 网络的这一特点。为此，本文将递阶遗传算法与最小二乘法相结合，采用混合递阶遗传算法客观确定 RBF 网络的结构和参数。即只对隐节点神经元的个数、中心参数和阈值进行混合编码，用遗传算法全局进行寻优，网络权值用最小二乘法确定。实验结果表明本文所设计的混合递阶遗传 RBF 网络模型的副高预报效率及效果较递阶遗传算法有明显改进和显著提高。

参考文献

[1] 李冬梅,王正欧.基于 RBF 网络的混沌时间序列的建模与多步预测[J].系统工程与电子技术.2002,24(6):81–83.

[2] 刘亚营.改进型遗传算法及其在神经网络参数优化中的应用[D].上海:上海海事大学,2005.

第十一章　小波分解与 LS-SVM 结合的副高指数预测

11.1　引　　言

在大量的统计预报方法中,尤其是在短期气候预测业务工作中,经常使用的是多元分析统计预报方法。该方法主要利用对预报量未来变化有影响的一些外生变量作为预报因子,来建立预报量与预报因子间的统计预报方程或模型。然而,预报模型的好坏与预报因子的优劣有很大关系,在气象预报中,预报因子和预报变量之间大都是一种非线性的影响关系。但目前预报因子的选取基本都基于线性相关的基础之上,很难筛选出比较好的影响因子,特别是和预报变量相关的中短期影响因子,这样做不但费时而且效果不明显。并且,副高是一个非常复杂的系统,引起它变化的影响因子很多,且错综复杂,一般很难肯定地认为副高未来的变化只与一些高度场、风场等因子有关。所以实际的副高预测问题很可能不仅受到副高变化的众多外生变量因子影响,同时也与副高自身的周期变化有关。

基于这样的分析,本章尝试利用最小二乘支持向量机结合小波分析的方法,研究和探讨仅利用副高自身变化来预测其未来变化趋势的途径。

11.2　小波分析

小波(Wavelet)分析是当前应用数学研究中一个迅速崛起的新领域,是泛函分析、傅立叶分析、样条理论、调和分析、数值分析等多学科相互交叉的结晶,也是非平稳随机信号分析处理的强有力工具。近年来,小波分析在信号处理、语音合成、图像分析、数据压缩、故障诊断、模式识别、地球物理勘探和大气科学等研究领域都得到了广泛的应用。

小波分析是从傅里叶变换发展起来的,其核心是多分辨率分析,优于傅里叶变换的地方在于它在时域和频域同时具有良好的局部化性质,从而可以把分析重点聚焦到任意的细节,使人们能够揭示分析对象在不同层次上的详细结构。

1988 年 S. Mallat 在构造正交小波基时提出了多分辨率分析(Multi-Resolution Analysis)概念,从空间的概念上形象地说明了小波的多分辨率特性,给出了正交小波的构造方法以及正交小波变换的快速算法,即 Mallat 算法。小波分解旨在构造一个频率上高度逼近原始信号的正交小波基,这些频率分辨率不同的正交小波基相当于带宽各异的带通滤波器。小波变换的多分辨率分析主要是对信号的低频空间作细致分解,使其低频部分的分辨水平越来越高,从而降低信号的复杂程度。

11.3　预报建模

11 年逐日的西太副高形态指数 $\{SI(t), RI(t), WI(t), t = 1,2,\cdots,n\}$ 可看作一个复杂的信号,利用小波分解能够将复杂信号进行频率(周期)分离的特性,将副高形态指数序列 $\{SI(t),$

$RI(t), WI(t)\}$ 分解为相对简单的低频信号和高频信号,其分解过程如图 11.1 所示。即将原始信号 $S(S$ 可取 $\{SI(t),$ $RI(t), WI(t)\})$ 分解为低频信号 A_1 和高频信号 D_1,接着再对低频信号 A_1 分解,将其分解为低频信号 A_2 和高频信号 D_2。图中仅对原始信号进行了两层分解。实际应用中我们可以根据需要不断

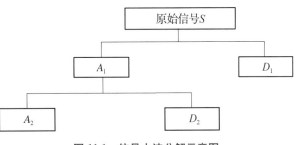

图 11.1　信号小波分解示意图

对分解后的低频信号进行再次分解,直到满足要求。考虑到分解重构会引起累积误差,因此分解水平不宜过高,本文用 sym5 小波基对信号进行 4 层分解,共得到 5 个频段的信号。

分别建立每个频段信号的 LS-SVM 预测模型。且 LS-SVM 预测模型均选用 RBF 核函数 $K(x_i, x_j) = \exp(-\sigma \parallel x_i - x_j \parallel^2), \sigma > 0$。调节核函数平滑程度的核参数 σ 和控制模型复杂度,以及函数逼近误差大小的正则化参数 γ 在很大程度上决定了 LS-SVM 预测模型的学习能力和泛化能力。遗传算法具有自适应性、全局寻优的特点,体现出很强的解决问题的能力。本章尝试引入遗传算法,全局寻优客观确定 LS-SVM 模型的参数 σ、γ,使 LS-SVM 模型同时具有较好的学习能力和泛化能力。下面以面积指数为例详细叙述一下整个建模预测的过程。

(1)为防止数据溢出,同时加快运算速度,首先采用下式对副热带高压面积指数作归一化处理。

$$\overline{SI}(t) = \frac{SI(t) - SI_{\min}}{SI_{\max} - SI_{\min}}, \ t = 1,2,\cdots,n \tag{11.1}$$

式中 $SI(t)$ 为副高形态指数值,$\overline{SI}(t)$ 为归一化后的副高形态指数值,$SI_{\max}$、$SI_{\min}$ 分别为副高面积指数序列的最大和最小值。

(2)用 sym5 小波基对 $\overline{SI}(t)$ 进行 4 层分解,可将其分解为 5 个频段的相对简单信号(如图 11.2 中 a4、d4、d3、d2、d1 所示)。将每个频段的信号分为两部分,第一部分 1107 天用于模型的建立,第二部分 246 天用于模型的检验。

(3)然后分别对 a4、d4、d3、d2、d1 这 5 个频段的信号建立多输入、单输出的 LS-SVM 模型。选用超前 1、2、3、4 天的时间系数作为模型的预报因子,第 1 天、3 天、5 天的各频段信号为预报对象。设 P, T 分别为 LS-SVM 模型的预报因子输入和预报对象输出序列。即

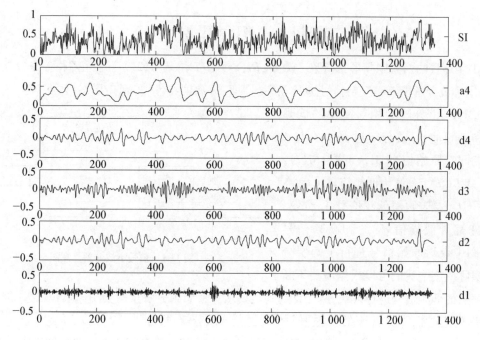

图 11.2　副高面积指数小波分解示意图

$$P = \left[X(t), X(t-1), X(t-2), X(t-3) \right] \qquad (11.2)$$

$$X = \text{a4}, \text{d4}, \text{d3}, \text{d2}, \text{d1} \qquad (11.3)$$

$$T = \left[X(m) \right], \quad m = t+1, t+3, t+5 \qquad (11.4)$$

则每一时次的训练数据对为 $\left[X(t-1), X(t-2), X(t-3), X(t-4), X(m) \right]$，LS-SVM 预测模型可以描述为

$$T = \phi(P) \qquad (11.5)$$

式中 ϕ 为非线性映射。在建立每个频段的 LS-SVM 模型时，每个模型均选用 RBF 核函数，模型参数采用遗传算法全局寻优客观确定。

（4）模型训练好以后，分别将每个频段的第二部风资料—独立检验样本代入到对应的每个模型，可得各频段的预测信号，对各频段的预测信号进行小波重构，并对重构后的信号反归一化，即可得预测的副高面积指数。

11.4　应用实验及结果分析

11.4.1　实验资料

研究资料为美国国家预报中心（NCEP）和美国国家大气研究中心（NCAR）提供的

1995—2005 年(11 年)夏季月份(5 月 1 日—8 月 31 日)共计 1353 天的 500 hPa 位势高度场序列逐日再分析资料。预报优化对象和模型训练目标为 500 hPa 位势场计算所得的逐日副高形态指数(面积指数、脊线指数、西脊点指数)。

　　为方便模型的建立和预报结果的比较,将数据资料分为两部分:第一部分用于模型建立和拟合测试,所取数据为 1995—2003 年夏季(5 月 1 日—8 月 31 日)共 1107 天;在建立模型的过程中,采用 k-折交叉检验方法,本文取 $k = 10$。第二部分资料不参与建模,主要用于模型独立预报检验和预报效果评估,资料范围为 2003—2005 年夏季(5 月 1 日—8 月 31 日)共 246 天。

11.4.2　面积指数的预报结果

　　图 11.3 至图 11.7 分别给出了第 1 天各频段的预测结果,表 11.1 给出了 1 天各频段模型参数的寻优结果及独立预测检验的相关系数。从图和表 11.1 中可以看出各频域分量的预报结果在总体趋势和局部细节上均能够很好地逼近实际信号,独立检验相关系数均达到 0.9 以上。图 11.8 给出了小波最小二乘支持向量机 1 天集成的预测结果。从图中可以看出,预测结果在总体趋势和局部细节上均能够很好地逼近实际信号(相关系数达到0.9818,平均绝对误差仅为 5.6514),尤其副高的几次异常变化也能够很好的把握。

　　图 11.10 至图 11.14 分别给出了第 3 天各频段的预测结果,表 11.2 给出了 3 天各频段模型参数的寻优结果及独立预测检验的相关系数。从图和表 11.2 中可以看出除最高频段的信号预测结果和实际结果有较大的出入外(相关系数仅为 0.5187),其他频段的信号在总体趋势和局部细节上基本上能够逼近实际信号,独立检验的相关系数也基本达到了 0.85 以上。图 11.15 给出了小波最小二乘支持向量机 3 天集成的预测结果。从图中可以看出,预测结果在总体趋势上能够很好地逼近实际信号,相关系数为0.9014。对副高指数的转折、升降过程也能够比较准确地刻画,平均绝对误差为 13.9617。

　　图 11.17 至图 11.21 分别给出了第 5 天各频段的预测结果,表 11.3 给出了 5 天各频段模型参数的寻优结果及独立预测检验的相关系数。从图和表 11.3 中可以看出除最高频段和次高频段的信号预测结果和实际结果有较大的出入外(相关系数仅为 0.5150 和 0.3489),其他频段的信号在总体趋势和局部细节上也基本上能够逼近实际信号,独立检验的相关系数也基本达到了 0.80 以上。图 11.22 给出了小波最小二乘支持向量机 5 天集成的预测结果。从图中可以看出,预测结果在总体趋势上能够比较好地逼近实际信号,相关系数为 0.7856。对副高指数的转折、升降过程也能够基本准确地刻画,平均绝对误差为 19.7301。

　　为了比较小波最小二乘支持向量机的预报优势,此处本文也给出了同样条件下最小二乘支持向量机模型的预报结果。图 11.9、图 11.16、图 11.23 分别给出了 1 天、3 天、5 天最小二乘支持向量机副高面积指数的预报结果。

　　表 11.4 则给出了最小二乘支持向量机和小波最小二乘支持向量机 1 天、3 天、5 天的独立预报结果的相关系数和平均绝对误差。支持向量机 1 天预报结果的相关系数仅为0.7779,

还不及小波最小二乘支持向量机 5 天预报的相关系数高,平均绝对误差也比 5 天的平均绝对误差高。从这一点可以充分看出小波最小二乘支持向量机模型的预报优势。另外我们也注意到支持向量机模型的预报结果有一定时间的延迟,而小波最小二乘支持向量机模型则解决了这个问题。

表 11.1　1 天各频段信号的检验及预测结果

	gam	sig	R（拟合）	R（检验）
第一频段	999.46	13.65	0.9999	0.9998
第二频段	991.69	27.12	0.9980	0.9976
第三频段	980.51	11.05	0.9895	0.9819
第四频段	680.75	4.86	0.9782	0.9416
第五频段	407.30	14.63	0.9459	0.9218

表 11.2　3 天各频段信号的检验及预测结果

	gam	sig	R（拟合）	R（检验）
第一频段	952.96	19.44	0.9978	0.9958
第二频段	997.48	21.81	0.9637	0.9400
第三频段	986.21	24.36	0.8431	0.8528
第四频段	967.22	2.94	0.8954	0.8429
第五频段	52.92	997.01	0.5988	0.5187

表 11.3　5 天各频段信号的检验及预测结果

	gam	sig	R（拟合）	R（检验）
第一频段	956.04	15.20	0.9893	0.9784
第二频段	289.89	9.69	0.8756	0.8324
第三频段	969.95	46.68	0.8099	0.8457
第四频段	946.94	28.49	0.5150	0.4302
第五频段	16.87	772.72	0.3489	0.1886

表 11.4　最小二乘支持向量机和小波最小二乘支持向量机的预报结果

	1 day		3 day		5 day	
	LSSVM	WT-LSSVM	LSSVM	WT-LSSVM	LSSVM	WT-LSSVM
R	0.7779	0.9818	0.2316	0.9014	0.1948	0.7856
MAE	20.563	5.6514	32.056	13.9617	35.682	19.7301

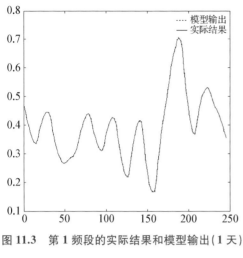

图 11.3　第 1 频段的实际结果和模型输出（1 天）

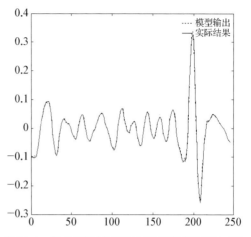

图 11.4　第 2 频段的实际结果和模型输出（1 天）

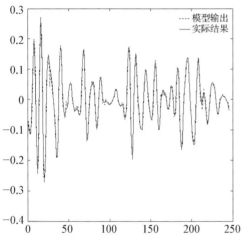

图 11.5　第 3 频段的实际结果和模型输出（1 天）

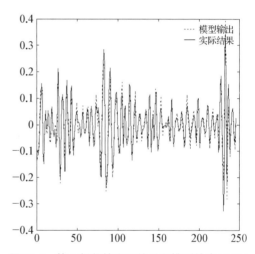

图 11.6　第 4 频段的实际结果和模型输出（1 天）

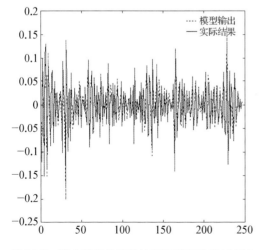

图 11.7　第 5 频段的实际结果和模型输出（1 天）

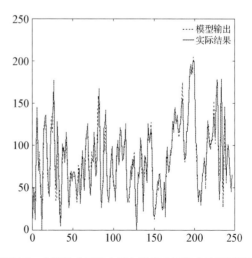

图 11.8　小波最小二乘支持向量机 1 天集成的预测结果

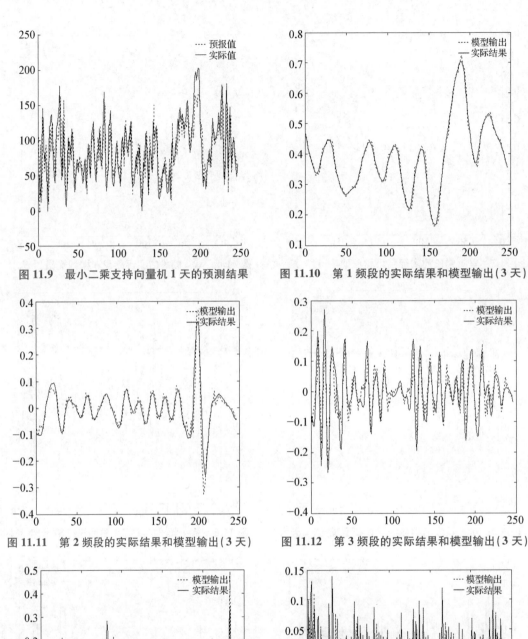

图 11.9　最小二乘支持向量机 1 天的预测结果　　图 11.10　第 1 频段的实际结果和模型输出（3 天）

图 11.11　第 2 频段的实际结果和模型输出（3 天）　　图 11.12　第 3 频段的实际结果和模型输出（3 天）

图 11.13　第 4 频段的实际结果和模型输出（3 天）　　图 11.14　第 5 频段的实际结果和模型输出（3 天）

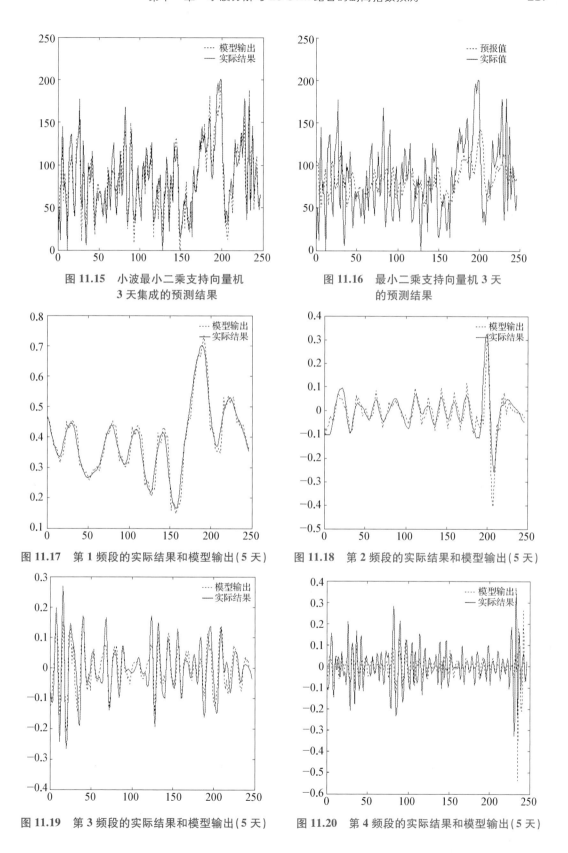

图 11.15　小波最小二乘支持向量机
3 天集成的预测结果

图 11.16　最小二乘支持向量机 3 天
的预测结果

图 11.17　第 1 频段的实际结果和模型输出（5 天）

图 11.18　第 2 频段的实际结果和模型输出（5 天）

图 11.19　第 3 频段的实际结果和模型输出（5 天）

图 11.20　第 4 频段的实际结果和模型输出（5 天）

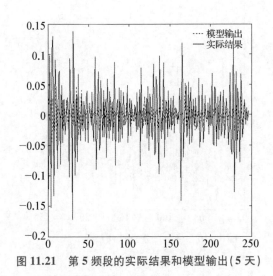

图 11.21　第 5 频段的实际结果和模型输出(5 天)

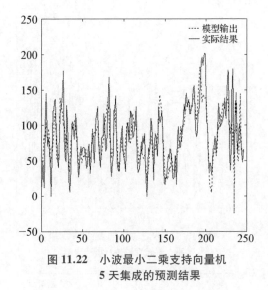

图 11.22　小波最小二乘支持向量机
5 天集成的预测结果

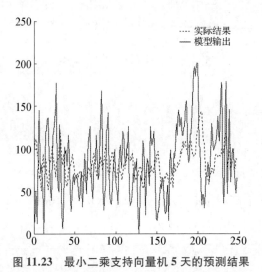

图 11.23　最小二乘支持向量机 5 天的预测结果

11.4.3　脊线指数的预报结果

图 11.24 至图 11.28 分别给出了第 1 天各频段的预测结果,表 11.5 给出了 1 天各频段模型参数的寻优结果及独立预测检验的相关系数。从图和表 11.5 中可以看出各频域分量的预报结果在总体趋势和局部细节上均能够很好地逼近实际信号,独立检验相关系数基本达到 0.9 以上。图 11.29 给出了小波最小二乘支持向量机 1 天集成的预测结果。从图中可以看出,预测结果在总体趋势和局部细节上均能够很好地逼近实际信号。相关系数几乎接近 1,达到 0.9993,而平均绝对误差仅为 0.5056。

图 11.31 至图 11.35 分别给出了第 3 天各频段的预测结果,表 11.6 给出了 3 天各频段

模型参数的寻优结果及独立预测检验的相关系数。从图和表 11.6 中可以看出除最高频段的信号预测结果和实际结果有较大的出入外（相关系数仅为 0.2043），其他频段的信号在总体趋势和局部细节上也基本上能够逼近实际信号，独立检验的相关系数也基本达到了 0.80 以上。图 11.36 给出了小波最小二乘支持向量机 3 天集成的预测结果。从图中可以看出，预测结果在总体趋势上能够很好地逼近实际信号，相关系数为 0.9463。对副高脊线指数除一些细节上稍微有些差异外，主要的转折、升降过程均能够比较准确的刻画，平均绝对误差为 1.3971。

图 11.38 至图 11.42 分别给出了第 5 天各频段的预测结果，表 11.7 给出了 5 天各频段模型参数的寻优结果及独立预测检验的相关系数。从图和表 11.7 中可以看出除最高频段和次高频段的信号预测结果和实际结果有较大的出入外（相关系数仅为 0.4366 和 0.0671），其他频段的信号在总体趋势和局部细节上也基本上能够逼近实际信号，独立检验的相关系数也基本达到了 0.75 以上。图 11.43 给出了小波最小二乘支持向量机 5 天集成的预测结果。从图中可以看出，预测结果在总体趋势上能够比较好地逼近实际信号，相关系数为 0.9110。对副高脊线指数的转折、升降过程也能够基本准确地刻画，平均绝对误差为 1.8329。

为了比较小波最小二乘支持向量机的预报优势，此处我们也给出了同样条件下最小二乘支持向量机模型的预报结果。图 11.30、图 11.37、图 11.44 分别给出了 1 天、3 天、5 天副高脊线指数的预报结果。表 11.8 则给出了最小二乘支持向量机和小波最小二乘支持向量机 1 天、3 天、5 天的独立预报结果的相关系数和平均绝对误差。对比最小二乘支持向量机和小波最小二乘支持向量机的预报结果，小波最小二乘支持向量机预报的相关系数均达到 0.9 以上，而最小二乘支持向量机最好的结果下相关系数也不过 0.8961，而且 5 天预测的相关系数仅为 0.6049，进一步说明了小波最小二乘支持向量机模型的预报优势。另外尽管 1 天最小二乘支持向量机模型的预报结果为 0.8961，但仔细分析图 11.30 可以看出，预报结果相对于实际结果有一定的时间延迟，而小波最小二乘支持向量机模型解决了这个问题。

表 11.5　1 天各频段信号的检验及预测结果

	gam	*sig*	*R*（拟合）	*R*（检验）
第一频段	992.17	29.328	0.9999	0.9999
第二频段	984.66	26.875	0.9982	0.9978
第三频段	994.89	24.855	0.9873	0.9833
第四频段	271.77	4.6158	0.9743	0.9587
第五频段	172.81	17.565	0.9348	0.8967

表 11.6　3 天各频段信号的检验及预测结果

	gam	sig	R（拟合）	R（检验）
第一频段	997.85	48.83	0.9983	0.9992
第二频段	997.31	47.04	0.9626	0.9564
第三频段	997.80	16.20	0.8663	0.8088
第四频段	698.89	31.32	0.8430	0.8115
第五频段	25.077	905.02	0.4400	0.2043

表 11.7　5 天各频段信号的检验及预测结果

	gam	sig	R（拟合）	R（检验）
第一频段	992.03	48.826	0.9915	0.9961
第二频段	814.07	47.043	0.8535	0.8436
第三频段	342.43	16.21	0.8487	0.7482
第四频段	116.32	31.32	0.4625	0.4366
第五频段	22.77	95.02	0.2505	0.0671

表 11.8　最小二乘支持向量机和小波最小二乘支持向量机的预报结果

	1 day		3 day		5 day	
	LSSVM	WT-LSSVM	LSSVM	WT-LSSVM	LSSVM	WT-LSSVM
R	0.8961	0.9993	0.7018	0.9463	0.6049	0.9110
MAE	1.7669	0.5056	3.1915	1.3971	3.6031	1.8392

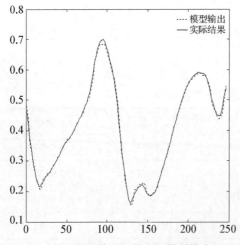

图 11.24　第 1 频段的实际结果和模型输出（1 天）

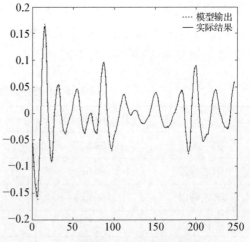

图 11.25　第 2 频段的实际结果和模型输出（1 天）

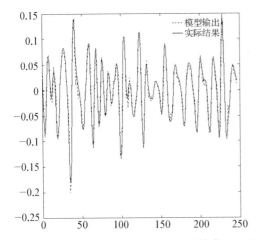

图 11.26　第 3 频段的实际结果和模型输出(1 天)

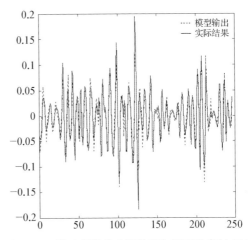

图 11.27　第 4 频段的实际结果和模型输出(1 天)

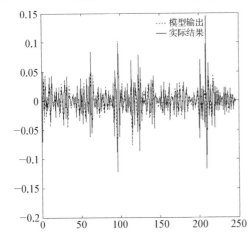

图 11.28　第 5 频段的实际结果和模型输出(1 天)

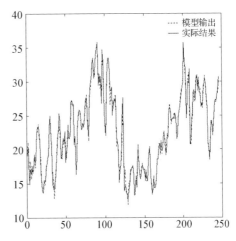

图 11.29　小波最小二乘支持向量机 1 天
集成的预测结果

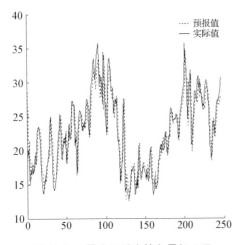

图 11.30　最小二乘支持向量机 1 天
的预测结果

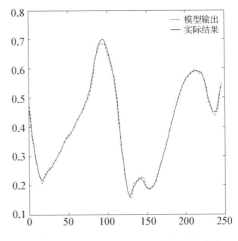

图 11.31　第 1 频段的实际结果和模型输出(3 天)

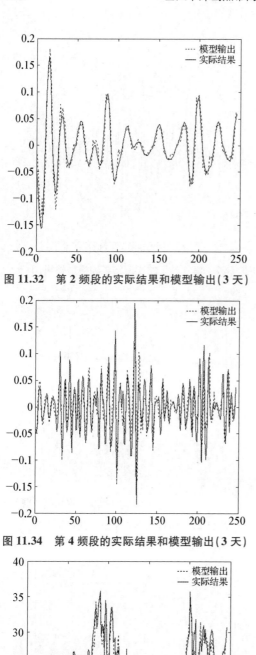

图 11.32　第 2 频段的实际结果和模型输出（3 天）

图 11.34　第 4 频段的实际结果和模型输出（3 天）

图 11.36　小波最小二乘支持向量机 3 天集成的预测结果

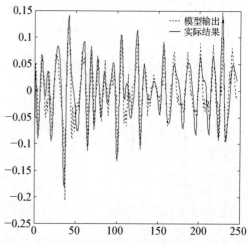

图 11.33　第 3 频段的实际结果和模型输出（3 天）

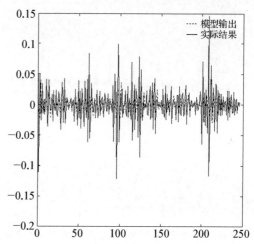

图 11.35　第 5 频段的实际结果和模型输出（3 天）

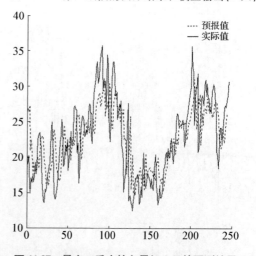

图 11.37　最小二乘支持向量机 3 天的预测结果

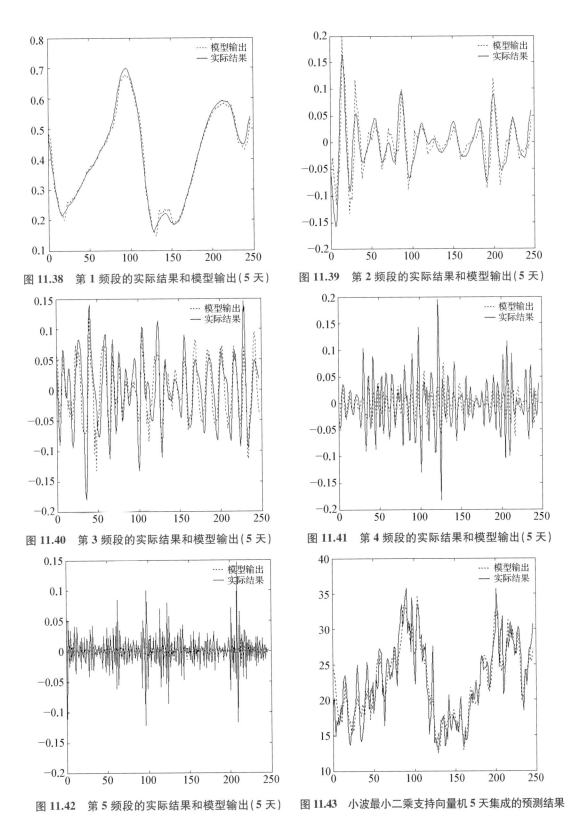

图 11.38　第 1 频段的实际结果和模型输出（5 天）

图 11.39　第 2 频段的实际结果和模型输出（5 天）

图 11.40　第 3 频段的实际结果和模型输出（5 天）

图 11.41　第 4 频段的实际结果和模型输出（5 天）

图 11.42　第 5 频段的实际结果和模型输出（5 天）

图 11.43　小波最小二乘支持向量机 5 天集成的预测结果

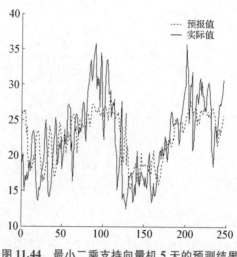

图 11.44　最小二乘支持向量机 5 天的预测结果

11.4.4　西脊点指数的预报结果

图 11.45 至图 11.49 分别给出了第 1 天各频段的预测结果,表 11.9 给出了 1 天各频段模型参数的寻优结果及独立预测检验的相关系数。从图和表 11.9 中可以看出各频域分量的预报结果在总体趋势和局部细节上均能够很好地逼近实际信号,独立检验相关系数均达到 0.9以上。图 11.50 给出了小波最小二乘支持向量机 1 天集成的预测结果。从图中可以看出,预测结果在总体趋势和局部细节上均能够很好地逼近实际信号。相关系数达到 0.9787,平均绝对误差仅为 2.1911。

图 11.52 至图 11.56 分别给出了第 3 天各频段的预测结果,表 11.10 给出了 3 天各频段模型参数的寻优结果及独立预测检验的相关系数。从图和表11.10中可以看出除最高频段的信号预测结果和实际结果有较大的出入外(相关系数仅为0.4329),其他频段的信号在总体趋势和局部细节上也基本上能够逼近实际信号,独立检验的相关系数也达到了 0.80 以上。图 11.57 给出了小波最小二乘支持向量机 3 天集成的预测结果。从图中可以看出,预测结果在总体趋势上能够很好地逼近实际信号,相关系数为0.8780。对副高西脊点指数的转折、升降过程也能够比较准确地刻画,平均绝对误差为 5.288。

图 11.59 至图 11.63 分别给出了第 5 天各频段的预测结果,表 11.11 给出了 5 天各频段模型参数的寻优结果及独立预测检验的相关系数。从图和表11.11 中可以看出除最高频段和次高频段的信号预测结果和实际结果有较大的出入外(相关系数仅为 0.1172 和 0.2493),其他频段的信号在总体趋势和局部细节上也基本上能够逼近实际信号,独立检验的相关系数也基本达到了 0.80 以上。图 11.64 给出了小波最小二乘支持向量机 5 天集成的预测结果。从图中可以看出,预测结果在总体趋势上能够比较好地逼近实际信号,相关系数为 0.7402。副高西脊点指数虽然在数值上有些差异,但对主要的转折、升降过程也能够比较准确地刻画,平均绝对误差为 7.4192。

为了比较小波最小二乘支持向量机的预报优势,此处我们也给出了同样条件下最小二乘支持向量机模型的预报结果。图 11.51、图 11.58、图 11.65 分别给出了 1 天、3 天、5 天副高西脊点指数的预报结果。表 11.12 则给出了最小二乘支持向量机和小波最小二乘支持向量机 1 天、3 天、5 天的独立预报结果的相关系数和平均绝对误差。从表中可以看出最小二乘支持向量机 1 天预报结果的相关系数仅为 0.7250,而小波最小二乘支持向量机 5 天预报的相关系数为 0.7402。最小二乘支持向量机 3 天、5 天的预报结果与实际结果差距很大,对预报没有太大的参考意义。而小波最小二乘向量机 3 天、5 天的预报结果能够对预报员把握未来副高的东西进退提供很好的帮助,进一步说明了小波最小二乘支持向量机模型的预报优势。另外最小二乘支持向量机模型的预报结果有一定时间的延迟,而小波最小二乘支持向量机模型则解决了这个问题。

表 11.9　1 天各频段信号的检验及预测结果

	gam	*sig*	*R*（拟合）	*R*（检验）
第一频段	999.33	40.75	0.9999	0.9998
第二频段	999.91	55.21	0.9978	0.9979
第三频段	993.15	38.79	0.9863	0.9810
第四频段	535.38	2.76	0.9853	0.9645
第五频段	151.20	7.00	0.9439	0.9194

表 11.10　3 天各频段信号的检验及预测结果

	gam	*sig*	*R*（拟合）	*R*（检验）
第一频段	974.02	14.37	0.9974	0.9953
第二频段	153.51	8.41	0.9661	0.9591
第三频段	963.09	22.81	0.8568	0.8085
第四频段	105.96	4.02	0.8965	0.8293
第五频段	42.49	987.49	0.3855	0.4329

表 11.11　5 天各频段信号的检验及预测结果

	gam	*sig*	*R*（拟合）	*R*（检验）
第一频段	983.16	111.30	0.9846	0.9772
第二频段	971.75	996.63	0.8348	0.8390
第三频段	552.50	6.24	0.8647	0.7902
第四频段	9.35	1.79	0.6696	0.2493
第五频段	4.86	460.25	0.1259	0.1172

表 11.12　最小二乘支持向量机和小波最小二乘支持向量机的预报结果

	1 day		3 day		5 day	
	LSSVM	WT-LSSVM	LSSVM	WT-LSSVM	LSSVM	WT-LSSVM
R	0.7250	0.9787	0.1406	0.8780	0.3850	0.7402
MAE	7.019	2.1911	11.986	5.288	12.500	7.4192

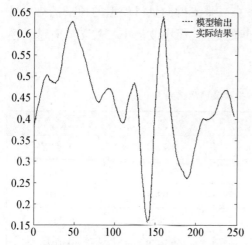

图 11.45　第 1 频段的实际结果和模型输出（1 天）

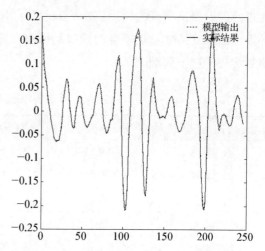

图 11.46　第 2 频段的实际结果和模型输出（1 天）

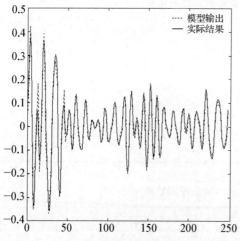

图 11.47　第 3 频段的实际结果和模型输出（1 天）

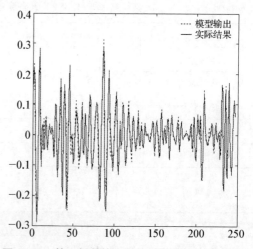

图 11.48　第 4 频段的实际结果和模型输出（1 天）

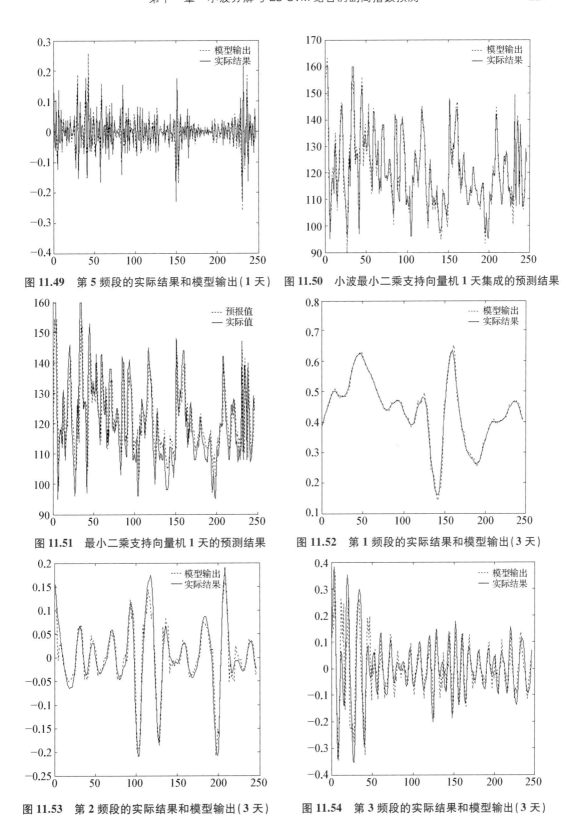

图 11.49　第 5 频段的实际结果和模型输出（1 天）　　图 11.50　小波最小二乘支持向量机 1 天集成的预测结果

图 11.51　最小二乘支持向量机 1 天的预测结果　　　图 11.52　第 1 频段的实际结果和模型输出（3 天）

图 11.53　第 2 频段的实际结果和模型输出（3 天）　　图 11.54　第 3 频段的实际结果和模型输出（3 天）

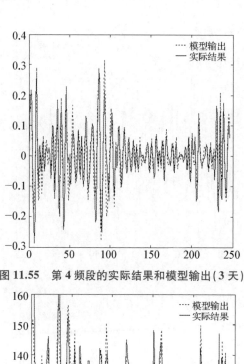

图 11.55　第 4 频段的实际结果和模型输出（3 天）

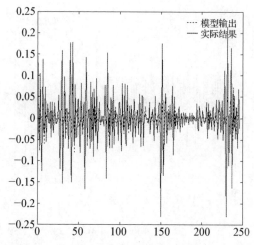

图 11.56　第 5 频段的实际结果和模型输出（3 天）

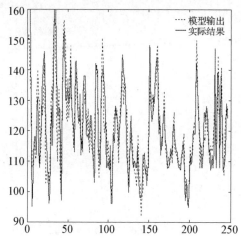

图 11.57　小波最小二乘支持向量机 3 天集成的预测结果

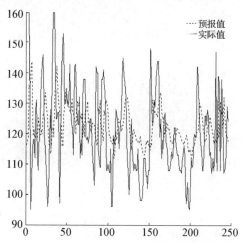

图 11.58　最小二乘支持向量机 3 天的预测结果

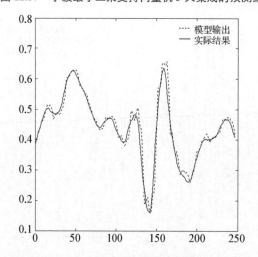

图 11.59　第 1 频段的实际结果和模型输出（5 天）

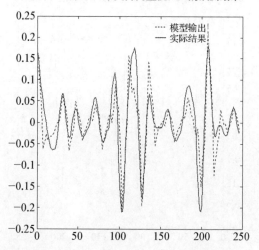

图 11.60　第 2 频段的实际结果和模型输出（5 天）

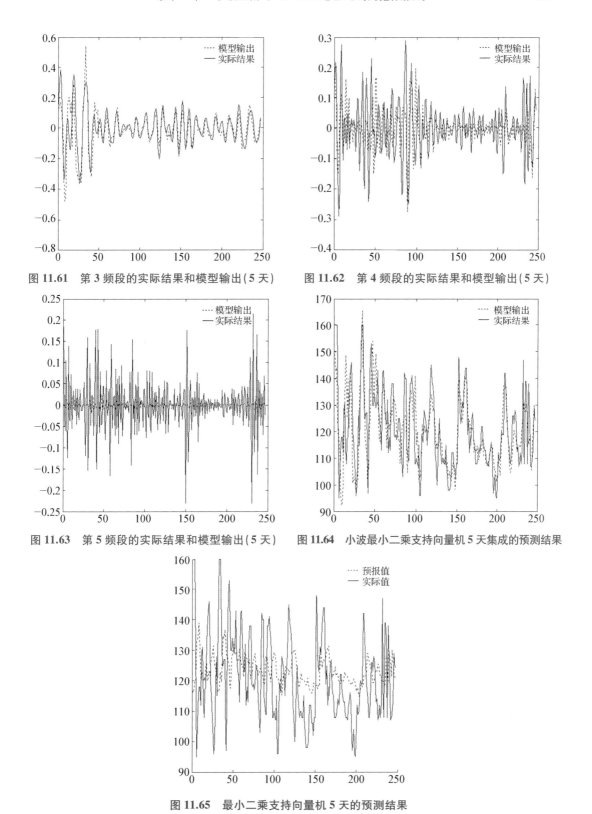

图 11.61　第 3 频段的实际结果和模型输出(5 天)　　图 11.62　第 4 频段的实际结果和模型输出(5 天)

图 11.63　第 5 频段的实际结果和模型输出(5 天)　图 11.64　小波最小二乘支持向量机 5 天集成的预测结果

图 11.65　最小二乘支持向量机 5 天的预测结果

11.5　本章总结

　　针对副高中短期变化影响因子众多,且错综复杂,一般很难用传统线性相关方法筛选出较好的影响因子这一问题,将副高形态指数 11 年变化看作一随时间变化的序列,用副高前期变化信息作为预报因子,预测副高未来的变化,构建副高变化的最小二乘支持向量机时间序列预测模型。然而,最小二乘支持向量机预测结果与实际结果有一个时间延迟,且 3 天、5 天的预报结果不是很理想。针对这个问题,引入小波分解,利用小波多尺度分解的特点,将复杂的副高时间序列分解为频段相对简单的信号,建立各频段的最小二乘支持向量机预测模型,集成各频段模型的预测结果,得到副高未来变化的信息。最后提出了小波分解和最小二乘支持向量机相结合的副高预测思想和算法模型。实验结果表明,小波分解和最小二乘支持向量机相结合的模型能够有效克服因为筛选因子个数给副高预测带来的不便和不足,很好地解决了最小二乘支持向量机模型在副高时间序列预测中的时延问题,有效提高了副高预报准确率。最小二乘支持向量机模型参数采用遗传算法全局寻优客观确定,大大节省了建模的时间,提高了副高预报效率,取得了比较好的推广和泛化能力,为副高等复杂天气系统的预报提供了一种思路和方法。

第十二章　时空分解和时频分解的支持向量机副高预测

12.1　引　　言

西太平洋副热带高压(简称西太副高)是一个重要且复杂的天气系统,它是影响我国夏季的主要天气系统。我国夏季雨带的分布与移动和西太副高的季节性移动密切相关,它的强度和东西进退活动异常,往往是导致江淮流域出现持续性的洪涝和干旱的原因。对它的预报一直也是人们非常关心的课题。

目前,对副高的预报大部分集中在副高形态指数的研究预报,直接对副高形势场的预测研究相对较少。副高形态指数尽管能够对副高的活动和变化提供定量的描述及把握,但缺乏一个直观感性的描述。众所周知,在 500 hPa 位势场中,5880 位势高度值的范围和位置能够比较全面直观地反映副高的活动。因此,本章首先用 EOF 方法对 1995—2005 年夏季月份的 500 hPa 副高位势场时间序列进行时-空分解,以 EOF 分解模态的时间系数序列为模型变量,用小波分解和最小二乘支持向量机,建立起各空间分解模时间系数的非线性预测模型,再通过 EOF 分解模的时-空重构,实现了 500 hPa 位势场的预报。

12.2　副高形势场的 EOF-WT-LSSVM 模型

12.2.1　实验资料

研究资料为美国国家预报中心(NCEP)和美国国家大气研究中心(NCAR)提供的 1995—2005 年(11 年)夏季月份(每年 5 月 1 日—8 月 31 日),共计 1353 天的 500 hPa 位势高度场序列逐日再分析资料,资料范围取为 $[10°N\sim50°N;90°E\sim160°E]$。

为便于模型的建立和预报结果的比较,将数据资料分为两部分:第一部分用于模型建立和拟合测试,所取数据为 1995—2003 年夏季(每年 5 月 1 日—8 月 31 日)共 1107 天;在建立模型的过程中,采用 k-折交叉检验方法,本文取 $k = 10$。 第二部分资料不参与建模,主要用于模型独立预报检验和预报效果评估,资料范围为 2003—2005 年夏季(每年 5 月 1 日—8 月 31 日)共 246 天。

12.2.2　500 hPa 位势场的 EOF 分解

首先用 EOF 方法对上述位势场序列进行时(系数)、空(结构)分解,各特征模的方差贡献如表 12.1 所示。由表中可以看出前 7 个模态的总体方差之和已达总方差的 88.64%，其后的累计方差贡献增长缓慢，基本表现了要素场的主要信息。为了使重构后的位势场尽可能多地保留原始场信息，同时又不会给建立模型带来太多的困难，本文选取 EOF 分解后的前十五个时间系数（累积方差贡献 96.2%）作为模型的预报目标和建模对象。前十五个模态的方差及累计方差贡献如表 12.1 所示。图 12.1 给出了 EOF 分解后第一模态的时间系数和空间场。

表 12.1　EOF 分解后前十五个模态的方差(%)及累计方差(%)

	分解后的模态														
	1	2	3	4	5	6	7	8	9	10	11	12	13	14	15
方差	59.7	8.1	6.81	5.02	3.79	2.73	2.74	1.69	14.8	1.04	0.91	0.86	0.59	0.53	0.47
累积方差	59.7	67.8	74.6	79.6	83.4	86.1	88.6	90.3	91.8	92.8	93.7	94.6	95.1	95.7	96.2

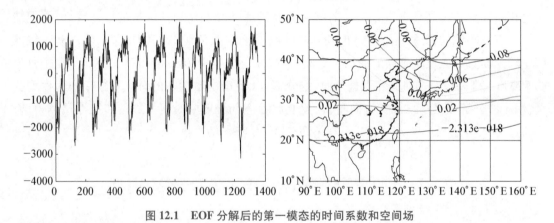

图 12.1　EOF 分解后的第一模态的时间系数和空间场

12.2.3　时间系数的小波分解

上述位势高度场 EOF 分解的空间模态除表示数据期间（1995—2005）位势场基本空间结构特征外，也基本能表现未来相邻时段位势场的空间结构（除非出现异常突变）。为此我们假定上述 EOF 分解的空间模态具有一定的稳定性和延续性，即未来相邻时段的位势场亦符合该空间模特性，这样 EOF 分解的空间模态可被近似为定常，位势场变化可认为是各空间模态时间系数的变化所致。这样对位势场的预报建模就转换为对 EOF 分解的各空间模的时间系数序列进行预报建模，通过获取各分解模时间系数的预报结果，再进行 EOF 时空重构，进而实现对位势场和副高活动的预测。

十五个时间系数变化比较复杂，若直接对每个时间系数建模，效果并不理想，用 sym5 小波对十五个时间系数进行小波分解，将每个时间系数分解为相对简单的信号。图 12.2 给出了第一时间系数 sym5 小波分解后 5 个频段的信号。

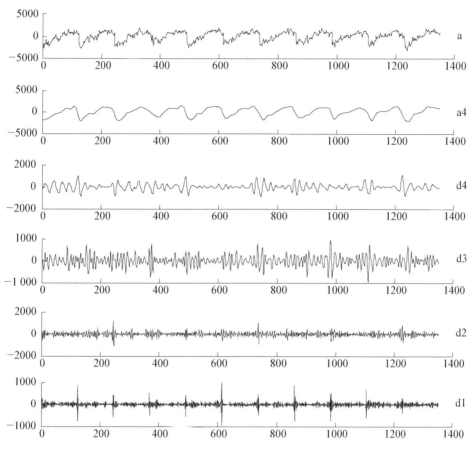

图 12.2　第一时间系数及小波分解后各频段的信号

12.2.4　LS-SVM 预测模型

　　下面只对分解后的第一个时间系数的建模过程加以阐述,其他时间系数的建模过程类似。将第一时间系数(如图 12.2 中 a 所示)分解后的 5 个频段相对简单的信号(如图 12.2 中 a4、d4、d3、d2、d1 所示)分为两部分,第一部分 1107 天用于模型的建立,第二部分 246 天用于模型的检验。然后分别对 a4、d4、d3、d2、d1 这 5 个频段的信号建立多输入、单输出的 LS-SVM 模型。选用超前 1、2、3、4 天的时间系数作为模型的预报因子,第 1 天、3 天、5 天、7 天、10 天、15 天的时间系数为预报对象。设 P,T 分别为 LS-SVM 模型的预报因子输入和预报对象输出序列。即

$$P = [X(t), X(t-1), X(t-2), X(t-3)] \tag{12.1}$$

$$X = a4, d4, d3, d2, d1 \tag{12.2}$$

$$T = [X(m)], m = t+1, t+3, t+5, t+7, t+10, t+15 \tag{12.3}$$

则每一时次的训练数据对为 $[X(t),X(t-1),X(t-2),X(t-3),X(m)]$，LS-SVM 预测模型可以描述为

$$T = \phi(P) \tag{12.4}$$

式中 ϕ 为非线性映射。在建立每个频段的 LS-SVM 模型时，每个模型均选用 RBF 核函数 $K(x_i,x_j) = \exp(-\sigma \parallel x_i - x_j \parallel^2)$，$\sigma > 0$。核函数确定后，需确定核参数 σ 和正则化参数 γ，同样我们引入遗传算法，对最小二乘支持向量机模型的参数 σ 和 γ 进行优化选择，旨在使该模型具有较好的学习能力和泛化能力。具体实现步骤如下：

（1）对 σ 和 γ 进行十进制编码。每一个遗传个体由一个十进制码串组成，解得搜索空间为 $[0.001,1000]$。

（2）在编码空间中，随机生成一个初始种群，并给定最大遗传迭代数 N，本文取 $N=30$。

（3）计算当前群体中所有遗传个体的适应度。目标函数为 $f(\gamma,\sigma) = \frac{1}{k}(\sum_{i=1}^{k}\frac{1}{m}\sum_{j=1}^{m}|\hat{y}_j - y_j|)$。其中 k 为交叉检验的折数，m 为 k-折交叉检验中检验样本的个数，y_j 为训练集中的样本，$\hat{y}_j$ 为支持向量机模型的拟合值。$f(\gamma,\sigma)$ 越小，个体的适应值越高，因此，个体的适应值函数可取 $1/f(\gamma,\sigma)$。

（4）根据个体的适应度，对群体进行遗传操作。其中选择采用轮盘赌法，交叉则采用单点交叉，生成新一代群体。

（5）反复进行（3）和（4），每进行一次，群体就进化一代，一直进化到第 N 代。

（6）对最佳个体进行解码，即可得到最小二乘支持向量机模型的参数 σ 和 γ。

图 12.3 给出了 a4 频段信号建模过程中的参数寻优图。（a）和（b）分别为初始种群模型的参数 σ、γ 分布和目标函数值。此时，$\max(1/f(\gamma,\sigma)) = 199.37$，$\gamma = 715.7$，$\sigma = 3.675$。（c）和（d）为经过 20 次迭代后的结果。此时，$\max(1/f(\gamma,\sigma)) = 206.02$，$\gamma = 997.65$，$\sigma = 3.8849$，（e）和（f）给出了经过 30 次迭代后的结果。此时，$\max(1/f(\gamma,\sigma)) = 206.02$，$\gamma = 997.65$，$\sigma = 3.8849$。由进化结果可以看出，收敛速度比较快，当进化到 20 代时，结果已经收敛。

将求解的最优参数 γ 和 σ 代入最小二乘支持向量机模型，以及 a4 频段信号第二部分独立检测样本输入最小二乘支持向量机模型，即可得到该频段信号的独立检验结果。重复以上过程，也可以得到其他 4 个频段的独立检验结果，然后小波重构 5 个频段的独立检验结果，即可得到 EOF 分解的第一时间系数的预报值。

同样也可以得到其他十四个时间系数的预报值，对预报得到的十五个时间系数和分解后的空间场作 EOF 重构，即可得到预报的位势场。

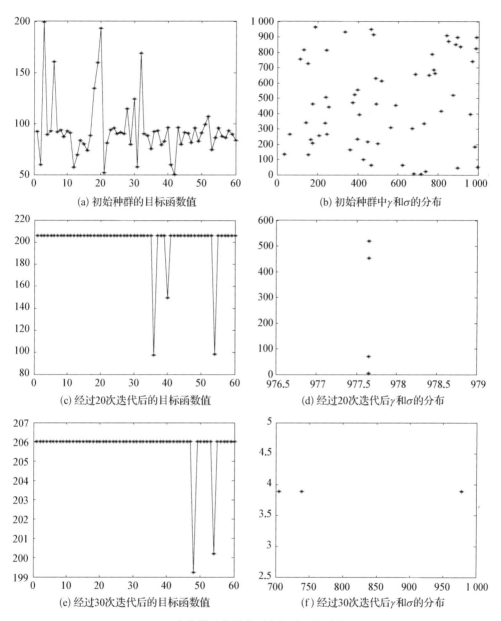

(a) 初始种群的目标函数值　　　　(b) 初始种群中γ和σ的分布

(c) 经过20次迭代后的目标函数值　　　　(d) 经过20次迭代后γ和σ的分布

(e) 经过30次迭代后的目标函数值　　　　(f) 经过30次迭代后γ和σ的分布

图12.3　遗传算法优化模型参数的寻优迭代结果

12.3　结果分析

图12.4至图12.9给出了NCEP/NCAR资料实况场、WT-LS-SVM模型1天、3天、5天、7天、10天、15天的预报场。比较实况环流位势场、WT-LS-SVM模型的预报场可以看出，WT-LS-SVM模型能够较为正确地描绘出1—7天副高的基本分布特征（副高活动位置、范围、强度等特征），同时对10—15天副高的活动提供参考。

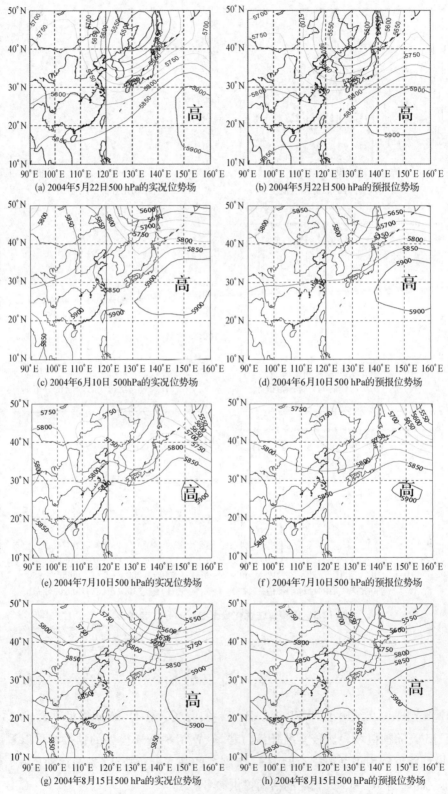

(a) 2004年5月22日500 hPa的实况位势场

(b) 2004年5月22日500 hPa的预报位势场

(c) 2004年6月10日500hPa的实况位势场

(d) 2004年6月10日500 hPa的预报位势场

(e) 2004年7月10日500 hPa的实况位势场

(f) 2004年7月10日500 hPa的预报位势场

(g) 2004年8月15日500 hPa的实况位势场

(h) 2004年8月15日500 hPa的预报位势场

图 12.4　1 天 500 hPa 位势场的预测对比实验

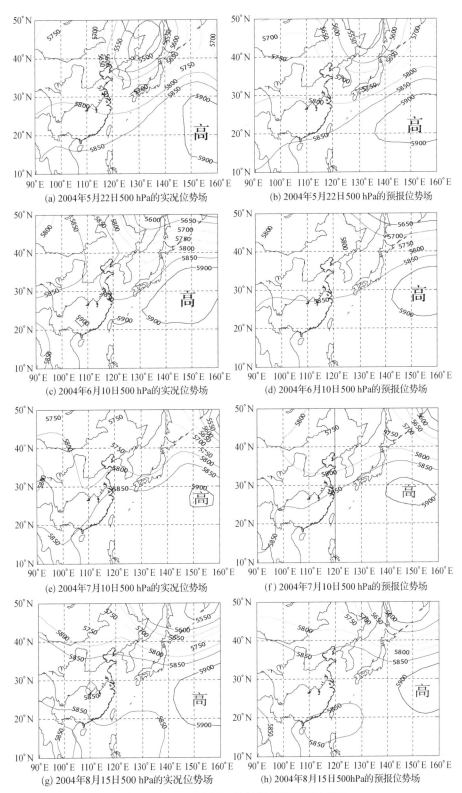

(a) 2004年5月22日500 hPa的实况位势场   (b) 2004年5月22日500 hPa的预报位势场

(c) 2004年6月10日500 hPa的实况位势场   (d) 2004年6月10日500 hPa的预报位势场

(e) 2004年7月10日500 hPa的实况位势场   (f) 2004年7月10日500 hPa的预报位势场

(g) 2004年8月15日500 hPa的实况位势场   (h) 2004年8月15日500hPa的预报位势场

图 12.5 3天500 hPa 位势场的预测对比实验

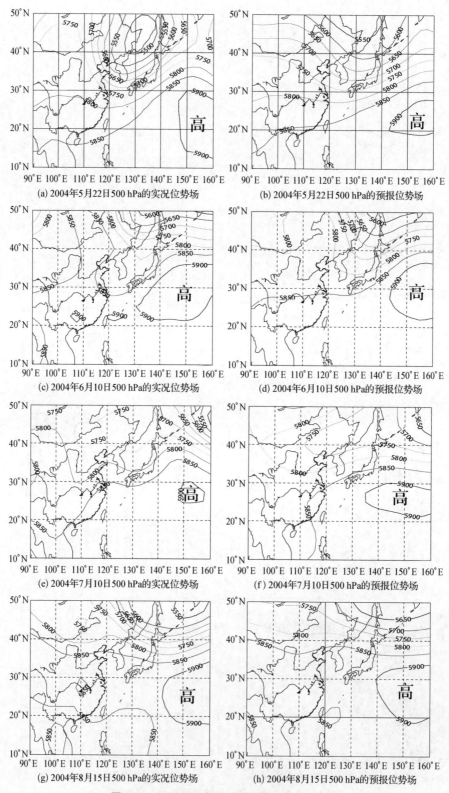

(a) 2004年5月22日500 hPa的实况位势场　　　　(b) 2004年5月22日500 hPa的预报位势场

(c) 2004年6月10日500 hPa的实况位势场　　　　(d) 2004年6月10日500 hPa的预报位势场

(e) 2004年7月10日500 hPa的实况位势场　　　　(f) 2004年7月10日500 hPa的预报位势场

(g) 2004年8月15日500 hPa的实况位势场　　　　(h) 2004年8月15日500 hPa的预报位势场

图12.6　5天500 hPa位势场的预测对比实验

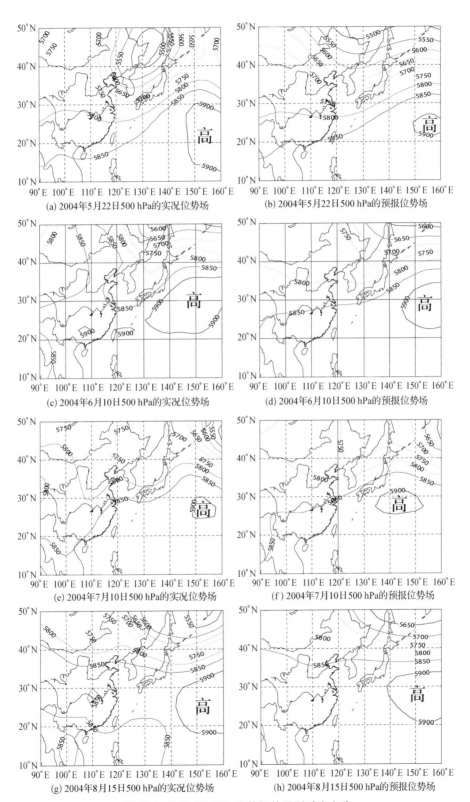

(a) 2004年5月22日500 hPa的实况位势场　　(b) 2004年5月22日500 hPa的预报位势场

(c) 2004年6月10日500 hPa的实况位势场　　(d) 2004年6月10日500 hPa的预报位势场

(e) 2004年7月10日500 hPa的实况位势场　　(f) 2004年7月10日500 hPa的预报位势场

(g) 2004年8月15日500 hPa的实况位势场　　(h) 2004年8月15日500 hPa的预报位势场

图 12.7　7 天 500 hPa 位势场的预测对比实验

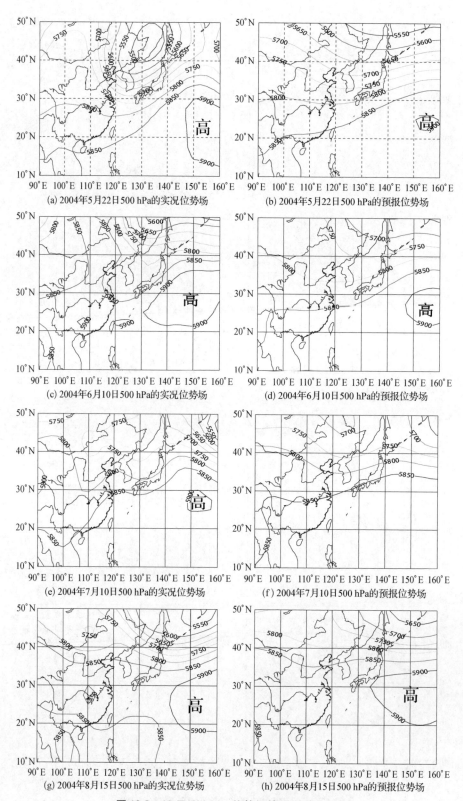

(a) 2004年5月22日500 hPa的实况位势场　　　　(b) 2004年5月22日500 hPa的预报位势场

(c) 2004年6月10日500 hPa的实况位势场　　　　(d) 2004年6月10日500 hPa的预报位势场

(e) 2004年7月10日500 hPa的实况位势场　　　　(f) 2004年7月10日500 hPa的预报位势场

(g) 2004年8月15日500 hPa的实况位势场　　　　(h) 2004年8月15日500 hPa的预报位势场

图 12.8　10 天 500 hPa 位势场的预测对比实验

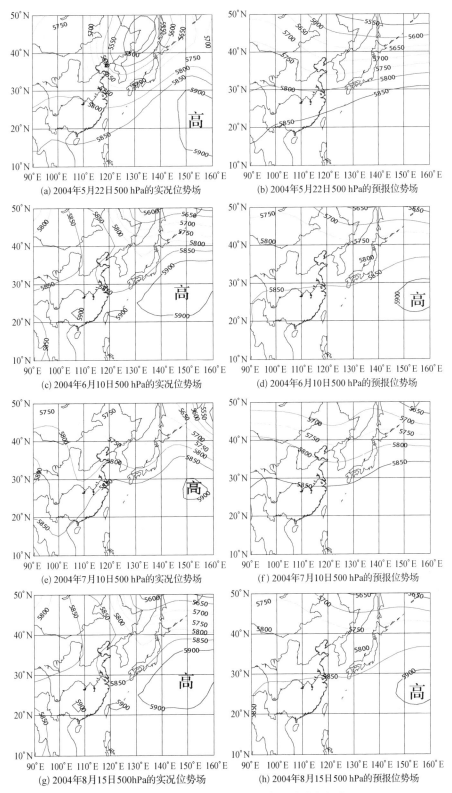

(a) 2004年5月22日500 hPa的实况位势场　　(b) 2004年5月22日500 hPa的预报位势场

(c) 2004年6月10日500 hPa的实况位势场　　(d) 2004年6月10日500 hPa的预报位势场

(e) 2004年7月10日500 hPa的实况位势场　　(f) 2004年7月10日500 hPa的预报位势场

(g) 2004年8月15日500hPa的实况位势场　　(h) 2004年8月15日500 hPa的预报位势场

图12.9　15天500 hPa位势场的预测对比实验

对短期预报(1—3 天),从图 12.4 至图 12.5 中可以看出预报高度场和实况高度场比较相近。副高中心和副高的强度基本上都比较准确,预报效果好。以 8 月 15 号副高活动为例,虽然预报的高度场副高(5900 hPa 等位势线)稍微有些偏西,但副高形状及南北位置和实况场均比较接近。

对中期预报(5—7 天),从图 12.6 至图 12.7 中可以看出副高预报场能够反映副高的基本活动。虽然 4 个个例中副高预报结果(5900 等位势线)有些偏东,但基本能够准确地反映副高南北位置及其强度,能够为预报员掌握未来副高活动的基本情况提供参考和帮助。

对长期预报(10—15 天),从图 12.8 至图 12.9 中可以看出尽管副高预报场能够提供一些未来副高活动的信息,但其活动范围以及强度和实际副高活动有比较明显的差别(特别是 15 天),若要用于实际预报还需对其结果作进一步的修正。

为了客观定量地检验 WT-LS-SVM 模型预测效果,分别计算该模型预测的 246 天位势高度场和实况场的平均相关系数,均方差(如表 12.2 所示)。对比(表 12.2)可以看出,前 10 天位势场的平均相关系数均大于 0.9,均方差也比较小,说明预报场和实际场比较相近。

表 12.2　预报结果的平均相关系数

	1 天	3 天	5 天	7 天	10 天	15 天
平均相关系数	0.9801	0.9624	0.9411	0.9254	0.9055	0.8791
均方差	14.8823	22.6576	28.9278	32.7040	37.5613	43.9707

当然,本模型的预报效果还存在一些缺点和不足,有待进一步改进完善,主要表现如下:

(1) 该模型的预报对象是对 EOF 分解后的前十五个时间系数进行预测,然后利用预测的时间系数与对应的空间模态重构高度场。重构过程中,保留了位势场的主要信息,而舍弃了一些细节信息,从而导致了预测环流形势场和实况环流形势场强度以及位相间存在一定的偏差。

(2) 在对时间系数进行预测时,仅考虑了时间系数自身所包含的信息。预报因子的选取不够充分,难以充分描述预报因子和变量之间的关系。

12.4　本章总结

本章利用 NCEP/NCAR 资料,用经验正交函数方法将实况场分解为时间函数和空间函数乘积的线性组合;对 EOF 分解后的前十五个时间系数用小波分解将每个时间系数分解为 4 个高频和 1 个低频信号,然后分别对每个时间系数 5 个频段的信号建立 LS-SVM 预测模型,用模型输出的时间系数与 EOF 分解的空间场重构位势场,进而得到预报场。对比实验结果表明,本章基于 WT-LS-SVM 的预报方法理论合理、技术可行,预报结果能够表现副高的基本活动,预报结果有实用意义。

由于本章建立的 WT-LS-SVM 场的预测模型,是用 EOF 分解时间系数前面的信息预测后面时间系数的变化,这就要求建模和检验的资料必须要有时间上的连续性,这也是该模型的不足之处。此后,我们拟在加强模型预测因子选取的同时,对该模型存在的问题作进一步的深入研究、改进和完善。

第十三章　基于动力统计模型重构的副高中长期预报

13.1　引　　言

西太平洋副热带高压(简称副高)是影响夏季东亚天气气候的重要系统,其强度变化和进退活动异常经常导致江淮流域出现洪涝以及干旱灾害;副高作为东亚夏季风系统的重要成员,是连接热带环流和中高纬环流的重要纽带,直接影响制约热带和中高纬大气环流的演变。

副高研究的最大难点是准确预报副高活动。由于副高不仅有规则的渐变,更有异常的突变,表现出明显的非周期性和不确定性,使副高预报非常复杂和困难。目前副高预报大致可分为形势预报、统计预报和数值预报。形势预报对预报经验有较大依赖,主观因素较大,定量化程度差;统计预报对观测数据要求高,时变性差,缺少物理意义,目前主要应用于各种副高指数预报,且对中长期预报和副高活动异常表现出较大局限性,近年来人工神经网络等非线性统计学方法在副高预报中取得了一定成效,但在预报因子选择和预报时效上仍存在许多不足。数值预报是当前副高预报的主要手段,但由于副高活动机理和规律尚未彻底弄清,以及热带、副热带地区地转关系弱等原因,在较大程度上制约了副高的数值预报准确率,目前许多数值预报产品的副高预报均存在着不同程度的偏差,尤其副高活动异常和中长期预报的预报误差更是明显。

本章首先应用第五章遗传算法的动力模型反演与模型参数优化,基于副高活动指数的观测资料,进行副高动力模型的参数反演和模型预测实验。

接着用小波分析和遗传算法改进的反演非线性动力系统相结合的方法来对副高面积指数进行预报,通过一个实际的例子,发现这种方法的预报效果不仅在短期预报上比传统的T106的预报效果要好,而且可以预报T106没有预报出的6天以后中长期的副高面积指数,具有很强的实际意义。

由于副高系统的非线性和复杂性,"精确"建立副高活动动力预报模型非常困难,为此,我们拟采用反问题思路进行副高预报问题研究,即从观测资料序列中反演重构描述副高活动位势高度场的动力预报模型。首先用 EOF 方法对 1995—1997 年夏季月份的 T106 数值预报产品 500 hPa 位势高度场序列进行时、空分解,以 EOF 分解模态的时间系数序列为动力统计模型变量,用遗传算法进行模型参数的优化反演,建立起各空间分解模时间系数的非线性微分方程组,再通过 EOF 各分解模的时、空重构,实现了位势场和副高的数值积分预报。

13.2　研究资料

副高指数的动力预报模型反演中使用的资料是美国国家环境预报中心（NCEP）和美国国家大气研究中心（NCAR）提供的 1958—1997 年 10 年平均 2.5°×2.5° 逐日再分析资料。

研究对象采用中央气象台[1]定义的：

（1）表征副高南北位置的副高脊线指数（RI）：在 2.5°×2.5° 网格的 500 hPa 位势高度图上，取 110°E~150°E 范围内 17 条经线（间隔 2.5°），对每条经线上位势高度最大值点所在的纬度求平均，所得的值定义为副高脊线指数。

（2）表征副高范围和强度形态的副高面积指数（SI），即在 2.5°×2.5° 网格的 500 hPa 位势高度图上，10°N 以北，110°E~180°E 范围内，平均位势高度大于 588 dagpm 的网格点数。

（3）表征副高西伸脊点位置的副高西伸指数（WI）：在 2.5°×2.5° 网格的 500 hPa 位势高度图上，取 90°E~180°E 范围内 588 dagpm 等值线最西位置所在的经度，定义为副高的西脊点。

对于基于副高数值预报产品的动力延伸预报中使用的资料，选择通用的 T106 数值预报产品为研究资料。选取 1995—1997 年夏季（每年 5 月 1 日—8 月 31 日）共计 369 天的 500 hPa 位势高度初值场（近似代表实际位势场）序列作为描述副高活动的要素场（分析范围 10°~60°N；70°~146°E）。

13.3　基本思想与技术途径

其中一部分是第五章详细介绍的基于遗传算法的动力模型反演与模型参数优化以及第六章所介绍的 EOF 时间-空间重构思想，前面已经详细介绍过，这里不再赘述。

小波分析的基本思想：

小波（wavelet），即小区域的波，是一种特殊的长度有限、平均值为 0 的波形。它有两个特点：一是"小"，即在时域具有紧支集或近似紧支集；二是正负交替的"波动性"，也即直流分量为零。

小波分析是将信号分解成一系列小波函数的叠加，而这些小波函数都是由同一个母小波函数经过平移与尺度伸缩得来的。用不规则的小波函数来逼近尖锐变化的信号显然要比光滑的正弦曲线要好，同样，信号局部的特征用小波函数来逼近要比光滑的正弦函数来逼近要好。

小波变换的定义是把某一被称为基本小波（也叫母小波 mother wavelet）的函数 $\varphi(t)$ 作位移 τ 后，再在不同尺度 α 下与待分析的信号 $x(t)$ 作内积：

$$WT_x(\alpha,\tau) = \frac{1}{\sqrt{\alpha}} \int_{-\infty}^{\infty} x(t) \psi^* \left(\frac{\iota - \tau}{\alpha} \right) \mathrm{d}t, \qquad a > 0 \tag{13.1}$$

等效的频域表示为

$$WT_x(a,\tau) = \frac{\sqrt{a}}{2\pi} \int_{-\infty}^{\infty} x(\overline{w}) \psi^*(a\overline{w}) e^{+j\overline{w}w} \mathrm{d}\overline{w} \tag{13.2}$$

式中 $x(\overline{w})$ 和 $\psi(\overline{w})$ 分别是 $x(t)$ 和 $\psi(t)$ 的傅里叶变换。

13.4　副高指数的动力预报模型反演

利用 1958—1997 年 10 年平均的逐候副高脊线指数(X)、副高面积指数(Y)和副高西脊点指数(Z)为观测资料时间序列,进行副热带高压特征指数的非线性动力模型反演,模型的基本形式为

$$\begin{cases} \dfrac{\mathrm{d}X}{\mathrm{d}t} = a_1 X + a_2 Y + a_3 Z + a_4 X^2 + a_5 Y^2 + a_6 Z^2 + a_7 XY + a_8 XZ + a_9 YZ \\[2mm] \dfrac{\mathrm{d}Y}{\mathrm{d}t} = b_1 X + b_2 Y + b_3 Z + b_4 X^2 + b_5 Y^2 + b_6 Z^2 + b_7 XY + b_8 XZ + b_9 YZ \\[2mm] \dfrac{\mathrm{d}Z}{\mathrm{d}t} = c_1 X + c_2 Y + c_3 Z + c_4 X^2 + c_5 Y^2 + c_6 Z^2 + c_7 XY + c_8 XZ + c_9 YZ \end{cases} \tag{13.3}$$

采用与前面相同的计算方案和操作步骤,计算中取迭代时间步长为 0.1 候,最后得到副高特征指数非线性动力模型中各项优化反演参数。剔除量级很小的模型虚假项后,反演得到如下副高形态指数的非线性动力系统模型:

$$\begin{cases} \dfrac{\mathrm{d}X}{\mathrm{d}t} = -3.696 \times 10^{-4} X + 1.191 \times 10^{-5} Y + 5.178 \times 10^{-5} Z + 4.199 \times 10^{-6} X^2 + 1.582 \times 10^{-6} XZ \\[2mm] \dfrac{\mathrm{d}Y}{\mathrm{d}t} = -6.626 \times 10^{-2} X + 2.136 \times 10^{-3} Y + 9.282 \times 10^{-3} Z + 7.53 \times 10^{-4} X^2 + 2.836 \times 10^{-4} XZ \\[2mm] \dfrac{\mathrm{d}Z}{\mathrm{d}t} = 1.877 \times 10^{-2} X - 6.1 \times 10^{-4} Y - 2.63 \times 10^{-3} Z - 2.1 \times 10^{-4} X^2 \end{cases}$$

$$\tag{13.4}$$

上述反演所得的副高特征指数动力学模型是否准确合理,需要进行实际检验。为此,本文用该模型进行了积分预报实验,通过设定真实的预报初值(从副高指数序列中选取),对模型进行了数值积分。该模型以第 30 候的副高指数为初值进行的数值积分结果如图 13.1 所示,从图中可见,前期的积分预报结果(从初始积分点第 30 候到第 55 候之间)与实际值均很吻合,表现出较理想的预报效果和准确率,55 候以后模型积分结果与实际值之间的误差逐渐增大(而面积指数的积分结果一直保持较好的准确率),表现出相应的可预报性限制。

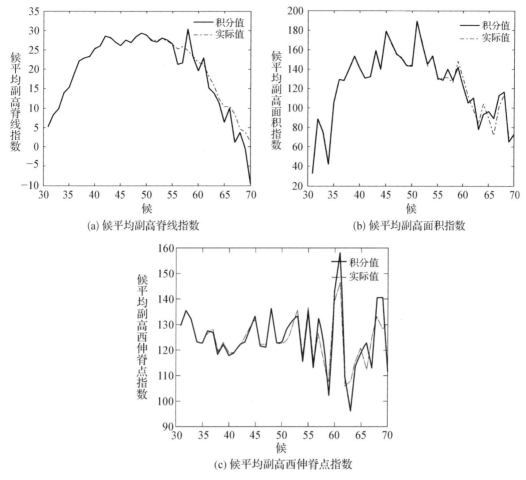

图 **13.1** 副高形态指数反演模型的仿真预报效果

以该方程组作为预报模型,只需提供模型的初值(副高面积指数、脊线和西脊点指数)即可,无须统计回归以及像神经网络方法那样需要提供众多的预报因子。模型可提供多时效的预报(时间积分即可),而无须像统计方法那样需要分别建立多个时效的预报模型,因而兼备了数值预报和统计预报方法的优点,具有较好的实用意义和应用前景。

13.5 小波分解与遗传算法结合的副高预报模型反演

基于前面介绍的小波分解和基于遗传算法的动力模型反演的基本思想,我们建立副高预报模型。

13.5.1 副高面积指数的小波分析

选取 1995—1997 年 5 月 1 日至 8 月 31 日以及 1997 年 5 月 1 日至 7 月 22 日副高面积指数作为分析样本(图 13.2)。作为一个时间序列信号,它包含了一些噪声。

先用 Fixed form threshold 母小波进行去噪,选择的参数第一层为0.291,第二层为6.523,第三层为3.477,第四层为6.823,第五层为6.155,去噪图如图 13.3 所示。

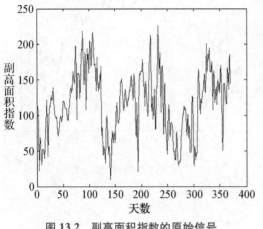

图 13.2　副高面积指数的原始信号

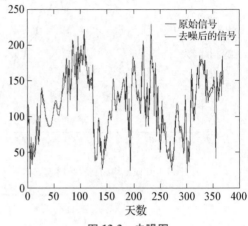

图 13.3　去噪图

将去噪后的信号用"db5"母小波进行 5 层分解,得到低频和高频部分,分解结构组织形式如图 13.4 所示。

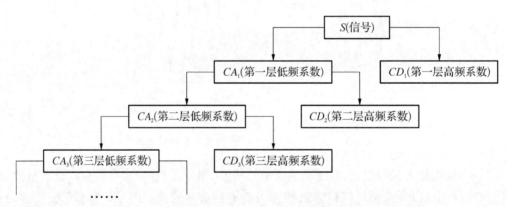

图 13.4　分解结构组织形式图

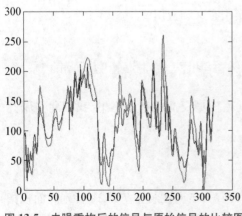

图 13.5　去噪重构后的信号与原始信号的比较图

我们提取 CA_5,CD_3,CD_4,CD_5 这四个分频系数进行重构,比较去噪重构后的信号和原始信号,如图 13.5 所示。

可以看出,在大部分细节上重构信号和原始信号基本上是一致的,且两者的相关系数,可以达到 0.8247,即选取这四个分频信号来进行重构,效果基本上满足要求。

可以看出,对副高进行预报,即需要对这四个分频信号进行预报,此时需要借助于前面所提到的非线性动力模型反演。

13.5.2　四个分频信号的动力模型反演

将前面的样本信号进行三层分解所得到的 CA_5, CD_3, CD_4, CD_5 时间序列（分别标识为 X, Y, Z, M）进行副热带高压面积指数四个分频信号的非线性动力模型反演,这既可以检验方法的科学性,同时也赋予了方法实用内涵。

设拟反演的非线性动力模型的一般形式为

$$
\begin{cases}
\dfrac{dX}{dt} = a_1X + a_2Y + a_3Z + a_4M + a_5X^2 + a_6Y^2 + a_7Z^2 + a_8M^2 + a_9XY + \\
\qquad\quad a_{10}XZ + a_{11}XM + a_{12}YZ + a_{13}YM + a_{14}ZM \\[4pt]
\dfrac{dY}{dt} = b_1X + b_2Y + b_3Z + b_4M + b_5X^2 + b_6Y^2 + b_7Z^2 + b_8M^2 + b_9XY + \\
\qquad\quad b_{10}XZ + b_{11}XM + b_{12}YZ + b_{13}YM + b_{14}ZM \\[4pt]
\dfrac{dZ}{dt} = c_1X + c_2Y + c_3Z + c_4M + c_5X^2 + c_6Y^2 + c_7Z^2 + c_8M^2 + c_9XY + \\
\qquad\quad c_{10}XZ + c_{11}XM + c_{12}YZ + c_{13}YM + c_{14}ZM \\[4pt]
\dfrac{dM}{dt} = d_1X + d_2Y + d_3Z + d_4M + d_5X^2 + d_6Y^2 + d_7Z^2 + d_8M^2 + d_9XY + \\
\qquad\quad d_{10}XZ + d_{11}XM + d_{12}YZ + d_{13}YM + d_{14}ZM
\end{cases}
\tag{13.5}
$$

用实测样本副高面积指数的四个分频信号时间序列进行模型参数的优化反演, 计算中取迭代时间步长为 1 天。采用前面所说的计算方案和操作步骤,最后反演得到上述副高面积指数分频信号非线性动力模型中各项优化参数值(表略),剔除系数很小的无关项后,得到副高面积指数四个分频信号动力系统反演模型为

$$
\begin{cases}
\dfrac{dX}{dt} = 0.9327X + 5.6784M + 7.8943Y^2 - 5.778Z^2 + 4.3255XM + \\
\qquad\quad 9.7765YZ + 0.8975YM + 5.736ZM \\[4pt]
\dfrac{dY}{dt} = 7.465X + 2.375Y - 0.7743Z + 7.223X^2 + 0.846Y^2 + \\
\qquad\quad 1.256XY + 102.76ZM \\[4pt]
\dfrac{dZ}{dt} = 9.3457Y + 1.459Z + 7.423Z^2 + 0.567M^2 + 16.89XY - \\
\qquad\quad 123.79YM + 7.95ZM \\[4pt]
\dfrac{dM}{dt} = 0.5438X + 7.9876M - 11.237M^2 + 0.9654XY + \\
\qquad\quad 2.6789YZ + 11.239YM
\end{cases}
\tag{13.6}
$$

上述反演模型是否准确合理,需要进行实际检验。为此,我们将用反演模型进行仿真预

报检验,并且测试这种方法对副高面积指数的预报效果。

13.5.3 仿真模型预报检验和副高面积指数预报

本文用反演模型进行仿真预报实验,通过设定真实的预报初值(从副高面积指数序列中选取),对模型进行数值积分。

反演模型以样本序列最后一天(即 1997 年 7 月 22 日)的四个分频信号为初值,进行 40 步(即 40 天)的数值积分预报效果如图 13.6 所示。

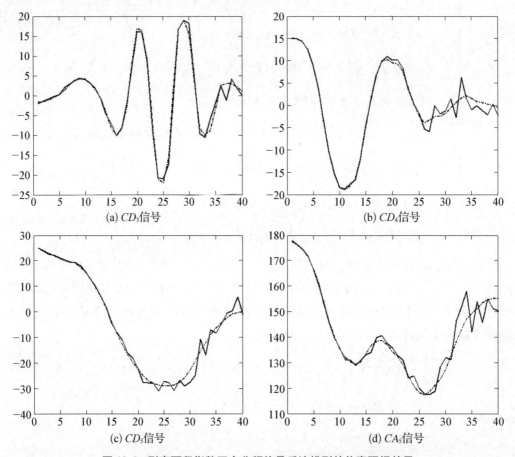

(a) CD_3信号   (b) CD_4信号

(c) CD_5信号   (d) CA_5信号

图 13.6　副高面积指数四个分频信号反演模型的仿真预报效果

用反演预报后的四个分频信号(取 40 天中的前 30 天,因为反演效果比较好)进行重构,将重构后的信号与实际 1997 年 7 月 23 日到 8 月 22 日的信号进行比较,如图13.7所示。

由图 13.7 可知,前期的仿真预报结果(从初始积分点 1997 年 7 月 23 日到 1997 年 8 月 12 日之间)与实际信号值均很吻合,表现出较理想的仿真效果和预报准确率,20 天以后模型积分结果与实际值之间的误差逐渐增大(但仍保持较好的准确率),表现出相应的可预报性限制。其反演重构后的信号与实际信号之间的相关系数可以达到0.7853(1 个月预报时效)。

通过比较常用的 T106 预报场在这 30 天的预报效果,将其与本文方法反演重构的结果进行比较(注意:由于 T106 预报场最多只能预报 6 天,所以 6 天以后 T106 预报不出来,只能仍用第 6 天的预报场来替代),如图 13.7 所示。

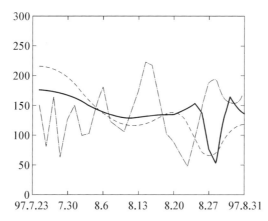

图 13.7　遗传算法、T106 预报副高面积指数与实际副高面积指数的比较图

(实际值:黑实线;反演模型预报值:黑虚线;T106 预报值:黑点划线)

从图 13.7 中可以看出,反演重构后的副高面积指数与实际副高面积指数在变化趋势和部分细节上均比较吻合,两者相关性可达 0.7853(1 个月预报时效)。对于 5 天以上的中长期预报也有较好的准确率,实验样本的中长期预报优于 T106 副高预报效果。

由此可见,本文的反演重构预报效果较好,不仅能够比较准确地预报出短期的副高面积指数,而且对于 6—30 天的中长期副高面积指数也具有比较好的预报效果。

13.6　基于副高数值预报产品的动力延伸预报

13.6.1　位势场时空分解

采用 EOF 方法对上述位势场序列进行时间(系数)、空间(结构)分解,各特征模的方差贡献如表 13.1 所示。

表 13.1　前 10 个 EOF 分解模的方差贡献和累计方差

EOF 特征模	1	2	3	4	5	6	7	8	9	10
方差贡献(%)	53.55	13.14	7.36	5.66	3.82	2.8	2.11	1.73	1.48	1.07
累计方差(%)	53.55	66.69	74.05	79.71	83.53	86.33	88.44	90.17	91.65	92.72

表中可以看出,前 6 个特征模向量的方差贡献收敛较快,其累计方差贡献已达到原始场的 86.33%,其后的累计方差贡献增长缓慢,且前 6 个空间模结构基本上能够较好地表现副高

等大尺度系统的基本特征,各分解模态的空间场和时间系数序列分别如图 13.8 和图 13.9 所示。因此,取前 6 个特征模向量为建模对象,并以其时、空重构逼近实际位势场。

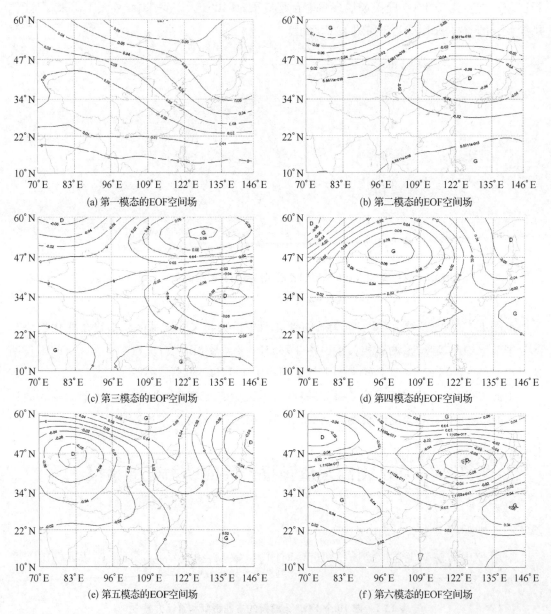

图 13.8　500 hPa 位势高度场 EOF 分解的前六个模态空间场

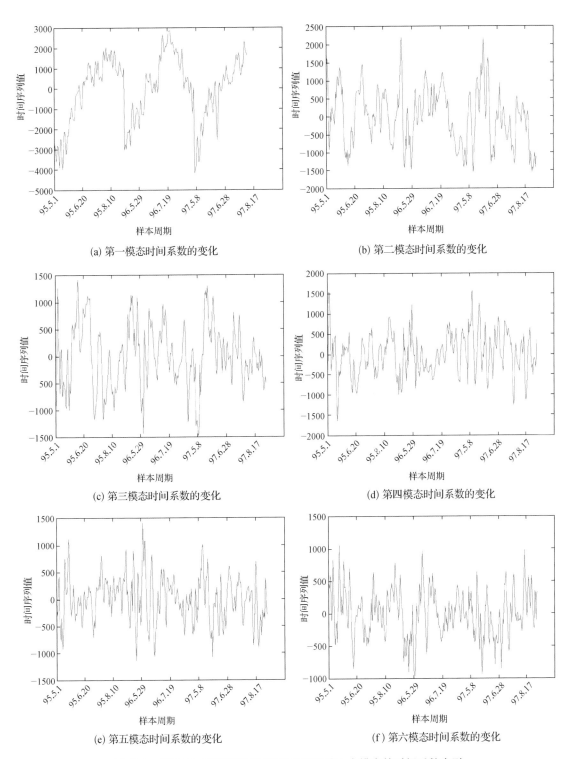

(a) 第一模态时间系数的变化　　　　　　(b) 第二模态时间系数的变化

(c) 第三模态时间系数的变化　　　　　　(d) 第四模态时间系数的变化

(e) 第五模态时间系数的变化　　　　　　(f) 第六模态时间系数的变化

图 13.9　500 hPa 位势高度场 EOF 分解的前六个模态的时间系数序列

13.6.2　EOF 时间系数动力统计模型重构

在前面第五章基于遗传算法的动力模型反演与模型参数优化方法下,以 T1、T2、T3、T4、T5、T6 表示 EOF 分解的前 6 个基本模的时间系数变量,并基于其"观测"数据,反演模型参数。设广义二阶非线性常微方程组(13.7)为拟反演重构的动力学模型,取研究资料场(共369 天)分解所得前 6 个模态时间序列的前 349 天作为"观测资料",进行模型参数的优化反演(后 20 天样本数据留作模型预测检验)。

$$
\begin{cases}
\begin{aligned}
\frac{dT_1}{dt} =\ & a_1 T_1 + a_2 T_2 + a_3 T_3 + a_4 T_4 + a_5 T_5 + a_6 T_6 + a_7 T_1^2 + a_8 T_2^2 + a_9 T_3^2 + a_{10} T_4^2 + a_{11} T_5^2 + a_{12} T_6^2 + \\
& a_{13} T_1 T_2 + a_{14} T_1 T_3 + a_{15} T_1 T_4 + a_{16} T_1 T_5 + a_{17} T_1 T_6 + a_{18} T_2 T_3 + a_{19} T_2 T_4 + a_{20} T_2 T_5 + \\
& a_{21} T_2 T_6 + a_{22} T_3 T_4 + a_{23} T_3 T_5 + a_{24} T_3 T_6 + a_{25} T_4 T_5 + a_{26} T_4 T_6 + a_{27} T_5 T_6 \\[4pt]
\frac{dT_2}{dt} =\ & b_1 T_1 + b_2 T_2 + b_3 T_3 + b_4 T_4 + b_5 T_5 + b_6 T_6 + b_7 T_1^2 + b_8 T_2^2 + b_9 T_3^2 + b_{10} T_4^2 + b_{11} T_5^2 + b_{12} T_6^2 + \\
& b_{13} T_1 T_2 + b_{14} T_1 T_3 + b_{15} T_1 T_4 + b_{16} T_1 T_5 + b_{17} T_1 T_6 + b_{18} T_2 T_3 + b_{19} T_2 T_4 + b_{20} T_2 T_5 + \\
& b_{21} T_2 T_6 + b_{22} T_3 T_4 + b_{23} T_3 T_5 + b_{24} T_3 T_6 + b_{25} T_4 T_5 + b_{26} T_4 T_6 + b_{27} T_5 T_6 \\[4pt]
\frac{dT_3}{dt} =\ & c_1 T_1 + c_2 T_2 + c_3 T_3 + c_4 T_4 + c_5 T_5 + c_6 T_6 + c_7 T_1^2 + c_8 T_2^2 + c_9 T_3^2 + c_{10} T_4^2 + c_{11} T_5^2 + c_{12} T_6^2 + \\
& c_{13} T_1 T_2 + c_{14} T_1 T_3 + c_{15} T_1 T_4 + c_{16} T_1 T_5 + c_{17} T_1 T_6 + c_{18} T_2 T_3 + c_{19} T_2 T_4 + c_{20} T_2 T_5 + \\
& c_{21} T_2 T_6 + c_{22} T_3 T_4 + c_{23} T_3 T_5 + c_{24} T_3 T_6 + c_{25} T_4 T_5 + c_{26} T_4 T_6 + c_{27} T_5 T_6 \\[4pt]
\frac{dT_4}{dt} =\ & d_1 T_1 + d_2 T_2 + d_3 T_3 + d_4 T_4 + d_5 T_5 + d_6 T_6 + d_7 T_1^2 + d_8 T_2^2 + d_9 T_3^2 + d_{10} T_4^2 + d_{11} T_5^2 + d_{12} T_6^2 + \\
& d_{13} T_1 T_2 + d_{14} T_1 T_3 + d_{15} T_1 T_4 + d_{16} T_1 T_5 + d_{17} T_1 T_6 + d_{18} T_2 T_3 + d_{19} T_2 T_4 + d_{20} T_2 T_5 + \\
& d_{21} T_2 T_6 + d_{22} T_3 T_4 + d_{23} T_3 T_5 + d_{24} T_3 T_6 + d_{25} T_4 T_5 + d_{26} T_4 T_6 + d_{27} T_5 T_6 \\[4pt]
\frac{dT_5}{dt} =\ & e_1 T_1 + e_2 T_2 + e_3 T_3 + e_4 T_4 + e_5 T_5 + e_6 T_6 + e_7 T_1^2 + e_8 T_2^2 + e_9 T_3^2 + e_{10} T_4^2 + e_{11} T_5^2 + e_{12} T_6^2 + \\
& e_{13} T_1 T_2 + e_{14} T_1 T_3 + e_{15} T_1 T_4 + e_{16} T_1 T_5 + e_{17} T_1 T_6 + e_{18} T_2 T_3 + e_{19} T_2 T_4 + e_{20} T_2 T_5 + \\
& e_{21} T_2 T_6 + e_{22} T_3 T_4 + e_{23} T_3 T_5 + e_{24} T_3 T_6 + e_{25} T_4 T_5 + e_{26} T_4 T_6 + e_{27} T_5 T_6 \\[4pt]
\frac{dT_6}{dt} =\ & f_1 T_1 + f_2 T_2 + f_3 T_3 + f_4 T_4 + f_5 T_5 + f_6 T_6 + f_7 T_1^2 + f_8 T_2^2 + f_9 T_3^2 + f_{10} T_4^2 + f_{11} T_5^2 + f_{12} T_6^2 + \\
& f_{13} T_1 T_2 + f_{14} T_1 T_3 + f_{15} T_1 T_4 + f_{16} T_1 T_5 + f_{17} T_1 T_6 + f_{18} T_2 T_3 + f_{19} T_2 T_4 + f_{20} T_2 T_5 + \\
& f_{21} T_2 T_6 + f_{22} T_3 T_4 + f_{23} T_3 T_5 + f_{24} T_3 T_6 + f_{25} T_4 T_5 + f_{26} T_4 T_6 + f_{27} T_5 T_6
\end{aligned}
\end{cases}
$$

$$\text{(13.7)}$$

计算中取迭代步长为 1 天,采用遗传算法进行模型参数优化反演。经 15 次遗传操作的优化搜索,即可迅速收敛于目标适值,反演出动力学方程组各项的优化参数。剔除量级系数很小的无关项后,反演得到如下前六个 EOF 分解模态的时间系数的动力统计模型如下:

$$\begin{cases} \dfrac{\mathrm{d}T_1}{\mathrm{d}t} = 6.9342T_1 + 18.46T_4 + 26.809T_2^2 + 8.1656T_6^2 + 15.755T_1T_6 + 21.284T_2T_3 + 17.042T_4T_5 \\[2mm] \dfrac{\mathrm{d}T_3}{\mathrm{d}t} = 2.4735T_2 + 14.2945T_5 + 12.3352T_2^2 + 25.7892T_3^2 + 0.9872T_5^2 + 1.7468T_1T_5 + 9.3275T_5T_6 \\[2mm] \dfrac{\mathrm{d}T_4}{\mathrm{d}t} = 5.7622T_1 + 9.1524T_3 + 35.1788T_6 + 24.7215T_1^2 + 1.7324T_6^2 + 23.155T_2T_6 + 48.12T_4T_5 \\[2mm] \dfrac{\mathrm{d}T_5}{\mathrm{d}t} = 41.1322T_2 + 13.1725T_5 + 9.1344T_3^2 + 41.13T_1T_3 + 23.5213T_2T_4 + 7.23T_4T_6 + 1.334T_5T_6 \\[2mm] \dfrac{\mathrm{d}T_6}{\mathrm{d}t} = 9.1722T_3 + 8.1542T_6 + 12.344T_1^2 + 4.2267T_5^2 + 1.3435T_1T_6 + 6.7894T_2T_4 \end{cases}$$

$$(13.8)$$

13.6.3　模型预报效果检验

为检验上述模型是否客观、准确,我们用研究资料中未参与模型反演的后 20 天的 500 hPa 位势高度场 EOF 分解系数(1997 年 8 月 12 日到 8 月 31 日,20 天)来检验反演重构模型的积分预报效果。取 8 月 12 日的 6 个 EOF 分解系数作为初值,代入以上反演所得的非线性动力方程组,进行模型的数值积分运算,得到 1997 年 8 月 13 日至 8 月 31 日共 19 天的数值积分预报结果,用新的预报方法与真实值进行对比检验,结果如图 13.10 所示。

图中可以看出,前 10 天的积分预报结果(约 8 月 13 日—8 月 24 日)与真实值很吻合,表现出理想的逼近效果和预报准确率;12 天以后模型的积分结果与真实值之间出现了略微的预报偏差,但积分结果与真实值之间的变化趋势和峰谷位置仍保持一致,表现出稳定以及良好的中、长期预报效果。

表 13.2 和表 13.3 分别是另取 8 月 14 和 8 月 16 日的 6 个 EOF 分解系数作为初值,代入反演所得非线性动力方程组数值积分,所得的 1997 年 8 月 15 日至 8 月 29 日和 8 月 17 日至 8 月 31 日 15 天的数值积分预报结果,利用这些预报结果求相对预报误差(预报结果与实际值之间的误差再除以实际值)。

表 13.2　以 8 月 14 日作为初值起报的 1997 年 8 月 15 至 8 月 29 日 EOF 各模态时间系数相对预报误差

日期＼模态	8.15	8.16	8.17	8.18	8.19	8.20	8.21	8.22	8.23	8.24	8.25	8.26	8.27	8.28	8.29
T1	1.7%	2.0%	1.8%	2.1%	2.2%	4.7%	3.8%	4.5%	5.3%	6.2%	5.8%	12.4%	9.1%	10.6%	18.5%
T2	1.1%	1.8%	1.7%	3.1%	3.2%	5.2%	4.7%	4.9%	6.5%	6.9%	8.1%	9.3%	7.4%	15.1%	17.2%
T3	1.4%	2.1%	1.6%	2.5%	3.0%	3.4%	5.2%	4.8%	7.1%	6.1%	8.2%	10.5%	13.4%	11.1%	19.1%
T4	1.5%	1.9%	2.4%	3,4%	2.8%	4.7%	6.8%	5.5%	8.1%	8.7%	9.5%	14.5%	12/5%	15.1%	17.8%
T5	1.2%	2.2%	1.9%	3.1%	4.6%	5.1%	7.1%	6.8%	7.7%	8.1%	9.9%	9.8%	11.5%	16.4%	18.1%
T6	1.7%	2.4%	2.2%	3.5%	4.1%	6.4%	5.1%	7.8%	7.4%	8.8%	9.1%	9.7%	12.4%	15.1%	18.9%

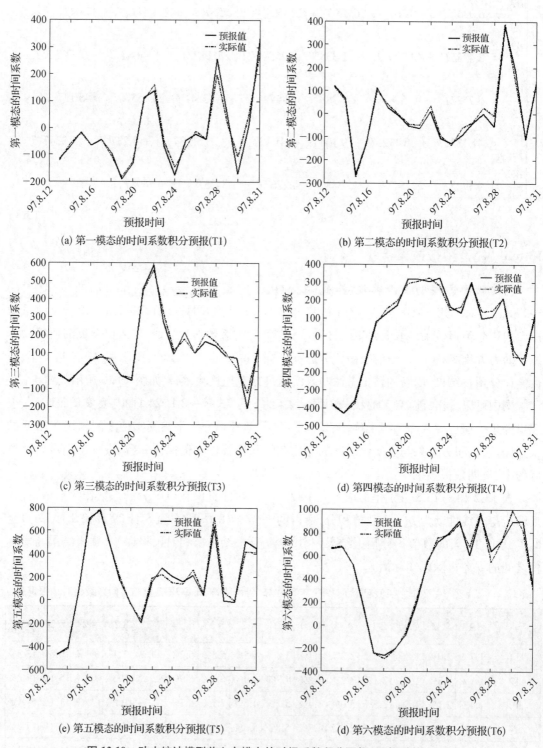

(a) 第一模态的时间系数积分预报(T1)

(b) 第二模态的时间系数积分预报(T2)

(c) 第三模态的时间系数积分预报(T3)

(d) 第四模态的时间系数积分预报(T4)

(e) 第五模态的时间系数积分预报(T5)

(d) 第六模态的时间系数积分预报(T6)

图 13.10 动力统计模型前六个模态的时间系数积分预报(预报时效 **19** 天)

表 13.3 以 8 月 16 日作为初值起报的 1997 年 8 月 17 日至 8 月 31 日 EOF 各模态时间系数相对预报误差

日期 模态	8.17	8.18	8.19	8.20	8.21	8.22	8.23	8.24	8.25	8.26	8.27	8.28	8.29	8.30	8.31
T1	1.2%	2.1%	1.4%	2.0%	2.3%	4.2%	3.1%	5.1%	6.6%	7.1%	8.2%	11.3%	10.7%	15.9%	19.0%
T2	1.1%	2.2%	2.0%	1.4%	3.1%	5.2%	6.9%	7.1%	8.8%	7.8%	9.1%	13.7%	11.1%	14.3%	17.7%
T3	1.6%	2.0%	2.2%	1.5%	2.7%	3.9%	5.1%	6.8%	8.1%	9.1%	8.3%	12.2%	11.3%	14.5%	16.6%
T4	1.5%	2.0%	2.5%	2.1%	4.0%	3.6%	6.1%	5.5%	7.1%	9.4%	8.2%	10.4%	12.8%	15.1%	18.7%
T5	1.8%	2.3%	1.7%	2.5%	3.4%	5.7%	6.6%	7.1%	8.0%	9.2%	8.4%	11.5%	10.1%	13.7%	19.1%
T6	1.9%	2.1%	2.6%	1.7%	4.2%	5.8%	6.8%	7.8%	8.1%	9.4%	8.3%	13.2%	10.5%	15.4%	18.4%

上述不同初值起报点所得的预报实验结果表明,所建模型的积分预报结果在 5—6 天预报时效内均能保持较小的预报误差,11 天以后预报误差开始增大,可用预报时效大约为 13—14 天左右。

13.7 副高位势场 EOF-GA 动力统计模型重构

将图 13.10 中 T_1,T_2,T_3,T_4,T_5,T_6 等六个 EOF 时间系数 19 天的积分预测结果(1997 年 8 月 13 日—8 月 31 日)代入下式进行位势场恢复:

$$\hat{x}_{tj} = \sum_{n=1}^{6} F_{nj} \cdot T_{nt}; \qquad t = 1,2,\cdots,20 \qquad (13.9)$$

式中 F_{nj},T_{nt} 分别为 EOF 分解的空间场(图 13.8)和时间系数,$\hat{x}_{tj}$ 为 EOF 恢复的时、空位势场。

经以上空间模态(视为定常)和时间系数(模型积分预报)的重构,得到 1997 年 8 月 13 日—8 月 31 日共计 19 天的 500 hPa 位势高度场预报值。其后,对照 T106 数值预报场结果,对本文反演模型和 T106 模型两种预报方法的副高强度、范围以及位置等预报结果进行了对比分析和效果评估。

13.7.1 短期预报效果比较

图 13.11 分别为 1997 年 8 月 13 日的实况场、本文反演模型和 T106 数值模式第 1 天的预报场。

从图中可以看出,本文反演模型和 T106 模式两种预报结果与实况场的基本形式以及高、低压中心分布均非常接近;两种预报结果的副高范围和位置均与实况相符(相比而言,T106 预报的副高 5900 线区域位置略好)。其后 2—4 天(8 月 14 日—8 月 16 日),两种预报方法的位势场形势和副高活动的预报效果各有千秋、大体接近,均能较好地描述以及逼近实况高度场和副高状况。对于 1—4 天的短期预报,本文反演模型与 T106 数值模式的副高预报效果相当(图略)。

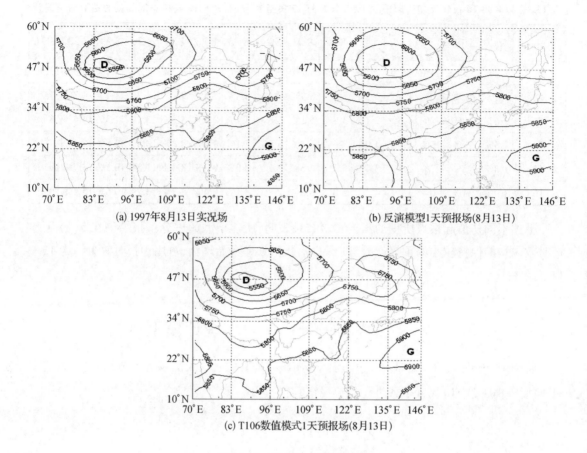

(a) 1997年8月13日实况场　　　　　　　(b) 反演模型1天预报场(8月13日)

(c) T106数值模式1天预报场(8月13日)

图 13.11　　500 hPa 位势高度场

13.7.2　中期预报效果比较

图 13.12 分别为 1997 年 8 月 17 日的实况场、第 5 天的反演模型预报场和 T106 数值预报场。

从图中可以看出,8 月 17 日位势场实况图上,5900 线表示的副高呈东南—西北向,位于菲律宾以东、日本以南的西太平洋和东海海域,并深入覆盖了长江中下游地区(图 13.12(a));反演模型预报结果中的副高范围略小于实况,副高西伸范围略小,仅覆盖了东南沿海地区,但副高的基本形式和强度、位置均十分接近副高实况(图 13.12(b)),预报结果基本正确;相比而言,T106 数值预报结果的副高范围和位置则明显偏小,与副高实际情况相差甚远(图 13.12(c)),预报效果远不及反演模型的副高预报效果。其余时效(8 月 18 日—8 月 22 日)反演模型方法的副高预报结果也基本接近实况场,总体预报效果优于 T106 数值预报(图略)。

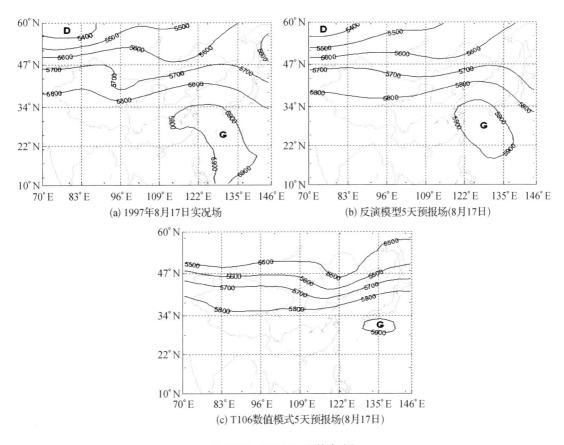

(a) 1997年8月17日实况场

(b) 反演模型5天预报场(8月17日)

(c) T106数值模式5天预报场(8月17日)

图13.12　500 hPa 位势高度场

13.7.3　长期预报效果比较

最后,来看长期预报效果,图13.13分别为1997年8月25日的实况场、反演模型13天预报场和T106的7天数值预报场(注:由于T106资料中仅有1—7天预报结果,故采用8月18日起报的T106的7天预报结果与8月12日起报的反演模型方法的13天预报结果进行比较)。

图中可以看出,对长期预报,本文模型反演方法的位势场形势预报除对中国台湾地区和菲律宾以东洋面的一个台风系统未能刻画外,基本环流结构,特别是对东(西太副高)、西(印度半岛以北)两个5900线副高范围均表现正确,对西太副高5900线与外围5850线形态位置的预报与实况相符(图13.13(b))。相比而言,T106的7天数值预报结果对副高的描述存在较大偏差,除对西面的一个5900副高有所表现外(范围还有所扩大),对西太平洋副高未能描述,预报基本失败。

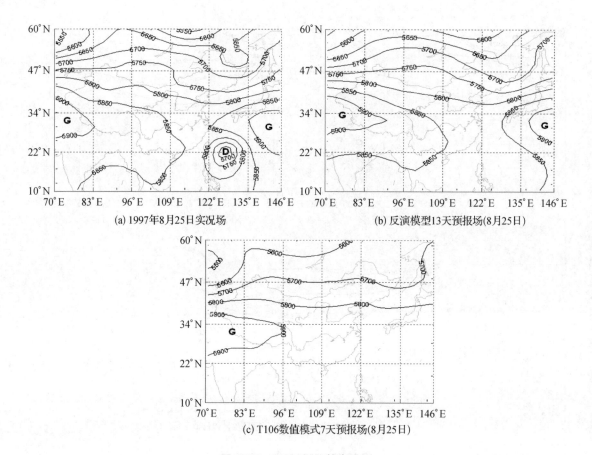

(a) 1997年8月25日实况场　　　　(b) 反演模型13天预报场(8月25日)

(c) T106数值模式7天预报场(8月25日)

图 13.13　500 hPa 位势高度场

13.8　反演模型的副高预报效果检验与对比实验

为进一步检验本文模型反演方法的预报效果,我们选择了 8 次不同的初值起报点进行积分预报,并对预报结果(1—7 天)分别进行了定量分析和定性描述等两个方面的统计检验(如表 13.4 和表 13.5 所示)。

首先对 8 次预报实验结果进行统计分析,分别计算本文模型反演方法(表中简称反演)以及 T106 数值预报方法(表中简称数值)与实际结果之间的平均误差 $E(X)$ 和均方差 $D(X)$,对两种方法的预报误差进行定量的统计分析和比较。

$$E(X) = \frac{1}{n} \sum_{i=1}^{n} |x_i - x_{\text{real}}|; D(X) = \sqrt{\frac{\sum_{i=1}^{n} (x_i - x_{\text{real}})^2}{n-1}} \tag{13.10}$$

x_i 为反演算法或者 T106 的数值预报结果;x_{real} 为实际的真实值;n 为样本序列总长,所分析的是 EOF 分解的时间系数。

表 13.4　副高预报试验的统计分析

统计检验 预报个例	平均误差（$\alpha = 0.025$）	均方差（$\alpha = 0.025$）
实验 1	数值:5.23;反演:3.27	数值:8.12;反演:5.42
实验 2	数值:4.61;反演:2.93	数值:7.66;反演:5.11
实验 3	数值:6.47;反演:3.82	数值:10.03;反演:6.02
实验 4	数值:5.51;反演:3.66	数值:8.85;反演:6.24
实验 5	数值:7.85;反演:4.14	数值:12.08;反演:7.91
实验 6	数值:6.03;反演:4.07	数值:10.86;反演:6.89
实验 7	数值:5.17;反演:3.14	数值:8.46;反演:5.93
实验 8	数值:6.88;反演:4.87	数值:9.95;反演:6.59

注:表中的 $\alpha = 0.025$ 为检验置信度。

随后,对上述 8 次实验的 500 hPa 位势场中的副高预报效果(副高中心、位置、范围)作分析比较和定性描述(如表 13.5 所示)。

表 13.5　副高预报试验的定性分析描述

预报时效 预报个例	1(天)	3(天)	5(天)	7(天)
实验 1	实际:一个副高中心; 数值:副高中心预报正确,位置稍偏北; 反演:副高中心预报正确,位置稍偏北	实际:两个高压中心; 数值:副高中心预报正确,副高范围偏大; 反演:副高中心预报准确,范围位置恰当	实际:一个副高中心; 数值:副高预报范围偏大; 反演:副高中心预报准确,范围位置恰当	实际:一个副高中心; 数值:副高预报范围偏大; 反演:副高中心预报正确,高压范围偏大
实验 2	实际:两个高压中心; 数值:副高中心预报正确,位置恰当; 反演:副高中心预报正确,位置恰当	实际:一个副高中心; 数值:副高中心预报准确,范围恰当; 反演:副高中心预报正确,范围恰当	实际:一个副高中心; 数值:副高中心预报准确; 反演:副高中心预报准确,范围基本正确	实际:一个副高中心; 数值:副高中心没有报出; 反演:副高中心报出,但副高范围偏小
实验 3	实际:一个副高中心; 数值:副高中心与位置预报正确; 反演:副高中心与位置预报正确	实际:一个副高中心; 数值:副高中心预报正确,高压位置偏西; 反演:副高中心与位置范围基本正确	实际:两个高压中心; 数值:副高中心预报正确; 反演:副高中心与范围预报基本正确	实际:一个副高中心; 数值:副高中心报出,副高位置偏南; 反演:副高中心报出,副高范围偏小
实验 5	实际:一个副高中心; 数值:副高中心与位置预报正确; 反演:副高中心预报正确,副高范围偏小	实际:无副高中心; 数值:预报描述正确; 反演:预报描述正确	实际:两个高压中心; 数值:一个中心未报出,一个范围偏大; 反演:两个高压中心均报出	实际:一个副高中心; 数值:副高中心报出,但高压位置偏北; 反演:副高中心预报正确,高压范围偏小

预报时效 预报个例	1(天)	3(天)	5(天)	7(天)
实验6	实际:无副高中心; 数值:预报描述正确; 反演:预报描述正确	实际:一个副高中心; 数值:副高中心与位置预报正确; 反演:副高中心与位置预报正确	实际:一个副高中心; 数值:高压中心未报出; 反演:副高中心和位置预报正确	实际:两个高压中心; 数值:一个高压中心未报出; 反演:高压中心预报正确,高压范围偏大
实验7	实际:一个副高中心; 数值:副高中心与位置预报正确; 反演:副高中心与位置预报正确	实际:两个高压中心; 数值:副高中心与位置预报正确; 反演:副高中心和位置预报正确	实际:一个副高中心; 数值:副高中心预报正确,高压位置偏西; 反演:副高中心预报正确,范围偏小	实际:一个副高中心; 数值:高压中心没有报出; 反演:副高中心预报正确,高压范围偏大
实验8	实际:两个高压中心; 数值:高压中心和位置预报正确; 反演:高压中心和位置预报正确	实际:两个高压中心; 数值:高压中心和位置预报正确; 反演:高压中心和位置预报正确	实际:一个副高中心; 数值:副高中心预报正确,高压范围偏大; 反演:副高中心预报正确,范围偏大	实际:一个副高中心; 数值:副高中心报出; 反演:副高中心报出

上述分析结果表明,本文提出的动力统计模型反演方法在副高中、长期预报方面表现出较好的预报效果,为副高的中、长期预报提供了一条有益的预报方法途径。

13.9　本章总结

采用遗传算法,从数据时间序列中反演重构了非线性动力学模型,Lorenz 混沌动力系统的实验结果证明了该方法的可行性和有效性,随后从实际观测数据的时间序列中反演重构了副高特征指数的非线性动力学模型,模型的参数反演效率和准确率优于传统的最小二乘估计[2],反演模型的预报时效和可操作性优于常规统计预报方法(包括神经网络等)[3],为复杂天气系统(特别是无法准确获取其动力模型)的动力学研究和诊断预测探索了新的途径。

将副高面积指数看作小波信号先进行小波分析,然后将去噪分解后的分频信号再用遗传算法改进后的动力模型进行反演重构,对副高面积指数进行预报。这种预报方法不仅能够比较准确地报出短期的副高面积指数,而且对于 6—30 天的中长期副高面积指数也具有比较好的预报效果。

用自然正交函数方法(EOF)来分解、重构 500 hPa 位势高度场序列,实现了位势场的反演动力统计模型预报。对比实验结果表明,在 5 天以内的短期预报中,本文提出的动力统计模型反演方法能够较好地表现副高活动特征;在中长期预报方面,本文的动力统计模型反演方法能够较好描述副高的变化特征,10 天以上的副高预报效果亦能较好逼近天气实况,整体预报效果优于 T106 数值预报结果。本文提出的动力统计模型反演方法不仅考虑了位势场的空间分布特征,也考虑了这些基本构型随时间的演变。由于在模型重构中充分利用了实况"观测资料"信息,因而所建模型能够较为客观、真实地反映位势场变化特征。

　　上述方法取得较好预报效果的原因,大致可作如下理解:① 副高是一个复杂的天气系统,影响副高活动既有热力因素,又有环流因素和复杂的非线性因素,根据 Takens 相空间重构理论[4],位势场的观测资料中隐含了上述制约副高变化的诸多因素,因此从资料场中反演的预报模型尽管简单,但隐含了较为充分的副高影响因素和作用过程信息;② 影响副高预报的难点问题之一是资料中的高频变化和数据噪声,通过 EOF 分解的方差贡献估计,滤除方差贡献较小的高阶模态,既减小了预报建模的复杂性,又较好地保留了副高变化的基本特征。

　　此外,本文模型在预报制作时,只需提供动力方程组的初值即可,无需像统计回归和神经网络预报那样需要提供众多的预报因子;模型可提供多个时效的预报,也无需像统计方法那样需要建立多个时效预报模型。因此,反演动力统计模型的预报方法兼备了数值预报和统计预报方法的众多优点。

参考文献

［1］中央气象台长期预报组.长期天气预报技术经验总结(附录)［M］.北京:中央气象台,1976:5-6.

［2］SCELLER L L, LETELLIER C, GOUESBET G. Global vector field reconstruction including a control parameter dependence［J］. physics Letters A, 1996,211(4): 211-216.

［3］ORTEGAGJ. A new method to detect hidden frequencies in chaotic time series. physics Letters A, 1995, 209 (5-6): 351-355.

［4］TAKENS F. Detecting strange attractors in turbulence［J］. Lecture Notes in Mathematics, 1981, 898(2): 366-381.

第十四章　基于改进自忆性原理的西太平洋
副热带高压指数预报

14.1　引　言

西太平洋副热带高压(简称副高,后同)是位于低纬度的重要大型环流系统,也是直接影响我国的重要天气系统之一,我国很多区域,特别是江淮流域的洪涝和干旱灾害就是由于其异常活动所导致。如 1998 年 8 月副高的异常南落导致位于长江流域的特大洪涝灾害[12];2010 年 5 至 7 月 14 轮暴雨袭击华南、江淮流域也是由于夏季副高的异常活动[20];2013 年夏季副高的异常增强活动导致 7 月至 8 月江南、江淮、江汉及重庆等地的异常高温天气。这些灾害均是由副高的异常活动所致,因此关于副高的研究历来为气象学家所重视[24]。

西太平洋副高是高度非线性的动力系统,它们的发展演变和异常是由夏季风系统中众多因子通过非线性过程共同制约的。前人对此做了大量的研究,如张庆云等[34]指出夏季副高脊线的两次北跳与赤道对流向北移动及低层赤道西风两次北跳关系密切;徐海明等[29-30]认为孟加拉湾对流的增强发展,一方面中断西太平洋—南海周边的对流活跃,同时又促使副高西部脊西伸增强;张韧等[14]分别就季风降水、太阳辐射加热和季风槽降水对流凝结潜热等热力因素,对副高稳定性和形态变化的影响进行了诊断分析和研究。但到目前为止,对副高这样复杂的天气系统,影响要素众多,动力机理复杂,造成了副高预报的困难。目前,无论是副高的数值预报产品还是统计预报产品都存在不同程度的预报偏差,尤其是副高中长期预报和异常活动预报的误差更加明显[28]。所以季节内副高异常活动和中长期趋势预测已成为制约夏季我国长江流域天气预报和汛期趋势预测的难点问题及核心内容。

正是因为副高系统的复杂性和非线性,所以"精确"建立描述副高活动的动力预报模型就显得极其困难,近年来,用历史资料反演微分方程成为大气和海洋领域较为新兴的技术,如 Jia[7-8]用历史资料反演动力-统计模型对夏季中国降水和北美气温进行了预测,取得了较好的预报效果。而洪梅等[19]基于历史资料反演重构了副高位势高度场动力模型,并开展了预报检验,取得了较好的中短期预报效果。但是建立的动力预报方程利用一个初值进行积分预报,对初值的依赖性较大,所以超过 15 天的中长期预报明显发散,预报效果并不理想。针对这种问题,也为了克服预报方程对初值的依赖性,本文考虑引入动力自忆性原理来进行改进。动力系统自忆性原理由 Cao 等[1]最早提出,此方法不但在更广意义上将动力学方程转化为一个自忆性方程,即一个差分-积分方程,而且在方程中能容纳初始时刻前多个时刻的测量值,并且记忆系数还可以利用观测数据来进行估计。这样就避免了微分方程过分依赖初值的缺点,也可以把统计学中过去从观测资料中提取预报信息的优点借鉴过来。因此此方法后来被广泛用于气象、水文和环境领域的预报问题。

此方法的动力核设置和记忆函数的设置比较简单,对周期性和线性系统的预测效果较好,但对于非线性,特别是混沌系统效果不好[1]。考虑到副热带高压是一个非线性混沌系统,所以本文对记忆函数进行了改进,既考虑了混沌系统的特性,又把过去观测资料的信息吸收进来;并且将之前重构的动力系统作为其动力核进行改进。这样将动力重构思想和自忆性原理互相取长补短结合在一起,更加有效地针对混沌系统,使改进的模型在副高正常年份和异常年份脊线指数中长期预报(15 天以上)中取得了较好的结果。

14.2　资料和预报因子的选择

14.2.1　资料

研究资料选取 NECP/NCAR 近三十年(1982—2011)的夏半年(5 月—10 月)逐日 500 hPa 位势高度场再分析资料,资料范围为[90°~180°E,0°~90°N]。

14.2.2　副高脊线指数变化

副高季节内变化在不同年份的表现会与平均状况有很大不同,正是因为一些特殊年份出现的副高异常活动导致副热带环流异常和我国极端的天气现象。副高南北活动的异常,特别是夏季副高的三次北跳,与我国雨带变化有着重要关系。基于此,首先对副高活动的典型个例进行分析和筛选。为了更好地描述副高南北位置的异常变化,本文研究对象为副高脊线指数(RI),其主要用来表征副高南北位置,采用中央气象台(1976)的定义:在 2.5°×2.5° 网格的 500 hPa 位势高度图上,10°N 向北,110°E~150°E(间隔 2.5°)的范围内 17 条经线,对每条经线上的位势高度最大值点所在的纬度求平均,这个值就是副高脊线指数。其值越大,所代表的副高范围越偏北。

参照中央气象台定义的副高脊线指数,计算并绘制了近三十年夏半年平均的副高脊线指数变化图(图 14.1),直线为平均值,从图中可以看出,各年副高的变化差别较大,有些年份副高脊线指数的异常变动很明显,表明了在该年份副高南北位置会有异常活动。

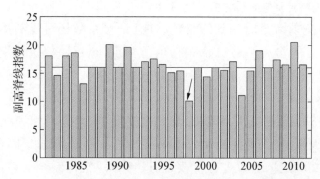

图 14.1 1982 到 2011 年夏半年(五月至十月)的副高脊线指数分布图

14.2.3 预报因子的选择

夏季风系统成员较多,与副高关系密切的因子就有 21 个[32]。除此以外,徐海明等[29]也指出,亚洲中高纬度环流系统(如阻塞高压)对副高的中期变化有重要影响,特别是梅雨期间。另外由于海气相互作用,ENSO、赤道印度洋海温和赤道东太平洋海温状况冷暖变化和变化快慢也可能对副高活动产生影响[35]。虽然影响副高活动变化的因子很多,但考虑到计算的复杂性,所建立的模型的变量一般选择 3 到 4 个因子最佳。如果建立的模型方程变量超过 4 个,就会在预报过程中造成较大的计算量,当模型变量数超过 4 的时候,预报的准确率变化不大。但如果选择较少的因子,如 2 个因子时,模型的预报效果会很差。且太少的模型因子会造成太少的重构参数,造成模型中很多重要信息的丢失。综上所述,选择 3 到 4 个因子进行建模效果是最好的。

首先将前面所提到的这些因子与副高脊线指数进行时滞相关分析(表略),筛选出其中相关性最好的 3 个因子作为预报因子进行下一步研究。分别为:

马斯克林冷高强度指数(MH):[$40°\sim60°$E, $25°\sim35°$S]区域内海平面气压的格点平均值;

ENSO 指数(D):Nino 3+4 区($5°$S$\sim5°$N;$120°\sim170°$W 范围的海区)的海温(SST)指数;

孟加拉湾经向风环流指数(J1V):[$80°\sim100°$E,$0°\sim20°$N]区域范围内 J1V = V850—V200 格点平均值。

与副高脊线指数(RI)的相关分析结果如表 14.1 所示。

表 14.1 3 个主要影响因子与副高脊线指数的相关分析表

序号	主要影响因子	相关系数
1	马斯克林高压(MH)	0.834
2	ENSO 指数(ENSO)	0.863
3	孟加拉湾经向风环流指数(J1V)	0.818

从表中可以看出,这三个因子与副高脊线指数的相关系数均达到 0.8 以上。上表用的是从 1982 年到 2011 年 30 年平均 5 月 1 日至 10 月 31 日的数据,共 184 个样本值。由于所取样本数均大于 150,用 t 检验法可以求出通过检验的相关系数临界值,当显著水平 $\alpha =$ 0.05 时,自由度为 120 的显著相关系数临界值 $r = 0.179$,即只要相关系数大于 0.179,则结果均可以满足 95% 的置信度检验。南半球马斯克林高压 MH 在早期就对副高位置的南北变化产生影响,两者关系十分密切,而且是正相关,这与薛峰等[31]的研究基本一致。ENSO 指数(ENSO)以及孟加拉湾经向风环流指数(J1V)与副高南北位置关系密切,与前人做的研究也基本相符(王会军等,2003;余丹丹等,2007)。

14.3　副高脊线指数动力预报模型反演

从观测资料中重构非线性动力系统的基本思想在 Takens(1981)的相空间重构理论中有着严格的阐述与证明。因此,系统演变的非线性动力学模型可以从有限的观测数据中重构出。为此,在上节因子选择的基础上,本节拟用副高脊线指数、马斯克林高压、ENSO 指数和孟加拉湾经向风环流指数这四个时间序列,通过动力系统反演的思想和模型参数优化等途径,反演重构出副热带高压脊线指数及其相关因子的动力预报模型。

设任一非线性系统随时间演变的物理规律为

$$\frac{\mathrm{d}q_i}{\mathrm{d}t} = f_i(q_1, q_2, \cdots, q_i, \cdots, q_N), i = 1, 2, \cdots, N \tag{14.1}$$

函数 f_i 为 $q_1, q_2, \cdots, q_i, \cdots, q_N$ 的广义非线性函数,状态变量有 N 个,可以通过动力系统复杂性(计算其分形维数来衡量)来确定。方程(14.1)的差分形式为

$$\frac{q_i^{(j+1)\Delta t} - q_i^{(j-1)\Delta t}}{2\Delta t} = f_i(q_1^{j\Delta t}, q_2^{j\Delta t}, \cdots, q_i^{j\Delta t}, \cdots, q_N^{j\Delta t}), j = 2, 3, \cdots, M-1 \tag{14.2}$$

其中 M 为观测样本时间序列的长度,$f_i(q_1^{j\Delta t}, q_2^{j\Delta t}, \cdots, q_i^{j\Delta t}, \cdots, q_N^{j\Delta t})$ 为未知非线性函数,设 $f_i(q_1^{j\Delta t}, q_2^{j\Delta t}, \cdots, q_i^{j\Delta t}, \cdots, q_N^{j\Delta t})$ 由 G_{jk} 个包含变量 q_i 的函数展开项和对应的 P_{ik} 个参数表示(其中 $i = 1, 2, \cdots, N; j = 1, 2, \cdots, M; k = 1, 2, \cdots, K$),设

$$f_i(q_1^{j\Delta t}, q_2^{j\Delta t}, \cdots, q_i^{j\Delta t}, \cdots, q_n^{j\Delta t}) = \sum_{k=1}^{K} G_{jk} P_{ik} \tag{14.3}$$

(14.3)式的矩阵形式为 **$D = GP$**,其中

$$D = \begin{Bmatrix} d_1 \\ d_2 \\ \cdots \\ d_M \end{Bmatrix} = \begin{Bmatrix} \dfrac{q_i^{3\Delta t} - q_i^{\Delta t}}{2\Delta t} \\ \dfrac{q_i^{4\Delta t} - q_i^{2\Delta t}}{2\Delta t} \\ \cdots \\ \dfrac{q_i^{M\Delta t} - q_i^{(M-2)\Delta t}}{2\Delta t} \end{Bmatrix}, G = \begin{Bmatrix} G_{11} & G_{12} & \cdots & G_{1K} \\ G_{21} & G_{22} & \cdots & G_{2,K} \\ \vdots & \vdots & \cdots & \vdots \\ G_{M1} & G_{M2} & \cdots & G_{M,K} \end{Bmatrix}, P = \begin{Bmatrix} P_{i1} \\ P_{i2} \\ \cdots \\ P_{iK} \end{Bmatrix}$$

上述方程的系数项可通过实际观测数据反演来确定。即给定向量 D，求向量 P，使得上式满足。对参数 q 而言，这是一个非线性系统，但对参数 P 而言（即将参数 P 当成未知数），上式则为一个线性系统，这里用最小二乘进行估计，使得残差平方和 $S = (D - GP)^T(D - GP)$ 达到最小，进一步得到正则方程 $G^T GP = G^T D$。由于 $G^T G$ 是奇异矩阵，所以可以求出其特征向量与特征值，剔除其中那些为 0 的项，剩下的 K 个 $\lambda_1, \lambda_2, \cdots, \lambda_i$ 组成对角矩阵 Λ_k，对应的 K 个特征向量组成特征矩阵 U_L。

$V_L = \dfrac{GU_L}{\lambda_i}$，$H = U_L \Lambda^{-1} V_L^T$，求 $P = HD$，则可求出参数 P。

拟以 T_1, T_2, T_3, T_4 表征 14.2 节选定的副高脊线指数、马斯克林高压、ENSO 指数和孟加拉湾经向风环流指数这四个时间序列，假设（14.3）式二阶非线性常微分方程组为拟重构反演的动力学模型，副高脊线指数、马斯克林高压、ENSO 指数和孟加拉湾经向风环流指数这四个因子选择的是 1982 年到 2011 年 30 年平均 5 月 1 日到 10 月 31 日的数据，四个时间序列的总长都是 184 天。将这四个时间序列作为模型输出的"期望数据"，从而进行模型参数的反演与优化。

$$\begin{cases} \dfrac{dx_1}{dt} = a_1 x_1 + a_2 x_2 + a_3 x_3 + a_4 x_4 + a_5 x_1^2 + a_6 x_2^2 + a_7 x_3^2 + a_8 x_4^2 + a_9 x_1 x_2 + \\ \qquad a_{10} x_1 x_3 + a_{11} x_1 x_4 + a_{12} x_2 x_3 + a_{13} x_2 x_4 + a_{14} x_3 x_4 \\ \dfrac{dx_2}{dt} = b_1 x_1 + b_2 x_2 + b_3 x_3 + b_4 x_4 + b_5 x_1^2 + b_6 x_2^2 + b_7 x_3^2 + b_8 x_4^2 + b_9 x_1 x_2 + \\ \qquad b_{10} x_1 x_3 + b_{11} x_1 x_4 + b_{12} x_2 x_3 + b_{13} x_2 x_4 + b_{14} x_3 x_4 \\ \dfrac{dx_3}{dt} = c_1 x_1 + c_2 x_2 + c_3 x_3 + c_4 x_4 + c_5 x_1^2 + c_6 x_2^2 + c_7 x_3^2 + c_8 x_4^2 + c_9 x_1 x_2 + \\ \qquad c_{10} x_1 x_3 + c_{11} x_1 x_4 + c_{12} x_2 x_3 + c_{13} x_2 x_4 + c_{14} x_3 x_4 \\ \dfrac{dx_4}{dt} = d_1 x_1 + d_2 x_2 + d_3 x_3 + d_4 x_4 + d_5 x_1^2 + d_6 x_2^2 + d_7 x_3^2 + d_8 x_4^2 + d_9 x_1 x_2 + \\ \qquad d_{10} x_1 x_3 + d_{11} x_1 x_4 + d_{12} x_2 x_3 + d_{13} x_2 x_4 + d_{14} x_3 x_4 \end{cases} \tag{14.4}$$

基于前面描述动力重构的途径与方法，可以确定出非线性动力系统（14.4）中各个系数，

计算出参数 P 之后,可以定量比较方程各项对系统演变的相对贡献大小。计算方程中各项的相对方差贡献,公式如下:

$$R_i = \frac{1}{m} \sum_{j=1}^{m} \left[T_i^2 \Big/ \left(\sum_{i=1}^{\alpha} T_i^2 \right) \right] \tag{14.5}$$

式中 $m = 184$ 为资料序列的长度,$T_i = a_1 x_1, a_2 x_2, \cdots, a_{14} x_3 x_4$ 为方程中的各项,本节设定 0.005 为衡量标准,由于 $R_i < 0.005$ 的 T_i 项方差贡献太小,可以删除不计。如方程中 $0.1044 x_4$ 由于计算出来的 R_4 为 0.0012,小于标准而被删除,而 $-4.1187 \times 10^{-2} x_1 x_2$ 虽然系数较小,但是其计算出的方差贡献 R_5 为 0.0153,大于标准可以保留。最终将方程(14.5)删除的各项方差贡献相加,发现其总和在 1% 以下,由此可知剔除项的方差贡献对方程影响较小。

最终得到该样本描述副高脊线指数非线性动力预报模型的方程组:

$$\begin{cases}
\dfrac{\mathrm{d}x_1}{\mathrm{d}t} = F_1 = 4.9811 x_1 - 0.9875 x_2 + 7.4563 x_3 + 3.1851 x_2^2 - 2.3390 x_4^2 - \\
\qquad\qquad 4.1187 \times 10^{-2} x_1 x_2 + 0.6158 x_2 x_3 - 1.3548 \times 10^{-2} x_2 x_4 \\[4pt]
\dfrac{\mathrm{d}x_2}{\mathrm{d}t} = F_2 = -12.3330 x_1 - 1.0891 \times 10^2 x_3 + 19.7801 x_4 + 3.1140 x_1^2 + \\
\qquad\qquad 2.3156 \times 10^{-3} x_1 x_2 + 0.1331 x_2 x_3 - 0.9085 x_2 x_4 \\[4pt]
\dfrac{\mathrm{d}x_3}{\mathrm{d}t} = F_3 = -4.8879 x_1 - 0.7694 x_2 + 73.6703 x_3 + 1.7984 \times 10^{-4} x_2^2 + \\
\qquad\qquad 1.8901 \times 10^{-3} x_1 x_2 - 7.1504 \times 10^3 x_2 x_3 \\[4pt]
\dfrac{\mathrm{d}x_4}{\mathrm{d}t} = F_4 = -2.8706 x_1 + 1.2675 x_2 + 22.7780 x_4 + 3.1908 x_1^2 + 0.4309 x_4^2 - \\
\qquad\qquad 0.0181 x_1 x_3 - 0.0971 x_3 x_4
\end{cases} \tag{14.6}$$

动力-统计预报一般要求预报因子之间具有一定的独立性,否则容易产生计算冗余,表 14.1 显示了三个预报因子(马斯克林高压、ENSO 指数和孟加拉湾经向风环流指数)与预报量(副高脊线指数)之间较好的相关性。但并不代表预报因子之间有较好的相关性,由于三个因子之间的相关系数均小于 0.48,即说明预报因子之间有一定的独立性。这样表明在计算过程不容易产生冗余,也不会破坏模型的稳定性。

对上面反演动力模型进行积分拟合检验,通过从指数时间序列中选取真实预报初始值(选择 1998 年 8 月 1 日作为预报初值)对模型进行数值积分,从而进行预报实验,四个指数时间序列的积分预报值与真实值之间相关系数在 15 天以内分别可以达到 0.7659、0.7746、0.7091、0.8023。但是 15—25 天内,相关系数变为 0.4432、0.3987、0.4890、0.5211。表明上述反演的动力预报模型在短期能对副高脊线指数的变化得到比较可靠、准确的描述,但中长期预报效果并不好,这主要是由于预报方程对初值的依赖性较大,所以考虑引入动力自忆性原理来进行改进。

14.4 引入自忆性原理对反演模型改进

根据 Cao[1] 的研究,自忆性原理具体可见附录。

为了便于后面计算的简化,对附录里面的自忆性方程式(附 9)进行离散化,曹鸿兴在其 1993 年分析自忆性原理[1] 大气运用中进行离散化就用了这种中值替代的简化方法。这是为了离散化计算方便,而不得已采取的一种近似简化。虽然这种简化带来一些误差,但是后来大量学者根据实际检验后发现这种误差的影响并不大[2,4,6],如 Gu(1998)利用自忆性原理改进 T42 模型对 500 hPa 位势高度场进行预报时也用了中值定理进行离散化,其最后的预报结果很好。同样 Feng 等[4] 建立自忆性模型对降水进行预报时,也用了中值定理进行离散化,其最后预报效果也很好。所以这里为了后面的计算方便,仍沿用这种近似离散化。

对(附 9)式,积分可以用求和来代替,微分变为差分,中值 x_i^m 可以用两个简单的时次值代替,即

$$x_i^m \approx \frac{1}{2}(x_{i+1} + x_i) \equiv y_i \tag{14.7}$$

附录中的自忆性方程(附 9)变为

$$x_t = \sum_{i=-p-1}^{-1} \alpha_i y_i + \sum_{i=-p}^{0} \theta_i F(x,i) \tag{14.8}$$

F 是自忆性方程的动力核;而方程中的 $\alpha_i = \dfrac{(\beta_{i+1} - \beta_i)}{\beta_t}$;$\theta_i = \dfrac{\beta_i}{\beta_t}$。

结合前面所反演的副高脊线指数动力模型,即以方程组(14.6)作为动力核 F,引入自忆性原理的改进模型为

$$\begin{cases} x_{1t} = \displaystyle\sum_{i=-p}^{0} a_{1i} y_{1i} + \sum_{i=-p}^{0} \theta_{1i} F_1(x_{1i}, x_{2i}, x_{3i}, x_{4i}) \\[2mm] x_{2t} = \displaystyle\sum_{i=-p}^{0} a_{2i} y_{2i} + \sum_{i=-p}^{0} \theta_{2i} F_2(x_{1i}, x_{2i}, x_{3i}, x_{4i}) \\[2mm] x_{3t} = \displaystyle\sum_{i=-p}^{0} a_{3i} y_{3i} + \sum_{i=-p}^{0} \theta_{3i} F_3(x_{1i}, x_{2i}, x_{3i}, x_{4i}) \\[2mm] x_{4t} = \displaystyle\sum_{i=-p}^{0} a_{4i} y_{4i} + \sum_{i=-p}^{0} \theta_{4i} F_4(x_{1i}, x_{2i}, x_{3i}, x_{4i}) \end{cases} \tag{14.9}$$

由于要预报的结果是副高的脊线指数,即 x_1,所以我们最终要预报的是(14.9)方程组中的第一个式子,也就是

$$x_{1t} = \sum_{i=-p}^{0} a_{1i}y_{1i} + \sum_{i=-p}^{0} \theta_{1i}F_1(x_{1i}, x_{2i}, x_{3i}, x_{4i}) \qquad (14.10)$$

用(14.10)式预报时,模式必须用到以前的 p 个值,因而(14.10)式起了记忆前面 $p+1$ 个时次 x 效应的作用,这是引入自忆性原理的数学理由。而引入自忆性原理的物理理由是,大气运动方程组里面含有热力学方程,由于大气是一个复杂的开放系统,不断的接收太阳能与发射红外辐射,因而大气运动实际上是一种不可逆的过程。不可逆过程研究对于物理学的杰出贡献是把记忆的概念引入物理中,即大气未来的发展不仅与上一时刻的状态有关,而且也与其过去的状态相关,这代表大气并不会遗忘过去。

只要求出 α, θ 的值,改进模型就可以进行预报了,而 α, θ 值与自忆性函数 β 有关,下面来定义这个自忆性函数。

14.5 针对混沌系统改进的自忆性函数

曹鸿兴[1]提到记忆函数的指派问题,据实验检验发现,其考虑记忆程度随起报时刻 t_N 远近而逐渐下降,令记忆函数为

$$\beta(i) = \begin{cases} 0, & t_i < t_{N-P} \\ \mathrm{e}^{-k(t_N - t_i)}, & t_{N-P} \leqslant t_i < t_N \\ 1, & t_i \geqslant t_N \end{cases} \qquad (14.11)$$

它指出了记忆函数的形式决定预报的效果。但是其定义的记忆函数仅考虑了记忆程度随起报时刻 t_N 远近而逐渐下降的特性,忽视了记忆函数本身应该有的非线性特征,所以本文将记忆函数改写为

$$\beta(i) = \begin{cases} 0, & t_i < t_{N-P} \\ \mathrm{e}^{-k(t_N - t_i)} t_i^{(1-r)}, & t_{N-P} \leqslant t_i < t_N \\ 1, & t_i \geqslant t_N \end{cases} \qquad (14.12)$$

这样此记忆函数中 $\mathrm{e}^{-k(t_N - t_i)}$ 就体现了记忆程度随起报时刻 t_N 远近而逐渐下降的特性;而 $t_i^{(1-r)}$ 则体现了记忆函数的非线性特征。r 和 k 为待确定参数,记忆函数指派的好坏取决于参数如 r 和 k 的确定,但曹鸿兴对记忆函数参数 k 的确定只认为与对过去观测值的重视程度有关。

14.5.1 参数 r 的确定

李雅普诺夫指数用于大气和海洋的预报性的研究由来已久[5]。在混沌动力系统理论中,最大李雅普诺夫指数可以刻画混沌系统预报误差的整体(长期)平均增长速率,一般被用来描述非线性混沌系统的发散情况,所以经常被学者用于研究大气和海洋中混

沌系统的可预报性和可预报期限[9,18]。由于传统的自忆性函数针对线性周期系统以及混沌系统的预报效果较差,考虑到最大李雅普诺夫指数又是系统混沌性中一个比较好的表现。出于这两点考虑,本节引入最大李雅普诺夫指数来定义 r 参数(可以从我们第14.2 节中重构的动力学方程中计算出来)。

(1)李雅普诺夫指数(Lyapunov exponent)谱的计算方法

在已知动力学微分方程的情况下,经过理论推导或对微分方程离散化,以及采用某种数值迭代算法,就可以得到已知动力学系统的精确李雅普诺夫指数谱。本文采用 Eckmann 等[15]在 1985 年提出的算法,其基本理论是先将系统常微分方程的近似解求出,接着对系统 Jacobi 矩阵进行 QR 分解,同时对多个小时间段进行必要的正交化重整过程,反复迭代计算后从而得到系统的李雅普诺夫指数(Lyapunov exponent)谱。这种算法的具体详细过程可以查看相关参考文献[15,16]。

(2)动力系统的李雅普诺夫指数谱和 r 的确定

根据这种计算方法,我们可以求出前面重构的动力系统(14.6)的李雅普诺夫指数谱,如图 14.2 所示。

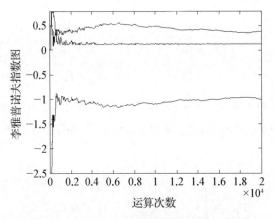

图 14.2 动力系统的李雅普诺夫指数计算图

从图中可以看出,收敛速度较快,波动幅度不大,比较稳定。最终求出的李雅普诺夫指数分别是[0.3744,0.1054,-0.9987],既含有负数,也有正数,证明了该动力系统是一个混沌系统,最终 r 取最大李雅普诺夫指数 $r=0.3744$。

14.5.2 参数 k 的确定

k 根据历史资料通过遗传算法求出。除了要考虑混沌系统自身的特性以外,还要考虑过去观测资料对自忆性函数的影响,所以对参数 k 进行优化。

将(14.10)式写成 $$x(t)=f(t,x,\beta) \tag{14.13}$$

初值为 $$x(t_i)=x_i,i=N,N-1,\cdots,N-p \tag{14.14}$$

本节的目标是使 p 个时次的观测值拟合误差最小,即二次品质指标达最小,则

$$J(u) = \sum_{i=p+1}^{N} (\hat{x}(t_i) - \tilde{x}(t_i))^2 \to \min \tag{14.15}$$

式中 $\hat{x}$ 为预报模型的估计值, $\tilde{x}$ 为观测值。进一步加上约束条件,即自忆函数应取

$$|\beta(t_i)| \leqslant 1 \tag{14.16}$$

这样求解记忆函数中的参数 k 就变成在约束条件(14.16)下求(14.15)的最优化问题。把 $J(u) = \sum_{i=p+1}^{N} (\hat{x}(t_i) - \tilde{x}(t_i))^2$ 作为遗传算法的约束函数, $|\beta(t_i)| \leqslant 1$ 作为约束条件,遗传算法具体过程参见文献[25,27],可以求出此时的 k。

通过上面计算过程,可以看出 k 值与预报时刻 t 的前 p 次数据有关。预报的值又可以保存下来作为下次预报的前期数据,所以数据的变化导致参数 k 值也发生变化。第一次计算的 $k_1 = 0.349$,是通过 36 次遗传迭代算出的最优值,后面每一步的预报 k 也会变化,这里就不一一列举了。事实上,这样不断调整记忆参数 k 使其更加精确。

记忆函数 β 确定好了之后,再将其代入(14.10)式,就可以利用此式进行预报了。

14.6　模型预报实验

14.6.1　1998 年副高脊线指数预报实验

从前面的图 14.1 中可以看出,1998 年的副高脊线指数在均值之下,是副高异常活动较为明显的年份(图中箭头所示),并且该年是近三十年来的最大谷值。正是由于副高脊线指数的这种异常(异常南落),造成了我国气候在 1998 年较为异常。图 14.3 是 1998 年 5 月份到 8 月份,沿 110°E、120°E 和 130°E 三个剖面的 586 dagpm 特征线纬度-时间分布(实线表示),用来代表副高的南撤与北跳活动。3 个经度剖面图都清楚地再现了 7 月中旬副热带高压突然大幅度从长江流域南撤的过程(图中箭头所示),正是由于该年从 5 月开始到 9 月副高脊线指数异常偏小,达到近 30 年来的最小值,所以副高活动表现为异常南落,特别是副高的三次异常南撤活动(图 14.3)导致了我国江南地区和长江中下游天气的异常变化,在我国长江流域出现了百年未遇的罕见暴雨洪涝灾害,给国家和人民造成了巨大经济损失。因此,本节选取 1998 年夏季副高异常变化过程作为典型例子来检验副高脊线指数预报模型的预报效果。

对实际预测效果进行检验,选择时段为 1998 年 8 月 2 日—1998 年 9 月 5 日的副高脊线指数的时间序列来检验模型的预报效果,这里面包含了副高较易出现异常活动的 8 月份。

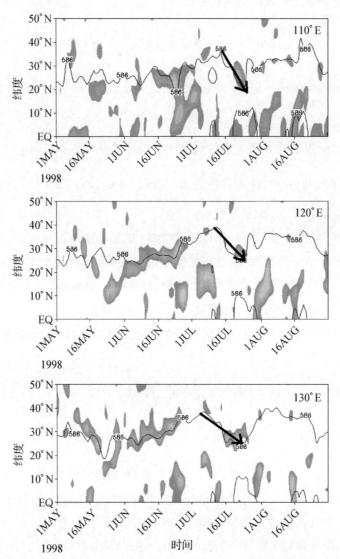

图 14.3　1998 年 5 月—8 月逐日沿 110°E、120°E 和 130°E 586 特征线纬度-时间剖面图

（图注：阴影区表示 OLR 距平 ≤ -200 W・m^{-2} 的纬度—时间分布，表示热带强对流活动区以及对流降水区的位置）

（1）p 的确定

Cao[1] 提出过引入自忆性原理进行预报，选择的回溯阶数 p 与系统自身记忆能力相关。如果系统遗忘慢，则参数 a 和 r 都比较小，应该选择高阶数。我们的副高脊线指数异常变化一般是旬尺度[28]，对大尺度大气运动而言是一种较慢过程，遗忘因子 a 和 r 较小，一般取 p 在 [5,15] 的范围内。

表 14.2　模型预报值与真实值之间的相关系数和相对误差随回溯阶 p 的变化表

p	1	5	6	7	8	9	10	11	12
相关系数	0.38	0.72	0.78	0.81	0.94	0.92	0.87	0.86	0.84
相对误差	27.53%	14.33%	13.76%	13.06%	3.72%	4.63%	5.01%	6.77%	7.01%
p	13	14	15	20	30	40	50	60	70
相关系数	0.83	0.71	0.67	0.44	0.36	0.32	0.28	0.21	0.17
相对误差	10.98%	13.24%	15.50%	24.13%	28.91%	30.22%	39.11%	42.18%	50.24%

p 确定以后,就可以用引入自忆性原理的改进模型(14.10)进行数值预报实验了,进行积分 15 天,25 天,35 天的短、中、长期预报。回溯阶 $p = 8$,积分时候运用了 $p + 1 = 9$ 次前期的观测资料,后面每次积分 1 天的结果都会当成前期资料来保存,以便继续积分。

（2）预报实验

和前面动力重构模型(公式(14.6))是靠数值积分来预报不同,这里的预报结果主要是通过公式(14.10)求和获得,称之为逐步预报。其过程如下:

逐步预报首先要确定回溯阶数 p,这就意味着当预报 1998 年 8 月 2 日的副高脊线指数时,我们必须求出 $p + 1$ 次前的 y_i 值和 p 次前的 $F(x_{1i}, x_{2i}, x_{3i})$ 值。将这些结果代入 (14.10) 式中,就可以获得 1998 年 8 月 2 日的副高脊线指数预报值。然后,将这个 8 月 2 日的预报值作为下次预报的初值保存下来,又可以继续求出 8 月 3 日的预报值,以此类推。最终得到 1998 年 8 月 2 日至 1998 年 9 月 5 日共 35 天的副高脊线指数数值积分预测结果,如图 14.4 所示。

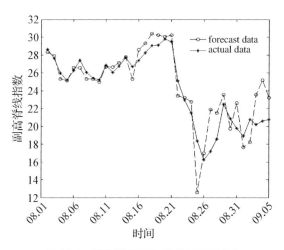

图 14.4　副高脊线指数的 35 天预报图

从图 14.4 中可以看出,改进模型的副高脊线指数的预报效果很好。在前 15 天,不仅趋势预报的准确,相关系数达到 0.9511,而且预报值与真实值之间的相对误差也很小,只有 2.86%。两次副高异常增大的峰值和一次副高减小的谷值也预报的很准确。在 15—25

天时,趋势预报准确,相关系数达到 0.9183,虽然预报值出现了一定离散的趋势,但误差不大,为 6.55%,预报准确率仍然较高,在 8 月 16 日到 8 月 21 日左右的一次副高脊线指数异常增大的峰值(副高北跳)也预报得较为准确。在 25—35 天的时候,趋势预报还算准确,相关系数为 0.8090,但预报发散较为厉害,波动较大,特别是在接近 31 天时,误差已经开始明显增大。如 9 月 4 日预报值大了实际值将近 5 个纬度,造成误报了一个小峰值。这与数值积分后期易发散的特性有关,特别是 31 天以后,误差增大到 17.28%。综合而言,在 28 天之内中短期预报效果,趋势预报很好,都在 0.8 以上,预报值与真实值的误差也都控制在 10% 以内。但是 31 天以后,其发散程度增加,误差也增大,基本达到了20—30%。

14.6.2　多年实验结果检验

（1）更多对于副高异常年份的预报实验

为进一步检验本文模型的预报能力,需要进行更多实验。我们选择 4 个副高异常南落(脊线指数较小)年份(1992、1999、1986 和 2002)和 5 个副高异常北跳(脊线指数较大)年份(2010、1991、1989、1985 和 1982),用前面 1998 年的模型来进行预报检验。预报结果根据不同的时段(1—15 天是短期,16—25 天是中期,26—35 天是长期)与真实天气情况进行对比。结果如表 14.3 所示。

表 14.3　副高异常年份的相关系数和相对误差表

	短期（1—15 天）		中期（16—25 天）		长期（26—35 天）	
	相关系数	相对误差	相关系数	相对误差	相关系数	相对误差
副高脊线指数较大年份 1（2010.05.21 作为初始值进行预报）	0.861	5.88%	0.735	8.89%	0.627	16.08%
副高脊线指数较大年份 2（1991.07.12 作为初始值进行预报）	0.841	5.76%	0.770	9.16%	0.678	17.41%
副高脊线指数较大年份 3（1989.06.14 作为初始值进行预报）	0.845	6.13%	0.705	8.68%	0.633	16.80%
副高脊线指数较大年份 4（1985.08.01 作为初始值进行预报）	0.856	6.19%	0.714	9.01%	0.614	15.95%
副高脊线指数较大年份 5（1982.07.26 作为初始值进行预报）	0.858	6.22%	0.723	8.61%	0.645	16.69%
副高脊线指数较小年份 1（1992.06.20 作为初始值进行预报）	0.793	7.55%	0.729	9.71%	0.612	15.89%

续　表

	短期(1—15 天)		中期（16—25 天）		长期（26—35 天）	
	相关系数	相对误差	相关系数	相对误差	相关系数	相对误差
副高脊线指数较小年份 2（1999.08.14 作为初始值进行预报）	0.828	7.87%	0.639	7.99%	0.575	17.44%
副高脊线指数较小年份 3（1986.05.01 作为初始值进行预报）	0.741	7.68%	0.752	8.33%	0.660	17.88%
副高脊线指数较小年份 4（2002.07.10 作为初始值进行预报）	0.838	5.70%	0.781	8.61%	0.655	15.81%
平均	0.829	6.55%	0.726	8.78%	0.633	16.66%

通过上表可以看出,副高脊线指数的短期和中期预报效果比较好,长期的预报效果(大于 25 天)虽然增加到 16.66%,但也基本在可接受范围。从表中可以看出 1986 年的预报效果相较其他年份来说比较差,从相关文献[33]可知 1986 年的副高双脊线较其他年份比较频繁,且其双脊线事件持续时间也较长,最长一次达 16 天之久,所以 1986 年的脊线变化情况比较复杂,造成了预报准确率较其他年份稍微差一些。

（2）更多对于副高正常年份的预报实验

通过上节可以看出副高异常年份预报效果较好。但是为了进一步验证本节的模型,我们对副高正常年份也进行了实验。选择 8 个副高正常年份,分别是 1983,1988,1994,1995,2000,2003,2004 和 2009。仍用前面的 1998 年模型进行预报实验。预报结果根据不同的时段(1—15 天是短期,16—25 天是中期,26—35 天是长期)与真实天气情况进行对比。结果如表 14.4 所示。

表 14.4　副高正常年份的相关系数和最小均方根误差表

	短期(1—15 天)		中期（16—25 天）		长期（26—35 天）	
	相关系数	相对误差	相关系数	相对误差	相关系数	相对误差
副高脊线指数正常年份 1（1983.07.14 作为初始值进行预报）	0.944	3.76%	0.844	7.62%	0.738	12.22%
副高脊线指数正常年份 2（1988.07.22 作为初始值进行预报）	0.912	3.79%	0.764	7.58%	0.692	14.28%
副高脊线指数正常年份 3（1994.06.22 作为初始值进行预报）	0.901	4.16%	0.721	6.82%	0.636	16.32%

续　表

	短期(1—15 天)		中期(16—25 天)		长期(26—35 天)	
	相关系数	相对误差	相关系数	相对误差	相关系数	相对误差
副高脊线指数正常年份 4(1995.08. 12 作为初始值进行预报)	0.887	4.11%	0.811	7.01%	0.678	13.70%
副高脊线指数正常年份 5(2000.08. 21 作为初始值进行预报)	0.818	5.23%	0.729	8.66%	0.722	12.77%
副高脊线指数正常年份 6(2003.08. 08 作为初始值进行预报)	0.803	6.17%	0.683	8.06%	0.622	16.69%
副高脊线指数正常年份 7(2004.06. 19 作为初始值进行预报)	0.883	5.13%	0.714	6.96%	0.671	13.79%
副高脊线指数正常年份 8(2009.08. 27 作为初始值进行预报)	0.913	4.82%	0.852	7.04%	0.710	14.17%
平均	0.844	5.79%	0.744	7.37%	0.668	14.85%

通过上表,可以看出中短期的预报效果比较好,误差不超过 8%。尽管长期预报效果比中短期效果要差,平均误差为 14.8%,但仍然在可以接受的范围。从上表可以看出 2003 年的预报效果较其他年份比较差,从图 14.1 可以看出,2003 年较其他年份脊线指数较高,异常状况更多,而且从相关文献[32]中可知,2003 年的副热带高压异常的偏强和偏西以及长时间在 24°N 南北的两个纬距范围内摆动,导致淮河流域 30 多天的连续强降水,所以 2003 年的副高脊线指数较难预报,其预报效果较其他年份来说较差。

(3)两类实验结果比较

根据上面两节,可以看出异常年份和正常年份的相关系数和误差是不一样的。比较可知,正常年份的预报效果要明显好于异常年份。这与前人的预报方法一样,副高异常年份由于脊线变化过程较为复杂,所以预报会有一定难度。但是异常年份的短期预报误差不超过7%,长期误差也不超过 20%,所以预报结果仍然是可以接受的。总体来说,两种实验结果都还是比较好的,充分显示了本节的模型有比较好的普适性。

14.6.3　副高面积指数和西脊点指数的延伸实验

副热带高压的整体预报不仅与副高脊线指数有关,还和副高面积指数和西脊点指数有关。一旦这三个指数都能预报准确,副高的整体预报就可以实现。面积指数和西脊点指数的定义可以采用中央气象台(1976)的定义。面积指数的值越大,代表副热带强度越大,范围越广;西脊点指数越小,代表副热带高压位置越西。

依据历史数据,用相同的方法对异常年份的面积指数和西脊点指数进行预报。虽然方法相同,但是由于数据不同,选择的因子和预报模型并不和脊线指数相同,由于篇幅原因,这里就不详细叙述建模过程了。此处选择副高强度异常增强(面积指数较大)的四个年份(1998、2006、2003 和 1983)和西太副高强度异常减弱(面积指数较小)的五个年份(1984、2000、1994、1999 和 1985)进行副热带高压面积指数预报的实验。选择副热带高压脊线异常偏西(西脊点指数偏小)的四个年份(2010,2003,1989 和 1988)和副热带高压脊线异常偏东(西脊点指数偏大)的五个年份(1984,1985,2008,1994 和 1995)进行副热带高压西脊点指数预报的实验。三个指数的预报效果进行对比的结果如表 14.5 所示。

表 14.5　副高三个指数异常年份的相关系数和最小均方根误差表

	短期(1—15 天)		中期（16—25 天）		长期(26—35 天)	
	相关系数	相对误差	相关系数	相对误差	相关系数	相对误差
副高脊线指数预报结果	0.829	6.55%	0.726	8.78%	0.633	16.66%
副高面积指数预报结果	0.852	5.11%	0.775	8.29%	0.673	15.46%
副高西脊点指数预报结果	0.738	8.44%	0.651	14.56%	0.566	29.71%

从表中可以看出,副高面积指数预报结果和副高脊线指数预报结果比较接近,在 25 天之内效果都较好。而西脊点指数的预报效果明显比脊线指数和面积指数要差,在 25 天之内误差接近 15%。这可能是因为副高西脊点指数在建模过程中,选择的三个因子与其相关性平均在 0.7 左右,没有另外两个指数建模时因子选择的显著性强。所以,西脊线指数的预报效果要比其他两个因子的预报效果稍微差一些。但是总体而言,25 天以内,三个指数的预报效果都比较好,证明了我们的方法可以用于副热带高压的整体预报。

14.7　本章总结

针对副热带高压活动机理复杂,中长期预报的困难,提出了用动力系统反演思想和改进自忆性原理相结合的方法从实际观测资料中反演建立了副高脊线指数动力预报模型,对于副高南北位置和异常活动的中长期预测具有一定的科学意义和实用价值;创新性地引入了最大李雅普诺夫指数改进了自忆性函数,使其对混沌系统更具有针对性,并且通过 9 次副高异常年份和 8 次副高正常年份的两种不同类型实验,充分证明了改进的模型对于副高的脊线指数具有较好的中长期预报效果。结果表明,对于中短期(1—25 天)预报,模型预报效果很好,不仅预报出了副高脊线指数的变化趋势,误差也控制在了 8% 以内;对于长期(26—35 天)预报,预报准确率随着积分时间增加逐渐降低,特别是最大积分步长 31 天之后,误差明显增大,但整体副高脊线指数变化趋势预报较为准确,平均误差也控制在 20% 以内,仍然在可以接受的范围。进一步将模型推广到对副热带高压的面积指数和西脊点指数的预报,也取得了较好的预报效果,证明此方法适用于副热带高压的整体预报。鉴于副热带高压发生发展机理的复杂性和影响制约因子的多样性[32],本文研究方法和所建模型是一种较新的探索和尝试。

副高预报一直都比较困难。副高的预报问题,主要还是以下两类方法:数值预报与统计预报。对于数值预报,以欧洲中心中期数值预报模式为例[22],计算比较复杂并且效率不高,边界场的要求较高,造成计算结果的稳定性不好。对于统计预报,虽然可以比较充分地利用历史资料,但是却无法解释副高的物理机理[10]。而且统计预报的可靠性随着预报时间增加降低得很明显,一般一周之后预报的可信度就已经很低[38]。而本文的改进模型不管是对副高异常年份还是正常年份的脊线指数预报,都取得了 31 天以内较好的预报效果,较传统的预报方法在预报时效上有了较大的拓展和延伸。

改进模型取得较好的中长期预报效果的原因为:(1)将动力系统反演思想和改进自忆性原理相结合,动力系统反演方法克服了改进自忆性原理的动力核简单问题,而改进自忆性原理则克服了动力系统反演方法的积分初值单一的问题,两种方法取长补短,有机结合,使改进模型较单一方法建立的副高脊线指数预报模型更加先进。(2)创新性地引入了最大李雅普诺夫指数改进了传统的自忆性函数,使其更好地针对副高这种非线性混沌系统。(3)不管是动力系统反演思想还是改进自忆性原理,其参数的获得都充分利用了历史观测资料,包含了较为充分的副高作用过程信息和影响因素,使建立的模型更具有优越性,也使预报时效得到较大的拓展和延伸。

虽然改进模型预报效果较好,但仍有一些问题需要进一步完善:

(1)模型中因子具体的物理意义还没有解释清楚,特别是对其动力特性还要进一步分析。

(2)预报准确率与记忆函数有很大关系,是否还可以找到更优的记忆函数提高长期预报准确率。

这两个问题都是我们下一步工作的重心。

14.8 附录 系统自忆性的数学原理

根据曹鸿兴的研究(Cao,1993),一般来说,系统动态方程组可以写为如下形式:

$$\frac{\partial x_i}{\partial t} = F_i(x, \lambda, t), i = 1, 2, \cdots, J \tag{附1}$$

J 为整数,x_i 为第 i 个变量,λ 为参数。公式(附1)反映了 x 的局地变化与源函数 F 的关系。时间集合 $T = [t_{-p}, \cdots, t_0, \cdots, t_q]$,其中 t_0 为初始时次;空间集合 $R = [r_a, \cdots, r_i, \cdots, r_\beta]$,其中 r_i 为被考察的空间点。内积空间 $L^2 : T \times R$ 由内积来定义

$$(f,g) = \int_a^b f(\xi)g(\xi)\mathrm{d}\xi, f,g \in L^2 \qquad\qquad (\text{附}2)$$

相应的定义范数：

$$\|f\| = \Big[\int_a^b (f(\xi))^2 \mathrm{d}\xi\Big]^{\frac{1}{2}}$$

L^2 完备化就得到 Hilbert 空间 H。可将多时次模式解释为 H 中的广义解。在（附1）式中抹去 i 后，运用（附2）式定义的内积运算到（附1）式，引入一个记忆性函数 $\beta(r,t)$，可以获得

$$\int_{t_0}^t \beta(\tau)\frac{\partial x}{\partial \tau}\mathrm{d}\tau = \int_{t_0}^t \beta(\tau)F(\tau)\mathrm{d}\tau \qquad\qquad (\text{附}3)$$

因为推导中固定在空间点 r_0 上，所以 $\beta(r,t)$ 中省写 r。设所讨论的变量和函数皆连续、可微、可积，对（附3）式左边用分部积分可得

$$\int_{t_0}^t \beta(\tau)\frac{\partial x}{\partial \tau}\mathrm{d}\tau = \beta(t)x(t) - \beta(t_0)x(t_0) - \int_{t_0}^t x(\tau)\beta'(\tau)\mathrm{d}\tau \qquad (\text{附}4)$$

式中 $\beta'(\tau) = \partial\beta(\tau)/\partial\tau$。对（附4）式右边第三项运用微积分中的中值定理得

$$-\int_{t_0}^t x(\tau)\beta'(\tau)\mathrm{d}\tau = -x^m(t_0)\big[\beta(t) - \beta(t_0)\big] \qquad\qquad (\text{附}5)$$

式中，中值 $x^m(t_0) \equiv x(t_m), t_0 < t_m < t$。将（附4）式和（附5）式代入（附1）式，经归并移行得

$$x(t) = \frac{\beta(t_0)}{\beta(t)}x(t_0) + \frac{\beta(t) - \beta(t_0)}{\beta(t)}x^m(t_0) + \frac{1}{\beta(t)}\int_{t_0}^t \beta(\tau)F(\tau)\mathrm{d}\tau \qquad (\text{附}6)$$

（附6）式的右边第一和第二项，只涉及本空间点（即 r_0 点）的初始时次 t_0 和中间时刻 t_m 的预报量 x 的值，故称它们为自忆项；而称第三项为他效项，即其他空间点对 r_0 点在时间间隔 $[t_0,t]$ 中的总效应。

多个时次 t_i，$i = -p, -p+1, \cdots, t_0, t$，对（附3）式进行积分得

$$\int_{t_{-p}}^{t_{-p+1}} \beta(\tau)\frac{\partial x}{\partial \tau}\mathrm{d}\tau + \int_{t_{-p+1}}^{t_{-p+2}} \beta(\tau)\frac{\partial x}{\partial \tau}\mathrm{d}\tau + \cdots + \int_{t_0}^t \beta(\tau)\frac{\partial x}{\partial \tau}\mathrm{d}\tau = \int_{t_{-p}}^t \beta(\tau)F(\tau)\mathrm{d}\tau$$

消去相同的项 $\beta(t_i)x(t_i)$，$i = -p+1, -p+2, \cdots, 0$，得

$$\beta(t)x(t) - \beta(t_{-p})x(t_{-p}) - \sum_{i=-p}^0 \big[\beta(t_{i+1}) - \beta(t_i)\big]x^m(t_i) - \int_{t_{-p}}^t \beta(\tau)F(\tau)\mathrm{d}\tau = 0$$

$$(\text{附}7)$$

为了简便，设置 $\beta_t \equiv \beta(t), \beta_0 \equiv \beta(t_0), x_t \equiv x(t), x_0 \equiv x(t_0)$，类似的符号可类推。（附7）式可以写成

$$\beta_t x_t - \beta_{-p} x_{-p} - \sum_{i=-p}^{0} x_i^m (\beta_{i+1} - \beta_i) - \int_{t_{-p}}^{t} \beta(\tau) F(x,\tau) \, d\tau = 0 \qquad （附8）$$

设 $x_{-p} \equiv x_{-p-1}^m, \beta_{-p-1} = 0$，可以将（附8）式写成

$$x_t = \frac{1}{\beta_t} \sum_{i=-p-1}^{0} x_i^m (\beta_{i+1} - \beta_i) + \frac{1}{\beta_t} \int_{t_{-p}}^{t} \beta(\tau) F(x,\tau) \, d\tau = S_1 + S_2 \qquad （附9）$$

我们称 S_1 为自忆项，S_2 为他效项，称（附9）式为自忆性方程，它是后面进行预报和计算的基础。

参考文献

[1] CAO H X. Self-memorization equation in atmospheric motion[J]. Science in China Series B-Chemistry, LIFE Sciences & Earth Sciences, 1993, 36(7): 845 - 855.

[2] CHEN X D, XIA J, XU Q. Differential Hydrological Grey Model (DHGM) with Self-Memory Function and its Application to Flood Forecasting[J]. Science in China Series E: Technological Sciences, 2009, 52: 1039 - 1049.

[3] KIRKPATRICK D. Optimal Search in Planar subdivisions[J]. SIAM Journal on Computing, 1983, 12(1): 28 - 35.

[4] FENG G. L, CAO H X, GAO. 2001. Prediction of Precipitation During Summer Monsoon with Self-Memorial Model[J]. Advances in Atmospheric sciences, 2001, 18: 701 - 709.

[5] FRAEDRICH K. Estimating weather and climate predictability on attractors[J]. Journal of the atmospheric sciences, 44(4): 722 - 728.

[6] GU X. A spectral model based on atmospheric self-memorization principle[J]. Chinese Science Bulletin, 43: 1692 - 1702.

[7] JIA X J, ZHU P J. Improving the seasonal forecast of summer precipitation in China using a dynamical-statistical approach[J]. Atmospheric and Oceanic Science Letters, 2010, 3(2): 100 - 105.

[8] JIA X J, LIN H, DEROME J. Improving seasonal forecast skill of north american surface air temperature in fall using a processing method[J], Monthly Weather Review, 2010, 138(5): 1843 - 1857.

[9] KAZANTSEV E. Local lyapunov exponents of the quasi-geostrophic ocean dynamics[J]. Applied mathematics and computation, 104: 217 - 257.

[10] KURIHARA K. A climatological study on the relationship between the Japanese summer weather and the subtropical high in the western northern Pacific[J]. Environment science, 1909, 43: 45 - 104.

[11] KIRKPATRICK D. Optimal search in planar subdivisions[J]. SIAM Journal on Computing, 1983, 12(1): 28 - 35.

[12] LU R, DING H, RYU C S, et al. Midlatitude westward propagating disturbances preceding intraseasonal oscillations of convection over the subtropical western north pacific during summer[J]. Geophysical Research Letters, 2007, 34: 1 - 5.

［13］TAFENS F. Detecting strange attractors in fluid turbulence［M］. Berlin：Springer.

［14］ZHANG R，YU Z H. Numerical and dynamical analyses of heat source forcing and restricting subtropical high activity［J］. Advances in Atomospheric sciences，17：61－71.

［15］UDWADIA F E，BREMEN H F. Computation of Lyapunov Characteristic Exponents for Continuous Dynamical Systems［J］. Zeitschrift für angewandte Mathematik und Physik ZAMP，2002，53：123－146.

［16］VON BREMEN H F，UDWADIA F E，PROSKUROWSKI W. An Efficient QR based method for the computation of lyapunov exponents［J］. Physica D：Nonlinear Phenomena，1997，101：1－16.

［17］XUE F，WANG H J，HE J H. Interannual rariability of mascarene high and australian high and their influence on the east asian summer rainfull over east asia［J］. Chinese Science Bulletin，2003，48(5)：492－497.

［18］YODEN S，NOMURA M. Finite-Time Lyapunov Stability Analysis and its Application to Atmospheric Predictability［J］. Journal of the Atmospheric Sciences，1993，50(11)：1531－1543.

［19］洪梅，张韧，吴国雄，等.用遗传算法重构副热带高压特征指数的非线性动力模型［J］.大气科学，2007，31(2)：346－352.

［20］黄露，何金海，卢楚翰.关于西太平洋副热带高压研究的回顾与展望［J］.干旱气象，2012，30(2)：255－260.

［21］贾晓静，封国林，曹鸿兴.中尺度自忆模式在强降水预报中的应用［J］.大气科学，2003，27(2)：65－272.

［22］李泽椿，陈德辉.国家气象中心集合数值预报业务系统的发展及应用［J］.应用气象学报，2002，13(1)：1－15.

［23］祁莉，张祖强，何金海，等.一类西太平洋副热带高压双脊线过程维持机制初探［J］.地球物理学报，2008，51(3)：495－504.

［24］任荣彩，吴国雄.1998年夏季副热带高压的短期结构特征及形成机制［J］.气象学报，2003，61(2)：180－195.

［25］王凌.2001.智能优化算法及其应用［M］.北京：清华大学出版社.

［26］王会军，薛峰.索马里急流的年际变化及其对半球间水汽输送和东亚夏季降水的影响［J］.地球物理学报，2003，46(1)：18－25.

［27］王小平，曹立明.遗传算法理论应用与软件实现［M］.西安：西安交通大学出版社，2003.

［28］吴国雄，丑纪范，刘屹岷，等.副热带高压研究进展及展望［J］.大气科学，2003，27(4)：503－517.

［29］徐海明，何金海，周兵.江淮入梅前后大气环流的演变特征和西太平洋副高北跳西伸的可能机制［J］.应用气象学报，2001，12(2)：150－158.

［30］许晓林，徐海明，司东.华南6月持续性致洪暴雨与孟加拉湾对流异常活跃的关系［J］.南京气象学院学报，2007，30(4)：463－471.

［31］薛峰，王会军，何金海.马斯克林高压和澳大利亚高压的年际变化及其对东亚夏季风降水的影响［J］.科学通报，2003，3：287－291.

［32］余丹丹，张韧，洪梅，等.亚洲夏季风系统成员与西太平洋副高的相关特征分析［J］.热带气象学报，2007，1：78－84.

［33］占瑞芬，李建平，河金海.北半球副热带高压双脊线的统计特征［J］.科学通报，50(18)：2022-2026.

［34］张庆云,陶诗言.夏季西太平洋副热带高压北跳及异常的研究［J］.气象学报,1999,57(5):539-548.

［35］张韧,彭鹏,洪梅,等.近赤道海温对西太平洋副高强度的影响机理—模糊映射诊断［J］.大气科学学报,2013,36(3):267-276.

［36］张韧,洪梅,王辉赞,等.基于遗传算法优化的 ENSO 指数的动力预报模型反演［J］.地球物理学报,2008,51(5):1346-1353.

［37］中央气象台长期预报组.长期天气预报技术经验总结.北京:中央气象台,1976.

［38］邹立维,周天军,吴波,等.GAMIL CliPAS 试验对夏季西太平洋副热带高压的预测［J］.大气科学,2009,33(5):959-970.